高等学校大数据专业系列教材

Python
编程基础与数据分析

韩松乔 黄海量 郝晓玲 著

清華大学出版社
北京

内 容 简 介

本书以 Python 编程为基础，深入浅出地介绍了相关理论知识和实践案例，全面、系统地介绍了 Python 编程技术及其在数据科学、机器学习、数据可视化等领域应用中的核心内容。全书共 14 章，分别介绍了计算机程序、Python 基础知识、编程逻辑、函数、数据结构、文件、模块与包、异常处理、程序调试、面向对象编程、NumPy 数值计算、Pandas 数据处理与分析、Matplotlib 数据可视化、Python 项目开发实践等知识，书中的每个知识点都有相应的实现代码和实例。

本书主要面向广大对 Python 编程感兴趣的读者，也适合在数据分析、机器学习、程序开发等领域工作的专业人员，从事高等教育的专任教师，高等学校的在读学生及相关领域的广大科研人员。

图书在版编目（CIP）数据

Python 编程基础与数据分析 / 韩松乔，黄海量，郝晓玲著. 北京 ：清华大学出版社，2025. 3. --（高等学校大数据专业系列教材）. -- ISBN 978-7-302-68942-3

Ⅰ. TP312. 8

中国国家版本馆 CIP 数据核字第 20251TK445 号

责任编辑：陈景辉
封面设计：刘　键
责任校对：胡伟民
责任印制：丛怀宇

出版发行：清华大学出版社
　网　　址：https://www.tup.com.cn，https://www.wqxuetang.com
　地　　址：北京清华大学学研大厦 A 座　　**邮　　编**：100084
　社 总 机：010-83470000　　**邮　　购**：010-62786544
　投稿与读者服务：010-62776969，c-service@tup.tsinghua.edu.cn
　质量反馈：010-62772015，zhiliang@tup.tsinghua.edu.cn
　课件下载：https://www.tup.com.cn，010-83470236
印 装 者：涿州汇美亿浓印刷有限公司
经　　销：全国新华书店
开　　本：185mm×260mm　　**印　　张**：21.25　　**字　　数**：532 千字
版　　次：2025 年 5 月第 1 版　　**印　　次**：2025 年 5 月第1次印刷
印　　数：1～1500
定　　价：59.90 元

产品编号：103813-01

高等学校大数据专业系列教材
编　委　会

前 言

在人工智能、大数据和云计算快速发展的今天，Python 凭借其简洁的语法、强大的扩展性和庞大的生态系统，已成为全球数据科学家、工程师和开发者的首选编程语言。Python 的力量不仅体现在基础编程的高效与简便上，更在于它能够无缝链接科学计算、数据处理、机器学习、深度学习和大模型等多领域的先进技术。站在这一技术进步的浪潮之上，Python 不仅是一种语言，更是一种融合创新和实践的思维方式。在现代数据驱动的背景下，Python 的开发和应用能力成为赋能行业、推动变革的重要力量。

本书主要内容

本书以 Python 编程基础和实践思维为核心，结合数据分析与科学计算，提供系统、实用的 Python 学习路径，适合对编程、数据处理和机器学习应用感兴趣的读者。

全书分为三部分，共有 14 章，内容由浅入深，涵盖了 Python 编程基础、科学计算与数据处理，以及项目开发实践。

第一部分　Python 编程基础，包括第 1～10 章，重点介绍 Python 的编程基础知识和实用技巧。第 1 章计算机程序，介绍计算机的组成、编程的基本概念和 Python 的环境搭建方法。第 2 章 Python 基础知识，讲解常量、变量、数据类型、运算、注释及基本编程风格。第 3 章编程逻辑，阐述 Python 的程序结构与控制流程，如顺序结构、分支结构、循环结构等。第 4 章函数，深入介绍函数的定义与调用、参数传递、作用域、递归等内容。第 5 章数据结构，系统讲解 Python 内置数据结构，包括列表、元组、字典和集合，并辅以相关操作。第 6 章文件，介绍文件的读写、序列化及文件夹管理等操作。第 7 章模块与包，深入探讨模块化编程思想，讲解模块的导入和包的使用方法。第 8 章异常处理，讲述 Python 异常处理机制，提升代码的稳定性和健壮性。第 9 章程序调试，介绍常见错误类型、调试方法和 Python 调试器的使用。第 10 章面向对象编程，系统介绍类与对象、继承、多态、运算符重载、元类、闭包、修饰器等面向对象概念。

第二部分　科学计算与数据处理，包括第 11～13 章，详细探讨 Python 在数据分析和科学计算中的应用。第 11 章 NumPy 数值计算，深入讲解 NumPy 库的数值计算功能，包括数组创建、索引、数学运算和线性代数等。第 12 章 Pandas 数据处理与分析，介绍 Pandas 的核心数据结构 Series 和 DataFrame，讲解数据的读取、清洗、变换、聚合与分组操作。第 13 章 Matplotlib 数据可视化，系统介绍 Matplotlib 库的可视化功能，包括折线图、散点图、柱状图、饼图、极坐标图、热图、三维绘图等，深入探讨如何创建美观的图表和动态可视化效果。

第三部分　项目开发实践，通过实际项目帮助读者将所学知识应用于真实场景。第 14 章 Python 项目开发实践，以信用卡异常交易检测项目为例，系统介绍项目开发的基础流程，涵盖数据生成与预处理、特征工程、模型选择与评估、图形用户界面、单元测试及项目的打包与发布等内容，并结合机器学习技术实现异常检测的实际应用。

本书特色

(1) 编程思维，创新教学。

本书不仅关注 Python 语法，更重视编程思维的培养。通过问题驱动，帮助读者掌握背后的逻辑与算法思维，奠定深入学习计算机科学和编程的基础。

(2) 知识全面,强调理解。

本书融入计算机组成、操作系统、数据结构、算法等基础知识,帮助读者在学习 Python 的同时掌握相关的计算机理论,理解编程的底层逻辑,实现知识系统化。

(3) 重点突出,层层递进。

本书基于多年教学经验,内容循序渐进,帮助读者逐步掌握 Python 编程的关键技能。通过模块化设计,分层呈现复杂概念,特别突出关键技能,让学习轻松又高效。

(4) 简明高效,示例详解。

全书语言简练,避免冗余,搭配实用的代码示例,让读者快速理解并应用所学知识,达到学以致用的效果。

(5) 案例丰富,注重实践。

本书配有大量真实案例,涵盖数据分析、科学计算、机器学习等热门领域的项目开发,为读者提供实践机会,提升实际操作能力。

(6) 体系完整,创新培养。

本书不仅传授编程技能,还着重培养创新思维和批判性思维,构建从基础到项目开发的完整学习路径,激发探索兴趣,提升未来科技竞争力。

配套资源

为便于教与学,本书配有源代码、数据集、教学课件、教学大纲、教学进度表、习题题库、期末试卷及答案。

(1) 获取微课视频方式:先刮开并用手机版微信 App 扫描本书封底的文泉云盘防盗码,授权后再扫描书中相应的视频二维码,观看教学视频。

(2) 获取源代码、数据集、全书彩图、扩展阅读等方式:先刮开并用手机版微信 App 扫描本书封底的文泉云盘防盗码,授权后再扫描下方二维码,即可获取。

源代码

数据集

全书彩图

扩展阅读

全书网址

(3) 其他配套资源可以扫描本书封底的“书圈”二维码,关注后回复本书书号,即可下载。

读者对象

本书主要面向广大对 Python 编程感兴趣的读者,也适合在数据分析、机器学习、程序开发等领域工作的专业人员,从事高等教育的专任教师,高等学校的在读学生及相关领域的广大科研人员。

通过本书,读者将能够掌握 Python 编程的基础知识,熟悉数据分析与可视化的主要工具,并能够独立完成一个完整的数据科学或机器学习项目。希望本书能为您打开 Python 编程的大门,带您进入编程与数据科学的世界。

本书 * 标识的章节为扩展内容,读者可根据自身情况合理安排学时。

在编写本书的过程中,作者参考了诸多相关资料,在此对相关资料的作者表示衷心的感谢。限于个人水平和时间仓促,书中难免存在疏漏之处,欢迎广大读者批评指正。

作　者

2025 年 1 月

目录

第一部分　Python 编程基础

第 1 章　计算机程序 …… 3

1.1　计算机组成 …… 3

　1.1.1　计算机硬件组成 …… 3

　1.1.2　计算机软件组成 …… 4

1.2　计算机编程 …… 4

1.3　程序运行过程 …… 5

1.4　Python 语言 …… 6

1.5　Python 环境搭建 …… 6

　1.5.1　运行环境 …… 7

　1.5.2　开发环境 …… 7

　1.5.3　安装和使用 Anaconda …… 7

本章小结 …… 8

第 2 章　Python 基础知识 …… 10

2.1　常量 …… 10

　2.1.1　数字 …… 10

　2.1.2　字符串 …… 10

2.2　变量 …… 13

　2.2.1　变量名称 …… 13

　2.2.2　变量赋值 …… 14

　2.2.3　数据类型 …… 15

2.3　运算 …… 15

　2.3.1　内置数值运算符 …… 15

　2.3.2　内置的标识运算符 …… 16

　2.3.3　内置的数值运算函数 …… 17

　2.3.4　内置的数值转换函数 …… 18

　2.3.5　Python 中的库分类 …… 18

　2.3.6　math 库 …… 18

2.4　注释 …… 19

2.5　Python 程序内部运行过程 …… 20

2.6　编程风格 …… 20

2.7　应用案例 …… 21

　2.7.1　货币汇率转换 …… 21

　2.7.2　企业利润率和增长率 …… 21

2.7.3 放射性同位素衰减 …… 22
本章小结 …… 23

第3章 编程逻辑 …… 24

3.1 程序流程图 …… 24
3.2 顺序结构 …… 24
3.3 分支结构 …… 25
3.3.1 if分支结构 …… 25
3.3.2 模式匹配 …… 27
3.4 循环结构 …… 29
3.4.1 for循环 …… 29
3.4.2 while循环 …… 30
3.4.3 break语句 …… 31
3.4.4 continue语句 …… 32
3.4.5 海象操作符 …… 33
3.5 应用案例 …… 34
3.5.1 斐波那契数列 …… 34
3.5.2 计算圆周率 …… 35
3.5.3 广播模型、扩散模型和传染模型 …… 36
本章小结 …… 40

第4章 函数 …… 41

4.1 函数的引入 …… 41
4.2 函数定义 …… 41
4.3 函数调用 …… 42
4.4 变量作用域 …… 43
4.5 函数参数 …… 44
4.5.1 参数默认值 …… 45
4.5.2 关键字参数 …… 45
4.5.3 可变数量参数 …… 47
4.6 函数返回值 …… 48
4.7 Lambda表达式 …… 48
4.8 文档字符串 …… 49
4.9 字符串处理 …… 50
4.10 回调函数* …… 52
4.11 函数递归算法* …… 54
4.12 应用案例 …… 57
4.12.1 等额本息还款 …… 57
4.12.2 股票期望回报率与风险 …… 58
本章小结 …… 59

第 5 章 数据结构 …… 60
5.1 数据结构的简介 …… 60
5.1.1 数据的重要性 …… 60
5.1.2 数据结构的定义 …… 60
5.1.3 数据结构的分类 …… 61
5.2 Python 内置数据结构 …… 61
5.3 列表 …… 62
5.3.1 基本概念 …… 62
5.3.2 创建列表 …… 63
5.3.3 删除列表 …… 64
5.3.4 增加列表元素 …… 64
5.3.5 删除列表元素 …… 65
5.3.6 访问和修改列表元素 …… 65
5.3.7 判断列表元素是否存在 …… 66
5.3.8 切片 …… 66
5.3.9 列表排序与逆序 …… 69
5.3.10 列表推导式 …… 71
5.3.11 Python 内置函数 …… 71
5.3.12 列表的内存管理 …… 73
5.4 元组 …… 75
5.4.1 基本概念 …… 75
5.4.2 创建元组 …… 75
5.4.3 访问元组 …… 75
5.4.4 修改元组 …… 75
5.4.5 删除元组 …… 75
5.4.6 序列解包 …… 76
5.4.7 多序列操作 …… 77
5.4.8 生成器表达式 …… 78
5.4.9 迭代器 …… 80
5.4.10 生成器 …… 82
5.4.11 元组的内存管理 …… 83
5.5 字典 …… 84
5.5.1 基本概念 …… 84
5.5.2 创建字典 …… 84
5.5.3 删除字典元素 …… 85
5.5.4 添加和修改字典元素 …… 86
5.5.5 查询字典 …… 87
5.5.6 字典推导式 …… 88
5.5.7 字典的内存管理 …… 89
5.6 集合 …… 91

5.6.1 基本概念 …… 91
5.6.2 创建集合 …… 91
5.6.3 增加集合元素 …… 92
5.6.4 删除集合元素 …… 92
5.6.5 集合推导式 …… 92
5.6.6 集合运算 …… 93
5.6.7 集合的内存管理 …… 93
5.6.8 列表、元组、字典和集合的操作对比总结 …… 94
5.7 应用案例 …… 94
5.7.1 等额本金还款 …… 94
5.7.2 投资组合优化模型 …… 96
5.7.3 有向图管理 …… 97
5.7.4 学生课程管理系统 …… 99
本章小结 …… 101

第6章 文件 …… 103

6.1 文件的操作流程 …… 103
6.2 打开和关闭文件 …… 104
6.3 操作文本文件内容 …… 105
6.3.1 读文件 …… 105
6.3.2 写文件 …… 107
6.4 操作二进制文件内容 …… 108
6.5 文件的内存管理 …… 109
6.6 序列化与反序列化 …… 111
6.7 文件的操作 …… 112
6.8 目录的操作 …… 113
6.9 应用案例 …… 114
6.9.1 表格数据文件的读写 …… 114
6.9.2 JSON 数据文件处理 …… 116
6.9.3 使用 MD5 对文件进行加密 …… 118
6.9.4 使用 yield from 处理多个日志文件 …… 119
本章小结 …… 121

第7章 模块与包 …… 122

7.1 模块 …… 122
7.1.1 模块的基本概念 …… 122
7.1.2 导入和使用模块 …… 123
7.1.3 模块循环引用问题 …… 124
7.1.4 模块的__name__ …… 125
7.1.5 编写模块 …… 126
7.1.6 模块导入的工作原理 …… 127

7.2 包 …… 127
7.2.1 创建包 …… 128
7.2.2 使用包 …… 128
7.3 应用案例* …… 129
7.3.1 经典的包分层结构 …… 129
7.3.2 机器学习包的分层结构 …… 130
7.3.3 网上商城的包分层结构 …… 131
本章小结 …… 133

第 8 章 异常处理 …… 134

8.1 异常的基本概念 …… 134
8.2 异常处理结构 …… 135
8.3 主动抛出异常 …… 136
8.4 断言 …… 138
8.5 上下文管理 …… 139
8.6 应用案例 …… 140
8.6.1 文件读写与用户输入异常处理 …… 140
8.6.2 银行账户操作中的异常 …… 141
本章小结 …… 143

第 9 章 程序调试 …… 144

9.1 调试的基本概念 …… 144
9.2 常见的错误类型 …… 144
9.3 使用 print 语句进行基础调试 …… 145
9.4 理解 Python 的错误消息 …… 146
9.4.1 解读 Python 错误消息 …… 146
9.4.2 常见错误类型和解决方法 …… 146
9.5 断点与单步执行 …… 147
9.5.1 断点和单步执行 …… 147
9.5.2 断点的使用 …… 147
9.5.3 单步执行代码 …… 148
9.5.4 观察变量和程序状态 …… 148
9.6 Python 调试器 pdb …… 149
9.7 利用日志记录进行调试* …… 150
9.8 单元测试与调试* …… 151
9.9 调试高级技巧* …… 152
9.10 应用案例 …… 153
本章小结 …… 154

第 10 章 面向对象编程 …… 156

10.1 面向对象的基本概念 …… 156

10.1.1 面向对象的引入 …… 156
10.1.2 面向对象的基本概念 …… 156
10.2 self 参数 …… 157
10.3 字段 …… 158
10.3.1 类变量和对象变量 …… 158
10.3.2 成员的访问权限 …… 159
10.3.3 Python 内置类属性 …… 159
10.4 方法 …… 160
10.5 类的继承 …… 162
10.5.1 类继承的基本概念 …… 162
10.5.2 创建父类 …… 162
10.5.3 创建子类 …… 163
10.6 面向对象的内存管理 * …… 164
10.7 运算符重载 * …… 166
10.7.1 常见魔法方法 …… 166
10.7.2 运算符重载示例 …… 166
10.8 类的多态 * …… 169
10.9 Python 中一切皆为对象 * …… 170
10.9.1 Python 的对象概念 …… 171
10.9.2 Python 对象的特性 …… 172
10.9.3 Python 对象回收机制 …… 173
10.9.4 class、object 和 type 的关系 …… 174
10.10 元类 * …… 176
10.10.1 使用元类创建类 …… 176
10.10.2 元类的高级应用 …… 176
10.11 闭包 * …… 178
10.12 修饰器 * …… 179
10.12.1 修饰器的基本原理 …… 179
10.12.2 使用@语法简化修饰器 …… 179
10.12.3 处理带参数的内嵌函数 …… 180
10.12.4 带参数的修饰器 …… 180
10.12.5 类的修饰器 …… 181
10.12.6 内置修饰器 …… 181
10.13 属性 * …… 183
10.13.1 类的属性设置 …… 183
10.13.2 动态计算属性 …… 184
10.13.3 两种属性的区别：Attribute 与 Property …… 185
10.14 从 namedtuple 到类 * …… 185
10.15 类型注解 * …… 186
10.15.1 基础类型注解 …… 186
10.15.2 高级类型注解 …… 187

10.16　应用案例 …… 188
10.16.1　金融投资类体系 …… 188
10.16.2　支付系统模拟 …… 189
10.16.3　单例设计模式 …… 191
10.16.4　金融风控 …… 192
10.16.5　电梯调度系统 …… 193
10.16.6　修饰器的高级应用 * …… 196
本章小结 …… 198

第二部分　科学计算与数据处理

第 11 章　NumPy 数值计算 …… 203

11.1　NumPy 概述 …… 203
11.2　NumPy 基础 …… 203
11.2.1　NumPy 的安装与配置 …… 203
11.2.2　ndarray 对象 …… 204
11.2.3　ndarray 的属性和方法 …… 205
11.2.4　数组的索引和切片 …… 206
11.3　数组运算 …… 207
11.3.1　基本数学运算 …… 207
11.3.2　统计函数 …… 209
11.3.3　线性代数运算 …… 210
11.4　NumPy 高级功能 * …… 211
11.4.1　通用函数 …… 211
11.4.2　逻辑运算与条件筛选 …… 213
11.4.3　排序、搜索与计数 …… 214
11.5　NumPy 的向量化 …… 215
11.6　NumPy 的内存管理 …… 217
11.7　应用案例 …… 217
11.7.1　马尔可夫链蒙特卡洛模拟 …… 217
11.7.2　线性回归分析 …… 219
本章小结 …… 220

第 12 章　Pandas 数据处理与分析 …… 223

12.1　Pandas 概述 …… 223
12.1.1　Pandas 简介 …… 223
12.1.2　安装与配置 Pandas …… 223
12.2　Pandas 数据结构 …… 224
12.2.1　Series 数据结构 …… 224
12.2.2　DataFrame 数据结构 …… 226
12.3　数据导入与导出 …… 229

12.3.1 读取数据文件 …… 229
12.3.2 写入数据文件 …… 230
12.4 数据清洗 …… 231
12.4.1 缺失数据处理 …… 231
12.4.2 数据过滤与选择 …… 233
12.4.3 数据转换 …… 235
12.5 数据分析 …… 235
12.5.1 数据排序与索引 …… 236
12.5.2 数据分组与聚合 …… 237
12.5.3 数据合并 …… 238
12.5.4 数据重塑 …… 240
12.6 Pandas 高级功能 * …… 243
12.6.1 时间序列分析 …… 243
12.6.2 函数应用与映射 …… 244
12.6.3 多层索引与分层数据 …… 246
12.7 应用案例 …… 247
12.7.1 数据清洗与整理 …… 247
12.7.2 时间序列数据分析 …… 250
本章小结 …… 253

第 13 章 Matplotlib 数据可视化 …… 255

13.1 Matplotlib 概述 …… 255
13.2 Matplotlib 的绘图基础 …… 255
13.2.1 Matplotlib 的工作流程 …… 256
13.2.2 Figure 和 Axes 的概念 …… 256
13.3 基本绘图 …… 256
13.3.1 折线图 …… 256
13.3.2 散点图 …… 258
13.3.3 条形图 …… 258
13.3.4 直方图 …… 260
13.3.5 饼图 …… 261
13.4 子图与布局定制 * …… 261
13.4.1 创建多个子图 …… 262
13.4.2 自定义子图布局 …… 262
13.4.3 子图间的共享轴 …… 263
13.5 极坐标图 * …… 264
13.5.1 绘制基本极坐标图 …… 264
13.5.2 极坐标图的应用 …… 265
13.6 热图 * …… 266
13.6.1 绘制热图 …… 266
13.6.2 热图的应用 …… 267

13.7 三维绘图 * …… 268
13.7.1 创建三维坐标轴 …… 269
13.7.2 三维曲线图 …… 269
13.7.3 三维表面图 …… 270
13.8 图形美化与输出 * …… 271
13.8.1 自定义图形样式 …… 271
13.8.2 自定义主题样式 …… 271
13.8.3 保存和复用自定义样式 …… 273
13.9 图例与注释 …… 275
13.9.1 添加与自定义图例 …… 275
13.9.2 图形注释 * …… 275
13.10 图形的保存与导出 * …… 276
13.10.1 保存图形的基本用法 …… 276
13.10.2 保存透明背景图形 …… 277
13.10.3 自定义保存选项 …… 277
13.11 Pandas 的可视化 …… 277
13.12 应用案例 …… 278
13.12.1 分布分析 …… 278
13.12.2 分类数据的可视化 …… 280
13.12.3 相关性分析 * …… 281
13.12.4 动态图 * …… 282
本章小结 …… 284

第三部分 项目开发实践

第 14 章 Python 项目开发实践 * …… 288

14.1 Python 项目开发基础 …… 288
14.1.1 Python 项目的基本概念 …… 288
14.1.2 虚拟环境与依赖管理 …… 288
14.1.3 项目结构的最佳实践 …… 289
14.1.4 版本控制与协作开发 …… 289
14.1.5 编码规范与文档 …… 289
14.1.6 测试驱动开发 …… 289
14.2 信用卡异常交易检测项目 …… 290
14.2.1 信用卡异常交易检测 …… 290
14.2.2 信用卡异常交易检测项目概述 …… 290
14.3 项目环境与项目文件结构 …… 290
14.3.1 Python 环境配置与库安装 …… 291
14.3.2 项目文件结构 …… 292
14.4 数据生成与理解 …… 293
14.4.1 交易数据生成类的初始化 …… 293

14.4.2 生成交易数据 …… 294
14.4.3 标记异常交易 …… 294
14.4.4 计算金额和时间的风险分数 …… 296
14.4.5 数据的可视化 …… 296
14.5 数据预处理 …… 300
14.5.1 数据清洗的基本原则 …… 300
14.5.2 实现数据预处理 …… 300
14.5.3 数据标准化与编码 …… 301
14.6 特征工程 …… 302
14.6.1 特征工程的概念 …… 302
14.6.2 特征提取与构造 …… 302
14.6.3 常见的特征选择方法 …… 303
14.7 模型选择与训练 …… 303
14.7.1 监督学习与无监督学习模型 …… 303
14.7.2 模型选择 …… 304
14.7.3 模型训练 …… 304
14.8 模型评估 …… 305
14.8.1 混淆矩阵 …… 305
14.8.2 评估模型性能的指标 …… 305
14.8.3 实现模型评估 …… 306
14.8.4 模型评估的可视化 …… 307
14.9 图形用户界面 …… 309
14.9.1 图像用户界面的设计理念 …… 309
14.9.2 图形用户界面的实现 …… 309
14.10 主程序 …… 312
14.10.1 主程序结构 …… 312
14.10.2 主程序的模块化实现 …… 312
14.11 单元测试 …… 314
14.11.1 单元测试概述 …… 314
14.11.2 实现单元测试 …… 314
14.12 项目的打包与发布 …… 316
14.12.1 打包项目：将代码部署为可执行应用程序 …… 316
14.12.2 在 PyCharm 中打包项目 …… 318
14.12.3 生成可执行文件 …… 319
14.12.4 发布与分享项目 …… 319
14.13 项目总结与扩展思考 …… 320
14.13.1 项目改进方向 …… 320
14.13.2 项目的扩展性思考 …… 322
本章小结 …… 322

参考文献 …… 324

第一部分 Python编程基础

第 1 章

计算机程序

在当今数字化时代，Python 已成为全球最受欢迎且应用广泛的编程语言之一。凭借其简洁明了的语法、丰富的功能库和跨领域的适应性，Python 在学术界和工业界均占据着重要地位。从数据分析、网络开发、自动化测试到人工智能，Python 展现出了极大的灵活性与高效性。学习 Python 不仅能帮助读者掌握一门强大的编程语言，还能培养分析问题和解决问题的编程思维，为未来学习计算机科学的其他领域奠定坚实基础。本章将带领读者了解计算机程序的基本原理、Python 语言的特点以及如何搭建 Python 开发环境，为编程学习奠定坚实的基础起点。

1.1 计算机组成

计算机由硬件和软件两部分组成。

1.1.1 计算机硬件组成

计算机硬件主要由五大类构成：中央处理单元(CPU)、主存储器(内存)、硬盘(外存)、输入设备和输出设备。计算机硬件的结构关系如图 1-1 所示。

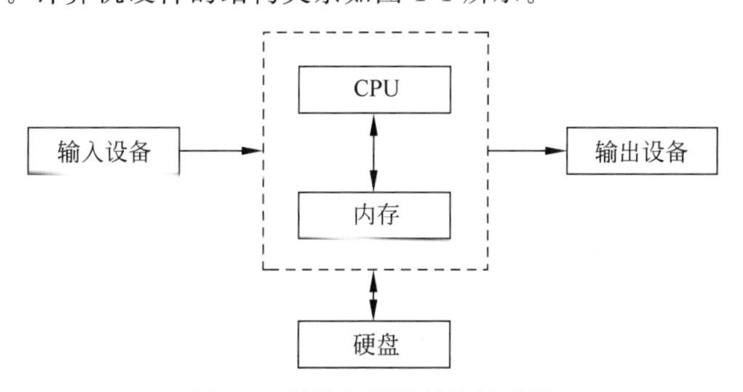

图 1-1 计算机硬件结构关系图

(1) CPU：被视为计算机的“大脑”，负责执行各类运算。CPU 从内存中读取代码和数据，进行运算后将结果写回内存。

(2) 内存：相当于计算过程中的“临时仓库”，用于存储 CPU 当前读取或即将写入的代码和数据。计算机关闭后，内存中的所有信息会丢失。

(3) 硬盘：是计算机的“长期存储库”，用于存储需要长期保存的信息，通常以文件形式存在。硬盘中的信息在计算机关闭后不会丢失。

(4) 输入设备：包括键盘、鼠标、扫描仪、摄像头等，用于将外部信息输入计算机系统。

(5) 输出设备：包括显示器、打印机、投影仪等，用于将计算机系统处理后的信息传递到外部环境。

1.1.2 计算机软件组成

在计算机系统中，除了硬件，还包括用于控制和管理硬件的软件。根据功能，计算机软件通常分为操作系统、系统软件和应用软件。用户通过应用软件进行操作，应用软件进一步调用系统软件和操作系统来驱动计算机硬件，从而提供所需的服务。计算机软件的层次结构如图 1-2 所示。

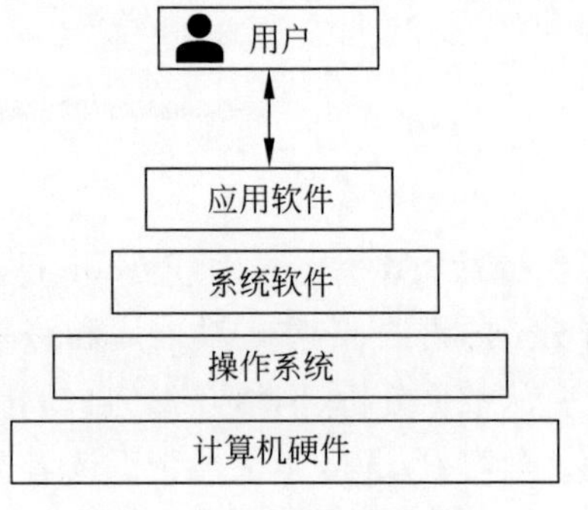

图 1-2 计算机软件层次图

计算机软件的层次结构，从底层到高层依次如下所述。

(1) 计算机硬件：提供基本的计算和数据存储功能。

(2) 操作系统：负责管理计算机硬件和软件资源，为系统软件和应用软件提供接口和运行环境。

(3) 系统软件：为应用程序提供基础支持和服务，例如编译器、数据库管理系统和驱动程序。

(4) 应用软件：直接为用户提供特定功能和服务，例如文档编辑、网页浏览和数据分析。

(5) 用户：顶层的用户通过应用软件与计算机系统进行交互，完成各种任务和操作。

1.2 计算机编程

计算机编程的核心是编写一系列指令，以指引计算机执行特定任务。最初科学家使用机器语言编写这些指令。机器语言是一种低级编程语言，计算机可以直接理解，与特定类型的CPU紧密相关。虽然使用机器语言可以使程序在计算机上运行得非常快，但编写机器语言程序对程序员要求极高，因为它直接控制计算机的硬件，而没有中间的翻译过程。

为简化编程过程，科学家开发了高级编程语言。程序员可以用这些更易于理解的语言编写程序(即源代码)，然后通过编译器或解释器将其转换为机器语言，以供计算机执行。

将高级语言转换为机器语言的方法主要有两种：编译和解释。图 1-3 展示了这两种方式的转换流程。

(1) 编译：编译过程将高级语言一次性编译成机器语言，生成可执行文件。编译后的程序可以在运行时直接与输入数据交互并输出结果。由于编译是预先进行的，其运行效率通常较高。

(2) 解释：解释器在每次运行程序时，逐行将高级语言即时翻译为机器语言并在本地计算机上执行，输出结果数据。虽然这种方式的运行效率略低于编译，但它提供了灵活的交互式开发环境，使编程更为便捷和灵活。

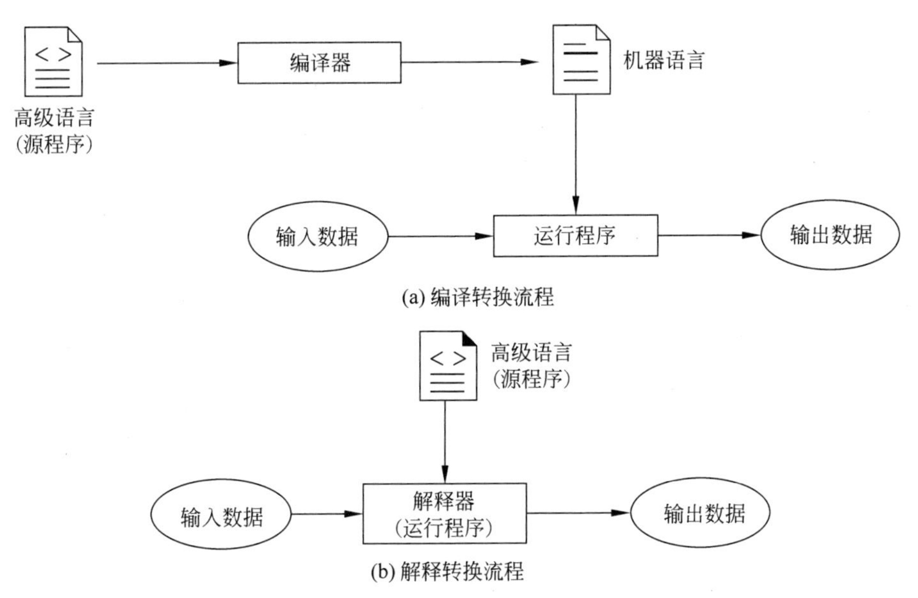

图 1-3 高级语言转换为机器语言的两种方式

1.3 程序运行过程

程序的运行是一个涉及操作系统调度计算机硬件资源以执行用户应用程序的过程。程序运行流程如图 1-4 所示。

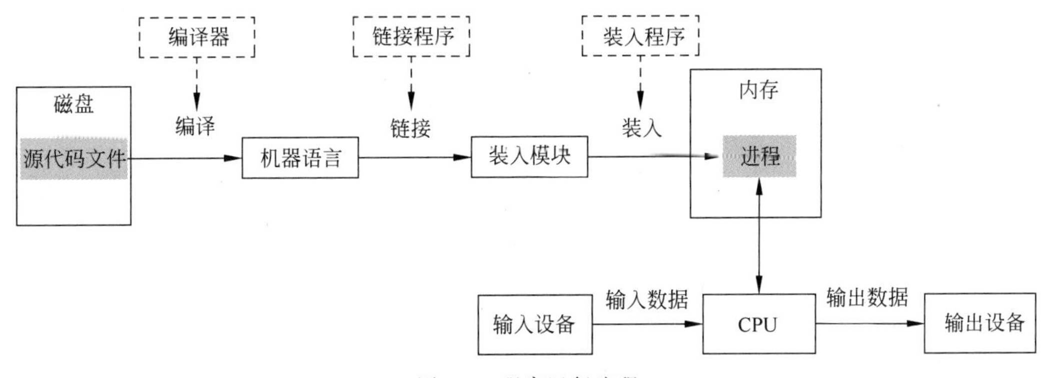

图 1-4 程序运行流程

程序运行的基本步骤如下所述。

(1) 源代码编写：用户编写的源代码，被保存为文件存储于磁盘上。

(2) 编译：使用编译器将源代码转换为机器语言。

(3) 链接：通过链接程序将编译后的机器语言代码链接成一个装入模块。由于大多数程序由多个源文件组成，链接程序会根据设定的逻辑将这些文件的代码连接起来，形成一个完整的可执行程序。

(4) 装入：装入程序将装入模块加载到内存中，形成一个进程。简单来说，进程是正在运行的程序及其相关数据的集合。

(5) 输入：用户或外部程序通过输入设备(如键盘或鼠标)输入命令或数据。

(6) 计算：CPU 接收外部命令或数据，读取内存中的进程代码或数据进行计算。在此过程中，计算的中间结果暂时存储于内存中。

(7) 输出：程序的最终执行结果通常通过输出设备(如显示器或打印机)呈现给用户。

这些步骤共同组成了程序从编写到执行的完整过程，使计算机能够按照用户的指令进行操作并产生期望的结果。

1.4 Python 语言

Python 是一种解释型的高级编程语言，由 Guido van Rossum 于 1991 年创立，现已成为全球广泛使用的编程语言之一。

1. Python 的主要特点

(1) 代码质量：Python 注重代码的可读性和一致性，有助于提升软件质量。它结合了面向对象和函数式编程的优势，使代码更易于重用和维护。

(2) 开发效率：与 C、C++和 Java 等编译型语言相比，Python 显著提高了开发效率。通常，实现相同功能的 Python 代码量仅为 C++或 Java 的 1/3 到 1/5。

(3) 跨平台兼容性：Python 代码可以在多种主流操作系统上运行，如 Windows、Linux、UNIX、Android、macOS 和 Raspberry Pi 等。

(4) 丰富的标准库与第三方库：Python 拥有庞大的标准库，支持字符串处理、网络编程、多线程等多种应用。此外，还有众多第三方库支持数据分析、网站构建、串口通信、游戏开发等多领域应用。

(5) 灵活的组件集成：Python 可以与其他语言(如 C、C++、C# 和 Java)进行交互，支持跨语言调用和集成。

2. Python 的应用领域

Python 的应用范围广泛，覆盖多个领域，主要包括以下 9 个方面。

(1) 数据分析：Python 在数据读取、预处理、建模分析和结果展示方面展现出强大的能力。

(2) 图形用户界面开发：使用 Python 可以创建带有图形用户界面的桌面应用程序。

(3) Web 开发：Python 广泛应用于构建各种架构的网站，展现出其在网络开发中的实力。

(4) 系统脚本编写：Python 可用于编写系统脚本，与其他语言编写的软件模块进行交互。

(5) 科学计算与数值分析：Python 支持复杂的数值分析和数据可视化，是科学计算的重要工具。

(6) 机器学习与人工智能：Python 在机器学习和人工智能领域有着广泛应用，常使用 TensorFlow、PyTorch 等库。

(7) 网络爬虫开发：Python 常被用作数据采集和网络内容分析的工具。

(8) 游戏开发：虽然不是主流游戏开发语言，但 Python 在简单游戏开发和原型制作中具有一定应用。

(9) 教育与研究：由于易学性，Python 已成为计算机科学和工程教育中的首选语言。

1.5 Python 环境搭建

为了运行 Python 程序，必须安装和配置 Python 环境。这通常包括设置运行环境和开发环境。此外，可选择安装 Anaconda，这是一个包含 Python 解释器和多种预装库的综合性

Python 发行版，便于同时配置运行和开发环境。

1.5.1 运行环境

运行环境是指运行 Python 程序所需的软件环境。推荐安装 Python 3.x 的最新版本，本书采用 Python 3.13 版本。安装步骤如下所述。

(1) 安装 Python：访问 Python 官方网站的下载页面(网址详见前言二维码)，根据用户的操作系统选择合适的版本下载。

注意，安装时，请确保选中 Add Python to PATH 或 Add Python to environment variables 复选框，以便在命令行中直接运行 Python。

(2) 安装必需的 Python 库：使用 Python 的包管理器 pip 来安装所需的库。例如，安装 NumPy 库的命令是：pip install numpy。

1.5.2 开发环境

开发环境是编写 Python 程序的软件环境，即 Python 集成开发环境(IDE)。常用的 IDE 有 IPython、PyCharm、Eclipse、Visual Studio Code 等。以下是两种常见 IDE 的安装和配置指南。

1. 选择并安装代码编辑器

PyCharm：专门用于 Python 开发的 IDE，社区版免费。可访问其官网(网址详见前言二维码)下载和安装。

Visual Studio Code：免费、开源的代码编辑器，支持多种语言。可从其官网(网址详见前言二维码)下载和安装。

2. 为代码编辑器安装 Python 扩展(针对 Visual Studio Code)

在 Visual Studio Code 中单击左侧的扩展图标，搜索并安装 Python 扩展。

3. 配置 Python 解释器

在 PyCharm 中，通过选择 File→Settings→Project→Interpreter 选项，进行设置。可在 Visual Studio Code 的状态栏中单击 Python 版本号进行设置。

1.5.3 安装和使用 Anaconda

Anaconda 是一个免费的、为科学计算设计的 Python 发行版，包含了数据科学、机器学习等领域常用的库和工具。

1. 下载和安装 Anaconda

(1) 访问 Anaconda 官网(网址详见前言二维码)下载页面。

(2) 选择适合用户操作系统的安装程序并下载。

(3) 安装时，可以选择将 Anaconda 添加到系统的 PATH 环境变量中，这样可以在命令行中直接使用 Anaconda。

2. 使用 Anaconda Navigator

(1) Anaconda Navigator 是一个图形界面工具，可以轻松访问 Anaconda 发行版中的工具，如 Jupyter Notebook、Spyder IDE 等。

（2）安装 Anaconda 后，可在开始菜单中找到并启动 Anaconda Navigator。

3. 创建和管理 Python 环境

（1）使用 Anaconda 可以创建多个独立的 Python 环境，每个环境可以包含不同的 Python 版本和库。

（2）可以在 Anaconda Navigator 中或使用命令行工具 conda 来管理这些环境。

4. 安装 Python 包

Anaconda 预装了许多常用的 Python 包。如需安装额外的包，可以使用 conda install 包名命令或在 Anaconda Navigator 中进行安装。

5. 在 Jupyter Notebook 中编写和运行第一个程序

Anaconda 安装完成后，可以使用 Jupyter Notebook 来编写和运行 Python 代码。Jupyter Notebook 是一个基于浏览器的编程环境，方便用户编写代码、运行程序并实时查看结果。下面是使用 Jupyter Notebook 编写"Hello，World!"程序的步骤。

（1）启动 Jupyter Notebook：安装 Anaconda 后，打开 Anaconda Navigator，从主界面中找到并启动 Jupyter Notebook。启动后，将自动打开一个浏览器页面，显示文件目录。

（2）创建新笔记本：在 Jupyter Notebook 文件目录页面，单击右上角的 New 按钮，然后选择 Python 3 来创建一个新的 Python 文件。

① 编写代码：在新建的 Notebook 中，会看到一个空白的代码单元格。在该单元格中输入以下代码：

```
print("Hello, World!")
```

② 运行代码：按 Shift+Enter 组合键或单击上方的 Run 按钮来执行代码。执行后，代码单元格下方将显示输出结果"Hello，World!"。

③ 界面示例：运行"Hello，World!"代码的示例界面，如图 1-5 所示。

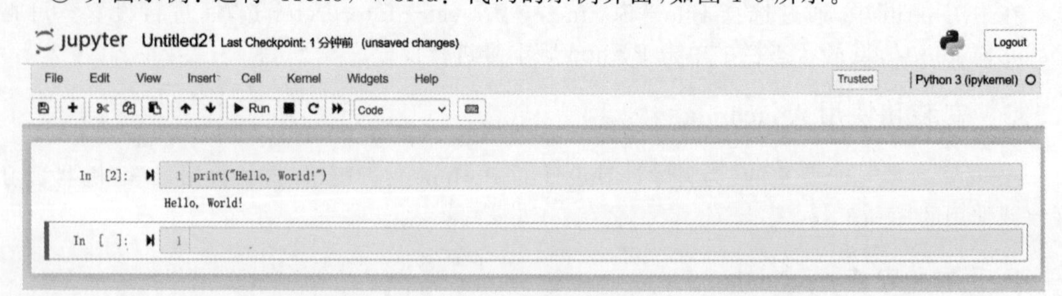

图 1-5　Jupyter Notebook 运行"Hello，World!"代码界面

通过上述步骤，已成功搭建了一个适合 Python 开发的环境。无论是使用传统的 Python 安装还是选择 Anaconda 发行版，都能满足不同层次的 Python 开发需求。

本章小结

计算机程序内容详见表 1-1 所示。

表 1-1　计算机程序

类　别	原理/方法/属性	说　明
计算机组成	由硬件和软件构成	计算机硬件和软件协同工作完成任务
计算机硬件	CPU、内存、硬盘、输入设备、输出设备	CPU 为“计算大脑”，内存为“临时仓库”，硬盘为“长期存储”，输入和输出设备连接用户与计算机
计算机软件层次	操作系统、系统软件、应用软件和用户层	用户通过应用软件操作计算机，操作系统管理硬件和软件资源
编程	使用编程语言编写一系列指令	低级语言（机器语言）和高级语言，后者更易理解，通过编译或解释转换为机器语言
编译与解释	高级语言转换为机器语言的两种方式	编译生成可执行文件，效率高；解释逐行翻译，适合灵活开发
程序运行过程	编写、编译、链接、装载、输入、计算、输出	将源代码转换为可执行程序，并利用操作系统调度硬件资源执行
Python 语言	高级解释型语言	适用于数据分析、Web 开发、系统脚本、科学计算、机器学习、网络爬虫、游戏开发等
Python 环境搭建	安装 Python 解释器和开发环境	设置运行环境、IDE 安装（如 PyCharm、Visual Studio Code）、Anaconda 安装及管理库
运行环境	Python 程序运行所需的基本环境	安装 Python 3.x，使用包管理器安装必要库
Python 包管理	使用 pip 或 conda 安装和管理 Python 库	pip 用于传统 Python 环境，conda 用于 Anaconda，管理库更便捷

第 2 章

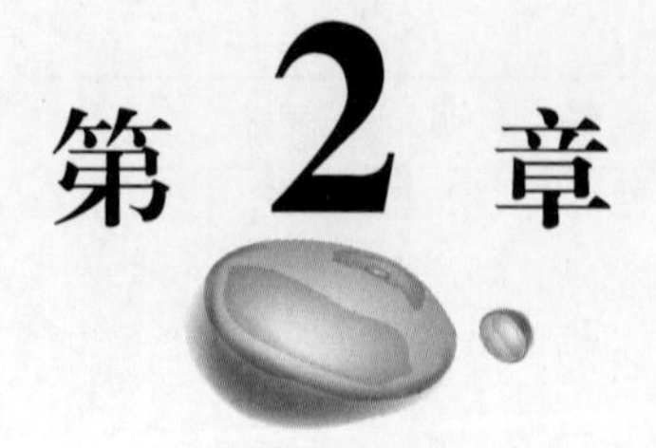

Python基础知识

Python 程序是由代码行构成，通过这些代码实现各种任务和功能。理解 Python 的基础知识是迈向编程世界的第一步，也是掌握更高级编程技巧的基石。本章介绍 Python 编程的核心基础，包括常量、变量、运算符、注释、编程风格，以及程序的运行原理，通过案例演示如何将这些基础知识应用于实际问题的解决。

2.1 常量

常量是指在程序执行过程中其值保持不变的元素。常见的常量类型包括数字和字符串。

2.1.1 数字

在 Python 中，数字分为以下三种主要类型。

1. 整数

整数(Integers)类型是最基础的数值类型，包含所有正整数、负整数以及零，如－3、0、42等。在 Python 3 中，整数类型具有任意精度，这意味着整数的范围仅受系统内存大小的限制，不会因为数值过大而溢出。

2. 浮点数

浮点数(Floats)用于表示带小数的数值，并支持科学记数法表示。例如，6.02E23 表示 6.02×10^{23}。Python 中的浮点数通常遵循 IEEE 754 的 64 位双精度标准，表示范围约为 -1.8×10^{308} 到 1.8×10^{308}，精度大约为 15 位小数。然而，浮点数在高精度运算中可能会出现误差，尤其是在处理极小或极大的数值时需要谨慎。

3. 复数

复数(Complex)类型由实部和虚部构成，格式为 $x+y$j，其中 x 和 y 为实数，j 表示虚数单位。在科学计算和工程领域，复数类型常用于处理包含虚数的计算。

2.1.2 字符串

字符串是由字符组成的序列，用于表示文本。在 Python 中，字符串属于不可变类型，这意味着，一旦创建，字符串的内容将无法更改。

在 Python 中,可以使用单引号(' ')或双引号(" ")来定义字符串,字符串中的所有字符(包括空格)都会原样保留。例如:

```
'I am studying python'
"I am studying python"
```

对于多行字符串,可以使用三引号 (''' 或 """) 将内容括起来。在三引号内,可以自由地包含单引号或双引号,并且保留字符串的换行格式,代码如下:

```
'''
Life is short, use Python.
Life's pathetic, let's pythonic.
'''
```

这种多行字符串格式特别适用于长文本或包含换行的字符串。

1. 字符串的格式化

在 Python 中,format()方法用于创建格式化的字符串,通过替换字符串中的占位符来实现。占位符用一对大括号表示,可以包含一个可选的索引或关键字,用于指定 format()方法的参数,代码如下:

```
"Hello, {}. You are {} years old.".format("Alice", 30)
```

在此示例中,"Alice"会替换第一个{},而 30 会替换第二个{}。结果字符串为"Hello, Alice. You are 30 years old."。

占位符也可以通过索引来指定,代码如下:

```
print('{0}加上{1}等于{2}'.format(10, 20, 10 + 20))
```

在此示例中,{0}、{1}和{2}是字符串模板中带有索引的占位符,format(10, 20, 10+20)方法中的参数 10、20 和 30(10+20 的结果)依次对应这些占位符。最终输出结果为:

```
10 加上 20 等于 30
```

> 【编程中的索引编号】
> 在编程中,为了方便引用集合中的元素,通常会为其分配从 0 开始的索引编号,例如 0、1、2 等。这意味着集合中的第一个元素索引为 0,第二个为 1,以此类推。

除了基本替换,format()方法还支持多种格式化选项,使其功能强大和灵活。

(1) 控制小数点后的位数。

```
"The number is {:.2f}".format(3.14159)
```

其中,{:.2f}指定了格式化样式,. 表示小数点,2 表示保留两位小数,f 表示浮点数。因此,3.14159 被格式化为 3.14。

(2) 对齐字符串。

① 左对齐。

```
"Left aligned: {:<10}".format("test")
```

其中，:<10 表示字符串在宽度为 10 的字段内左对齐，右侧用空格填充至总长度达到 10。

② 右对齐。

```
"Right aligned: {:> 10}".format("test")
```

其中，:>10 表示字符串在宽度为 10 的字段内右对齐，左侧用空格填充。

③ 居中对齐。

```
"Center aligned: {:^10}".format("test")
```

其中，:^10 表示字符串在宽度为 10 的字段内居中对齐，两侧用空格均匀填充。

(3) 填充和宽度。

```
"Padded: {: * ^10}".format("test")
```

其中，: * ^10 表示字符串在一个宽度为 10 的字段内居中对齐，并用 * 填充两侧。结果为 *** test *** 。

(4) 数字格式化。

① 整数的千位分隔符。

```
"Number with commas: {:,}".format(123456789)
```

其中，:, 表示在数字中添加千位分隔符，结果为 123,456,789。

② 以百分比形式表示。

```
"Percentage: {:.2 % }".format(0.756)
```

其中，:.2%将数字转换为百分比形式，并保留两位小数，结果为 75.60%。

(5) 日期格式化。

```
import datetime
now = datetime.datetime.now()
"Current date: {: % Y- % m- % d % H: % M}".format(now)
```

其中，{:%Y-%m-%d %H:%M}定义了日期和时间的格式，%Y 表示四位年份，%m 表示月份，%d 表示日期，%H 表示小时，%M 表示分钟。结果为当前日期和时间按"年-月-日 时:分"格式显示，如"Current date: 2025-01-08 11:26"。

2. 字符串中的特殊字符

在字符串中，某些字符具有特殊作用。表 2-1 列出了一些常见的特殊字符及其用途。

表 2-1 常见特殊字符

特殊字符	含 义	代码举例	运行结果
\n	换行符，使光标移到下一行的开头	print('python\nJava')	python Java
\t	水平制表符(Tab 键)	print('python\tJava')	python Java
\	转义符，用于插入特殊字符。	print('python\'s book')	python's book

例如，语句 print('python's book')会导致语法错误，因为第二个单引号被解释为字符串结束标记。通过使用转义符 \，将语句修改为 print('python\'s book')，即可正确显示句中的单引号。

在需要大量使用特殊字符时,可以使用原始字符串。通过在字符串前添加 r 或 R,所有特殊字符都会被视为普通字符。例如,

```
print(r"python's book.\n")
```

在上述代码中,\n 不会被解释为换行符,而是作为普通的反斜杠和字符 n 显示。输出结果如下:

```
python's book.\n
```

2.2　变量

变量是计算机编程中的基本概念,代表着可变的数据。不同于常量,变量的值在程序运行过程中可以改变。本质上,变量是对存储数据值的内存空间的命名,变量名指代该内存空间或其首地址,存储在其中的数据值则会随着程序的运行而变化。

2.2.1　变量名称

变量名称是标识内存中存储的数据值的标识符,命名时应遵循以下规则。

(1) 名称的首字符必须是字母(A～Z 或 a～z)或下画线(_)。

(2) 后续字符可以是字母、数字(0～9)或下画线。

(3) 变量名区分大小写,例如,age 和 Age 会被视为不同的变量。

变量命名的良好实践是使用有意义的名称,以提高代码的可读性。例如,使用驼峰命名法或下画线来连接多个单词,如 customerName 或 customer_name。

在 Python 中,变量在首次赋值时声明,其类型由赋值时的数据类型决定。Python 是一种动态类型语言,这意味着同一个变量在程序运行期间可以被赋予不同类型的值。

```
name = 'Edward'
age = 10
age = 10.5
```

上述代码中,变量 name 被声明为字符串,而 age 起初是整型,后来变为浮点型。

> 【变量的类型】
> 虽然变量的类型可以随时改变,但在实际编程中,保持变量类型的一致性有助于代码的可读性和维护性,提高程序的整体稳定性。

注意,Python 中的保留字不能用作变量名,它们在语言中有特殊的意义。Python 3 中的保留字如表 2-2 所示。

表 2-2　Python 3 中的保留字

分　类	保　留　字
逻辑运算	and, or, not
条件控制	if, else, elif, while, for, break, continue
异常处理	try, except, finally, raise
定义结构	def, class, lambda

续表

分　类	保　留　字
导入模块	import，from
变量作用域	global，nonlocal
特殊值	True，False，None
其他	pass，del，assert，with，yield，as，return

2.2.2 变量赋值

使用等号(=)为变量赋值，即将等号右边的表达式值赋给等号左边的变量。

1. 单变量赋值的语法

```
a_variable = a_expression
```

其中，a_variable 代表一个变量，a_expression 代表一个表达式。表达式可以是一个常量、另一个变量、运算结果，甚至是函数调用。

Python 还支持同时为多个变量赋值。

2. 多变量赋值的语法

```
variable_1, …, variable_N = expression_1, …, expression_N
```

等号右边的表达式值依次赋给左边的变量。这种多变量赋值常用于逻辑上相关的变量批量赋值。

例 2.1　多变量赋值。

假设平面坐标系上的点(x1,y1)沿水平方向向右移动 Δx，沿垂直方向向下移动 Δy，计算该点的新坐标值。设初始 x1 和 y1 分别为 1 和 2，Δx 和 Δy 分别为 5 和 10。代码如下：

```
1.  x1, y1 = 1, 2
2.  delta_x, delta_y = 5, 10
3.  x1, y1 = x1 + delta_x, y1 - delta_y
4.  print(x1, y1)
```

这里第 1～3 行使用了多变量赋值，行 1 为 x1 和 y1 赋初值，行 2 为 Δx 和 Δy 赋初值，行 3 根据表达式计算新坐标，行 4 打印新坐标。

运行结果：

```
6 -8
```

3. 变量作用域

在编程中，变量只能在声明(或定义)后的特定区域内被访问或修改，这个区域称为变量的作用域。作用域取决于变量的声明位置及程序中访问该变量的范围。通常，变量的作用域分为局部作用域和全局作用域：局部作用域内的变量只能在定义它的函数或代码块中访问，而全局作用域内的变量则可以在整个程序中访问。此外，不同作用域中的同名变量不会相互影响，遵循“就近原则”来决定优先级。

2.2.3　数据类型

Python 中的变量可以有多种数据类型,包括数字、字符串、列表、元组、字典和集合等。Python 还支持面向对象编程,允许用户自定义数据类型。Python 中的主要数据类型如表 2-3 所示。

表 2-3　Python 中的主要数据类型

类　　别	数据类型	描　　述	示　　例
数字类型	int	整数	5, −3, 42
	float	浮点数	3.14, −0.001
	complex	复数	3+4j
文本类型	str	字符串	"hello", 'Python'
序列类型	list	有序、可变的集合	[1, 2, 3]
	tuple	有序、不可变的集合	(1, 2, 3)
映射类型	dict	键值对集合	{'name': 'Alice', 'age': 25}
集合类型	set	无序、不重复的元素集	{1, 2, 3}
	frozenset	不可变的集合	frozenset({1, 2, 3})
布尔类型	bool	布尔值	True, False
二进制类型	bytes	不可变的字节序列	b'hello'
	bytearray	可变的字节序列	bytearray(b'hello')
	memoryview	内存视图	memoryview(bytes(5))
None 类型	NoneType	表示无值或空	None

Python 的具体数据类型将在后续章节中详细介绍。

2.3　运算

运算是通过运算符将常量或变量关联在一起形成表达式的过程。例如,1+2 是一个简单的表达式,其中 1 和 2 为操作数(operands),+是运算符,用于执行加法操作。在表达式中,运算符用于实现加减乘除等各种运算。

2.3.1　内置数值运算符

Python 提供了一系列基本的数值运算符,便于执行常见的数学计算。表 2-4 展示了 Python 内置的数值运算符及其功能。

表 2-4　内置数值运算符

运 算 符	描　　述	示　　例
+	加法,两数相加	1+2 输出 3
−	减法,从一个数中减去另一个数	100−20 输出 80
*	乘法,两数相乘或字符串重复	2 * 5 输出 10
**	乘方,一个数的另一个数次方	2 ** 8 输出 256
/	除法,一个数除以另一个数	1 / 2 输出 0.5
//	整除,一个数除以另一个数后向下取整	8 // 3 输出 2
%	模运算,除法运算后的余数	8 % 5 输出 3
<<	左移,将数字的二进制位向左移动指定位数	3 << 2 输出 12

续表

运算符	描述	示例
>>	右移,将数字的二进制位向右移动指定位数	13 >> 2 输出 3
&	按位与,对数字进行按位与操作	7 & 3 输出 3
|	按位或,对数字进行按位或操作	10 | 4 输出 14
^	按位异或,对数字进行按位异或操作	5 ^ 3 输出 6
~	按位取反,对数字进行按位取反操作	~5 输出 −6

表 2-5 列出了布尔逻辑运算符,布尔运算符包括了比较运算符(如<、>、<=、>=、==、!=)和逻辑运算符(and、or),这些运算符都用于生成布尔值(True 或 False)。

表 2-5 布尔逻辑运算符

运算符	描述	示例	示例输出
<	小于	6 < 4	False
>	大于	3 > 2	True
<=	小于或等于	2 <= 3	True
>=	大于或等于	2 >= 3	False
==	等于,判断两个对象是否相等	3 == 3	True
!=	不等于,判断两个对象是否不相等	1 != 2	True
and	与,两个条件都为 True 时返回 True	False and True	False
or	或,其中一个条件为 True 时返回 True	False or True	True

2.3.2 内置的标识运算符

在 Python 中,is 和 is not 是标识运算符(Identity Operators),用于比较两个对象的内存地址,从而判断它们是否为同一个对象。标识运算符的作用如下所述。

(1) is:如果两个变量指向内存中的同一个对象,则返回 True。

(2) is not:如果两个变量指向不同的对象,则返回 True。

标识运算符通常用于检查变量是否与特定的对象相同,例如检查变量是否为 None:

```
a = None
if a is None:
    print("a is None")
```

在这个例子中,is 用来检查 a 是否为 None 对象本身。这种用法非常常见,因为在 Python 中,None 是一个单例,所有指向 None 的引用都指向内存中的同一个对象。

值得注意的是,不要将 is(或 is not)与==(或!=)混淆。==运算符用于比较两个变量的值是否相等,而 is 运算符用于比较两个变量是否为同一个对象。

例 2.2 is 与==的区别。

(1) 对于小的整数或字符串:由于 Python 对小整数和短字符串进行了内存优化和重用,is 和==在这些情况下可能会表现出相同的结果。

```
a = 10
b = 10
print(a is b)      # 通常会输出 True,因为小整数对象被重用
print(a == b)      # 输出 True,因为它们的值相等
```

（2）对于大的整数或复杂对象：当涉及较大的整数或复杂对象时，is 和 == 通常表现不同。

```
c = 1000
d = 1000
print(c is d)        # 通常会输出 False,因为它们是不同的对象
print(c == d)        # 输出 True,因为它们的值相等
```

（3）使用 is not 检查对象是否不同：is not 可以检查两个变量是否指向不同的对象。

```
e = [1, 2, 3]
f = [1, 2, 3]
if e is not f:
    print("e and f are not the same object")
```

即使 e 和 f 的内容相同，它们在内存中是两个不同的列表对象。因此，a is not b 会返回 True，并输出"a and b are not the same object"。

【a is not b】

尽管语句 if a is not b 与 if not a is b 在运行效果上相同，但根据 PEP 8(Python Enhancement Proposal #8)编程风格规范，推荐使用 if a is not b 这种行内否定的写法。也就是将否定词 not 直接放在要否定的内容前，而不是放在整个表达式的前面，以提高代码的可读性。

2.3.3 内置的数值运算函数

Python 提供了一系列内置数值运算函数，使得基本数学运算更加便捷和高效。表 2-6 总结了常用的数值运算函数及其作用。

表 2-6 内置的数值运算函数

函数	描述	示例	示例输出
abs(x)	返回 x 的绝对值	abs(−10)	10
pow(x, y)	计算 x 的 y 次幂	pow(10, 2)	100
round(x, ndigits)	将 x 四舍五入小数点后 ndigits 位	round(3.1415, 2)	3.14
divmod(x, y)	同时返回 x 除以 y 的商和余数	divmod(21, 5)	(4, 1)
max(x1,…,xn)	返回 x1,…, xn 中的最大值	max(2, 20, 8)	20
min(x1,…,xn)	返回 x1,…, xn 中的最小值	min(2, 20, 8)	2

例 2.3 计算投资收益。

假设 2000 年初，个人 A 在银行存入 1 万元，年利率为 2%；同时，个人 B 将 1 万元投资于年利率为 10%的基金。计算到 2030 年初，两人各自的本息总额。

```
account_a, account_b = 10000, 10000
interest_rate_a, interest_rate_b = 0.02, 0.1
total_a = account_a * pow((1 + interest_rate_a), 30)
total_b = account_a * pow((1 + interest_rate_b), 30)
print("Total asset of A: ",round(total_a))
print("Total asset of B: ",round(total_b))
```

上述代码首先设定 A 和 B 的初始投资金额和年利率。通过 pow 函数计算 30 年后的复

利总额,并使用 round 函数对结果进行四舍五入,得出最终的本息总额。

运行结果:

```
Total asset of A: 18114
Total asset of B: 174494
```

结果显示,尽管两人初始投资金额相同,但由于年利率差异,长期投资收益的差异显著。

2.3.4 内置的数值转换函数

Python 提供了一些数值类型转换函数,用于将一种数据类型转换为另一种。表 2-7 列出了这些内置的数值类型转换函数及其用途。

表 2-7 内置的数值类型转换函数

函 数	描 述	示 例
int(x)	将 x 转换为整型	int(3.14) 输出 3 int('5') 输出 5
float(x)	将 x 转换为浮点型	float(5) 输出 5.0 float('8.02') 输出 8.02
complex(re, im)	生成由实部 re 和虚部 im 构成的复数	complex(2,3) 输出 2+3j

2.3.5 Python 中的库分类

在 Python 中,库可以分为标准库和第三方库。

标准库:这些库默认包含在 Python 环境中,无须额外安装即可使用,提供了丰富的内置功能,例如 math、datetime 等库。

第三方库:需要通过包管理工具安装,如使用 pip install 命令来安装 NumPy、Pandas 等功能更为丰富的库。

2.3.6 math 库

math 库是 Python 的标准库之一,专门用于数学运算,提供了基础和高级的数学运算功能,以及一些常用的数学常数。math 库可以处理各种数学计算需求,适用于科学计算和日常开发。

math 库的主要功能包括以下三方面。

(1) 数学常数:提供了常用的数学常数,如 π 和 e。

(2) 基本数学运算:支持平方根(sqrt())、三角函数(sin()、cos()、tan()等)、对数函数(log()、lg())。

(3) 高级数学运算:包括幂函数(exp)、向上取整和向下取整(ceil、floor)等。

以下是 math 库的常用函数和常数,具体功能见表 2-8。

表 2-8 常用 math 库函数

函数或常数	数学表示	描 述
math.pi	π	圆周率 π 的近似值
math.e	e	自然对数的底数 e 的近似值
math.sqrt(x)	$\sqrt{x}$	计算 x 的平方根
math.sin(x)	sin(x)	计算 x 的正弦值

续表

函数或常数	数学表示	描述
math. cos(x)	cos(x)	计算 x 的余弦值
math. tan(x)	tan(x)	计算 x 的正切值
math. asin(x)	arcsin(x)	计算 x 的反正弦值
math. acos(x)	arccos(x)	计算 x 的反余弦值
math. atan(x)	arctan(x)	计算 x 的反正切值
math. log(x)	ln(x)	计算 x 的自然对数(以 e 为底)
math. log10(x)	$\log_{10}(x)$	计算 x 的以 10 为底的对数
math. exp(x)	e^x	计算 e 的 x 次幂
math. ceil(x)	$\lceil x \rceil$	返回大于或等于 x 的最小整数
math. floor(x)	$\lfloor x \rfloor$	返回小于或等于 x 的最大整数

在使用 math 库中的函数前,可以通过以下方式导入特定的函数。

```
from math import function_name
```

例如,导入并使用 sqrt()函数。

```
from math import sqrt
result = sqrt(25)
print(result)     # 输出: 5.0
```

这样便可以直接调用 sqrt()函数,而不需要在前面加 math. 前缀。

2.4 注释

在 Python 编程中,注释用于对代码进行解释和说明,以便提高代码的可读性和可维护性。注释帮助程序员理解代码的功能和意图,但不会被计算机执行。合理的注释对于团队协作和代码维护尤为重要。

1. 单行注释

单行注释使用 # 符号标记,其后的文本均被视为注释,不会被 Python 解释器执行。

```
name = 'python' # 定义名为 name 的变量,存储字符串'python'
# 下面这行代码将打印变量 name 的内容
print(name)
```

2. 多行注释

多行注释使用三重引号(""" 或 ''')包围文本块来创建。

```
"""
这段代码演示了一个简单的打印功能。
它会输出字符串'hello world'。
"""
print('hello world')
```

在编写程序时,适时添加清晰的注释有助于提高代码的可读性,帮助他人或未来的自己快速理解代码的逻辑和功能。

【三重引号注释】

尽管使用三重引号可以实现多行注释的效果，但它在 Python 中主要用于文档字符串(docstrings)，即函数或模块的说明。因此，对于纯注释，推荐使用多行的 # 来增加可读性。

2.5 Python 程序内部运行过程

Python 程序的运行不仅是编写和执行代码，还涉及一系列复杂的内部处理步骤。以下详细描述从编写代码到程序执行的整个过程，如图 2-1 所示。

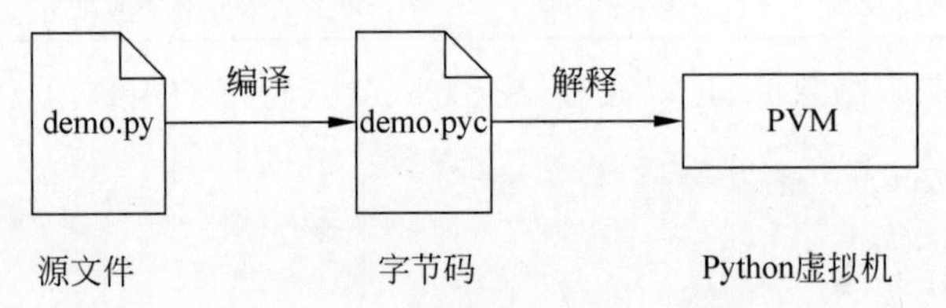

图 2-1 Python 程序内部运行过程

1. 编写程序

使用代码编辑器或集成开发环境(如 Jupyter Notebook、PyCharm 等)编写 Python 代码，并将其保存为 .py 格式的文件，如 demo.py。

2. 编译成字节码

首次运行 Python 程序时，Python 解释器会将源代码(.py 文件)编译成字节码。字节码是一种介于源代码和机器代码之间的中间代码，具有平台无关性。这种中间代码通常以 .pyc 为扩展名保存到磁盘中。编译成字节码的目的是提高程序运行效率。

3. 解释执行

编译后的字节码会被发送到 Python 虚拟机(Python Virtual Machine，PVM)进行解释和执行。Python 虚拟机是 Python 解释器的重要组成部分，它逐行读取字节码并执行相应的操作。

4. 重复执行优化

如果程序再次运行，Python 解释器会优先使用已生成的 .pyc 文件中的字节码，无须重新从源代码编译。此步骤显著提高了程序的加载和执行速度。

通过这种处理过程，Python 在保持其跨平台特性的同时，实现了从源代码到执行的高效转换，使其在运行时能够迅速响应和执行。

2.6 编程风格

编写 Python 代码时，只要符合语法规则，代码就能被执行，但遵循统一的编程风格能使代码更规范、易读，并便于维护。由于阅读代码的频率通常远高于编写代码，代码的可读性显得尤为重要。为此，Python 社区制定了 PEP 8 代码风格指南，详细描述了如何编写清晰、规范的 Python 代码(详情见 PEP 8 官方文档)。

PEP 8 包含多方面的编程风格规范,涵盖代码布局、引号使用、命名规则、空格运用、表达式书写等方面。为提升 Python 编程的规范性,以下列出一些重要编程规范。

(1) 缩进:使用空格进行缩进,每次缩进由 4 个空格组成,不使用制表符(Tab 键)进行缩进。

(2) 行宽限制:每行代码长度不应超过 79 个字符,以提高代码的可读性和便于维护。

(3) 变量赋值:在赋值符号(=)的左右两侧各添加一个空格,以增强代码的清晰度。

```
age = 25 # 在 = 两侧加空格
```

(4) 变量类型注解:变量名与冒号之间不加空格,冒号与类型信息之间加一个空格。

```
age: int
```

(5) 变量命名:变量名称应使用小写字母,若由多个单词组成,则用下画线(_)连接。这种命名方式被称为蛇形命名法(snake_case),有助于提高代码的可读性。

```
user_name = "Alice"
```

2.7 应用案例

2.7.1 货币汇率转换

例 2.4 货币汇率转换。

某公司经常需要进行外汇交易,特别是将美元转换为人民币。为此,需要一个简单的程序来执行这项转换。

```
# 变量的作用域: USD_TO_RMB 是一个全局常数
USD_TO_RMB = 6.5 # 数字: 这是一个常数,表示当前的汇率
# 字符串: 使用字符串提示用户
usd_amount = float(input("请输入要转换的美元数量: ")) # 数字: 数据类型为浮点数
# 内置数值运算符: 进行基本的数学运算
rmb_amount = usd_amount * USD_TO_RMB
# 输出结果
print("{} 美元等于 {:.2f} 人民币".format(usd_amount, rmb_amount))
```

在上述代码中,首先定义了汇率常量 USD_TO_RMB 为 6.5,然后使用 input()函数提示用户输入美元金额,并将输入值转换为浮点数存入 usd_amount。通过乘法运算,将美元金额转换为人民币并存入 rmb amount。最后使用 print()函数输出结果,格式化显示人民币金额到两位小数。

运行结果:

```
请输入要转换的美元数量: 100
100.0 美元等于 650.0 人民币
```

2.7.2 企业利润率和增长率

例 2.5 企业利润率和增长率。

公司希望能够快速评估其年度财务表现。输入去年和今年的销售额和成本,计算出利润

率和增长率。

```
# 获取去年和今年的销售额及成本
sales_last_year = float(input("请输入去年的销售额: "))
sales_this_year = float(input("请输入今年的销售额: "))
cost_last_year = float(input("请输入去年的成本: "))
cost_this_year = float(input("请输入今年的成本: "))

# 计算去年和今年的利润
profit_last_year = sales_last_year - cost_last_year
profit_this_year = sales_this_year - cost_this_year

# 计算利润率和增长率
profit_margin_last_year = (profit_last_year / sales_last_year)
profit_margin_this_year = (profit_this_year / sales_this_year)
growth_rate = ((sales_this_year - sales_last_year) / sales_last_year)

# 输出财务分析结果
print("去年的利润率为: {:.2%}".format(profit_margin_last_year))
print("今年的利润率为: {:.2%}".format(profit_margin_this_year))
print("销售增长率为: {:.2%}".format(growth_rate))
```

运行结果:

```
请输入去年的销售额: 100000
请输入今年的销售额: 120000
请输入去年的成本: 80000
请输入今年的成本: 90000
去年的利润率为: 20.00%
今年的利润率为: 25.00%
销售增长率为: 20.00%
```

2.7.3 放射性同位素衰减

例 2.6 放射性同位素衰减。

科学家通过对原子核研究发现,所有放射性物质其原子核数目随时间作负指数函数衰减,称为衰变定律。该定律使用下列公式计算,经过一定时间后放射性元素的剩余量:

$$N_t = N_0 e^{-0.693t/T}$$

其中,N_0 是放射性物质的初始质量,N_t 是经过时间 t 之后仍然剩余的质量,T 是该物质的半衰期。

现有同位素锶—90 的初始质量为 100mg,半衰期为 38.1 年,求 200 年后的剩余质量。

```
from math import exp      # 导入指数函数

# 锶-90 的半衰期、初始质量和时间设定
half_life = 38.1
initial_mass = 100
years = 200

# 计算锶-90 经过 200 年后的剩余质量
remaining_mass = initial_mass * exp(-0.693 * years / half_life)
print('Remaining mass of Sr-90:', remaining_mass)
```

运行结果：

```
Remaining mass of Sr - 90: 2.6310286999974557
```

本章小结

Python 基础知识如表 2-9 所示。

表 2-9　Python 基础知识

类　　别	原理/方法/属性	说　　明
常量	不可变的值，如数字、字符串	在程序中保持不变的数值或文本
数字	整数、浮点数、复数	用于表示数学中的整数、小数和复数
字符串	用于文本表示，支持格式化	不可变，使用单引号、双引号或三引号定义，支持多种格式化方式
变量	存储数据的命名容器，可以随程序运行变化	动态类型语言的特性允许变量类型在运行中改变
变量名称	命名规则	变量名应以字母或下画线开头，区分大小写，推荐使用有意义的名称以提高代码可读性
数据类型	int、float、str、list、tuple、dict、set	不同类型用于处理不同数据，支持面向对象编程，用户可定义新类型
运算	数值运算符、逻辑运算符、标识运算符	用于执行加减乘除、比较、位运算等，标识运算符用于检查对象是否为同一实例
内置数值运算函数	abs()、pow()、round()、divmod()	提供数学运算的便捷方法，如取绝对值、幂运算、四舍五入等
数值转换函数	int()、float()、complex()	将一种数据类型转换为另一种，如将字符串转为整数
math 库	包含高级数学函数，如 sqrt()、sin()、log()、exp() 等	提供基础和高级数学计算，如三角函数、对数、幂运算等
注释	单行和多行注释	使用 # 标记单行注释，三引号包围多行注释，注释提高代码可读性
编程风格	符合 PEP 8 编程规范	规范包括缩进、行宽、变量命名等，推荐使用 4 空格缩进和蛇形命名
Python 程序运行过程	编写程序、编译字节码、解释执行	Python 将源代码编译为字节码，由虚拟机解释执行，优化后重复执行速度更快
应用案例	汇率转换、利润率计算、放射性衰减	通过实例展示基础编程知识的应用，解决实际需求

第 3 章

编程逻辑

为了完成复杂的任务，程序需要借助清晰且严谨的逻辑结构来组织操作。本章将介绍程序设计中三种常见的逻辑结构：顺序执行结构、条件分支结构和循环控制结构，以及它们的实现方式。

3.1 程序流程图

为了设计和分析逻辑复杂程序的执行流程，常用流程图来描述程序中关键语句块之间的逻辑关系。程序流程图使用一系列图形、流程线和文字说明来描述程序的基本操作及其流程控制。常见的流程图元素有 6 种，如图 3-1 所示。

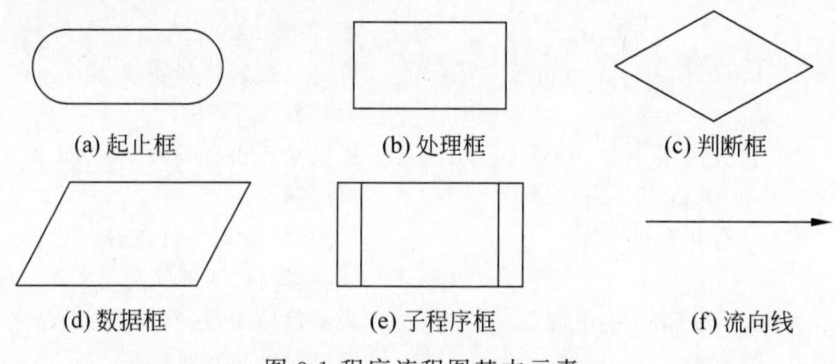

图 3-1 程序流程图基本元素

(1) 起止框：表示程序的开始或结束。

(2) 处理框：用于表示一组处理过程或操作步骤。

(3) 判断框：用于判断条件是否成立，并根据判断结果选择不同的执行路径。

(4) 数据框：表示数据的输入或输出操作。

(5) 子程序框：表示嵌套的子程序，该子程序可以单独绘制其流程图。

(6) 流向线：带有箭头的线条，用于指示程序的执行路径。

流程图的使用能够帮助程序设计者理清程序逻辑，提高代码实现的准确性和可维护性。

3.2 顺序结构

顺序结构是程序中最基本的控制结构，指程序从上到下逐行依次执行代码。顺序结构的语法如下：

```
<语句块 1>
...
<语句块 N>
```

在顺序结构中，变量的作用域自其声明之后生效，直至程序结束或超出其作用范围。

顺序结构流程图如图 3-2 所示。该流程图表示程序从开始到结束按顺序执行<语句块 1>和<语句块 2>。

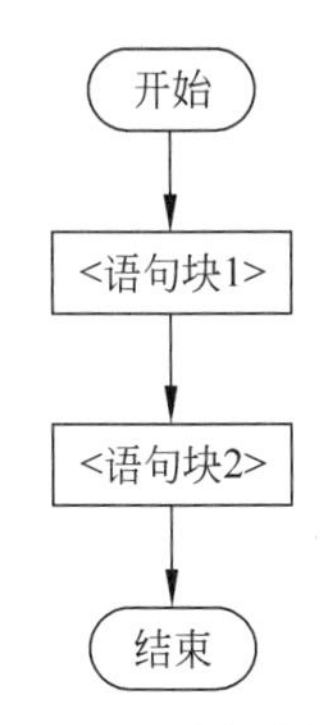

图 3-2 顺序结构流程图

举例如下：

```
age = 8
age = age + 1
print(age)
```

在此示例中，程序按顺序依次执行每行代码，从定义变量 age 到修改变量并输出结果。

3.3 分支结构

分支结构用于根据条件判断执行不同的代码块。程序根据是否满足特定条件选择性地执行某个分支，而跳过其他不满足条件的分支。

3.3.1 if 分支结构

在 Python 中，if 分支结构用于根据不同的条件执行相应的代码块，能够让程序在运行时有选择地执行特定操作。

1. if 分支结构的语法

```
if <条件 1>:        # 若<条件 1>满足，则执行<语句块 1>
    <语句块 1>
...
elif <条件 i>:      # 若不满足以上所有条件，但满足<条件 i>，则执行<语句块 i>
    <语句块 i>
...
else:               # 若以上所有条件均不满足，则执行<语句块 n>
    <语句块 n>
```

其中，<条件 1>、<条件 i>等可以是返回 True 或 False 的表达式或函数。<语句块 1>、<语句块 *n*>等可以是单行或多行代码。建议确保条件之间无重叠，以保证逻辑清晰。

2. 编程格式说明

(1) 每个分支的条件结束后，应在条件表达式后加上冒号(:)，例如 if <条件 1>:。

(2) 每个分支的 <语句块> 应缩进 4 个空格。Python 强制使用缩进来标识代码块层级，因此保持一致的缩进非常重要。这种格式在 if 结构和其他结构(如 for 循环和 while 循环)中也通用。

举例如下：

```
if age > 18:
    print("你已成年")
elif age > 12:
    print("你是青少年")
else:
    print("你是儿童")
```

关系运算符常用来构建判断条件，包括 <、<=、>、>=、== 和 !=。值得注意的是，一个等号 = 用于赋值，而两个等号 == 用于比较两个值是否相等。

分支结构可以是单分支、双分支或多分支结构。多个双分支组合可以形成多分支结构。分支结构的流程图如图 3-3 所示。在图 3-3 中，流程图显示了程序根据条件的满足情况选择执行路径，从而实现不同的逻辑分支。

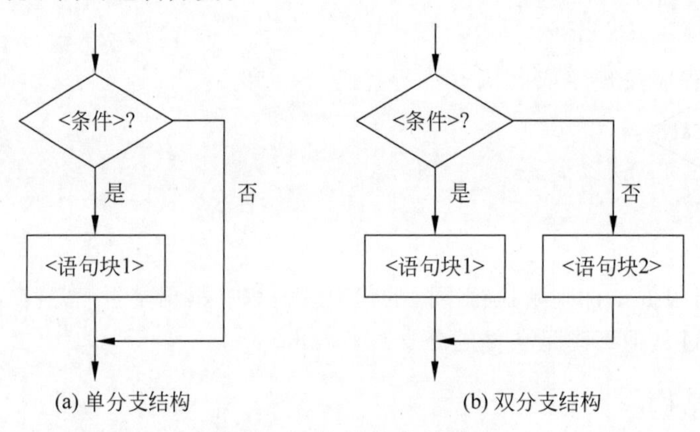

图 3-3　分支结构的流程图

例 3.1　判别中国历史朝代。

在中国历史中，隋、唐、五代十国的年代表如表 3-1 所示，如果给定某一年份，请判断其所处朝代。

表 3-1　中国历史年代表(部分)

朝　代	起止年代(公元)
隋	581 — 618
唐	618 — 907
五代十国	907 — 960

实现代码主要采用分支结构，程序流程如图 3-4 所示。

判别历史朝代的代码如下：

```
year_str = input("请输入历史年份: ")
year = int(year_str)
dynasty = ''
if year < 581:
    dynasty = '隋之前朝代'
elif year < 618:
    dynasty = '隋朝'
elif year < 907:
    dynasty = '唐朝'
elif year < 960:
    dynasty = '五代十国'
```

```
else:
    dynasty = '五代十国之后朝代'
print('公元{0}年是{1}'.format(year, dynasty))
```

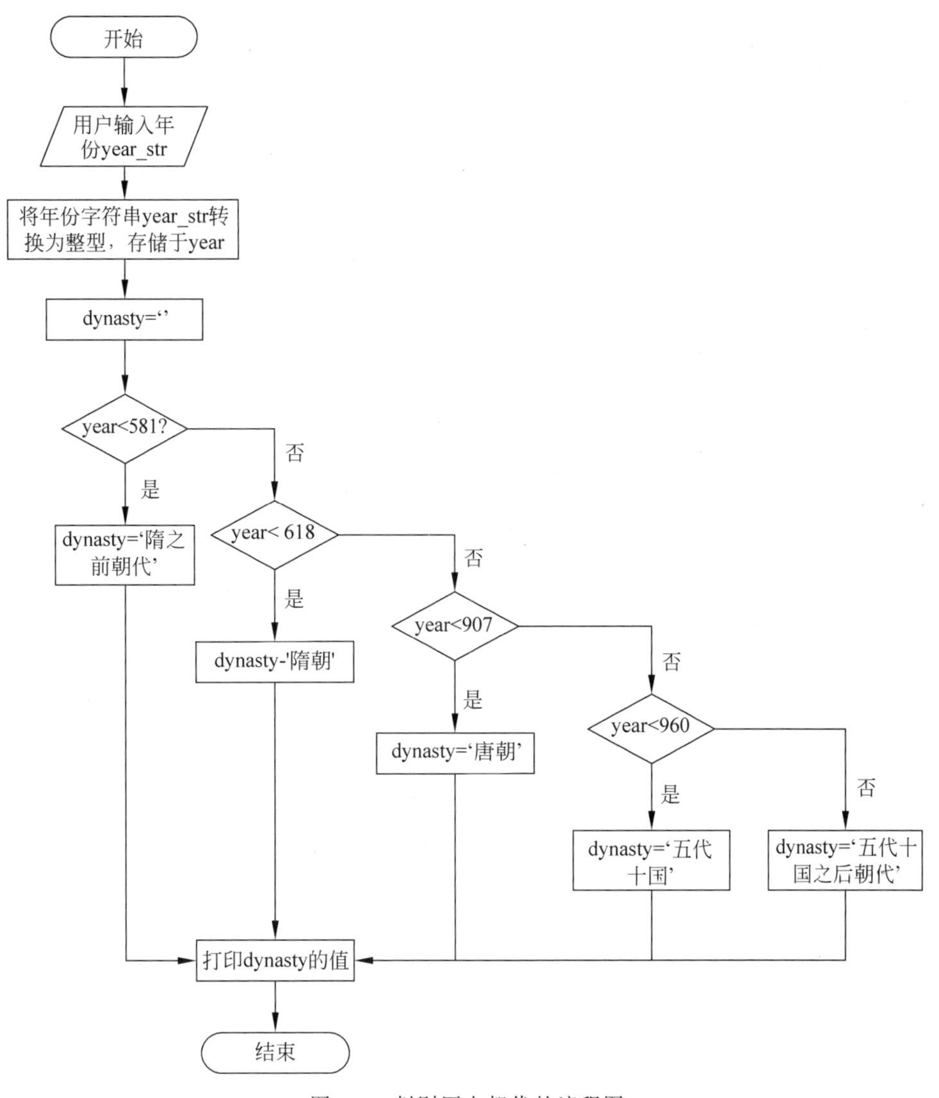

图 3-4 判别历史朝代的流程图

运行结果：

```
请输入历史年份：755
公元 755 年是唐朝
```

3.3.2 模式匹配

模式匹配通过 match 和 case 关键字实现，提供了一种功能更强大的条件分支方式。模式匹配的语法如下：

```
match variable:
    case pattern_1:
```

```
        # 当变量匹配 pattern_1 时执行的代码
    case pattern_2:
        # 当变量匹配 pattern_2 时执行的代码
    case _:
        # 默认情况(类似于 switch-case 的 "default" 分支)
```

其中,match 关键字用于指定一个匹配条件的变量(类似其他编程语言的 switch 语句的作用)。Python 通过检查变量的内容与不同的模式 case 是否匹配来决定执行哪个代码块;每个 case 后面接一个模式(pattern),表示一种条件匹配,可以是简单的值(如数字或字符串),也可以是复杂的结构(如类或嵌套的元组);case_表示默认匹配,在所有其他模式都不匹配时执行。

例 3.2 匹配消息模式。

编写一个根据不同类型的消息结构进行处理的函数。消息的类型可以是文本、图片或视频,每种类型的消息结构不同,包含的内容也不同。希望使用模式匹配来简化代码逻辑,使其能够根据消息的类型,匹配相应的结构并进行处理,实现代码如下:

```
def handle_message(message):
    match message:
        case {"type": "text", "content": text}:
            print(f"Text message: {text}")
        case {"type": "image", "content": image_path}:
            print(f"Image message with path: {image_path}")
        case {"type": "video", "duration": duration}:
            print(f"Video message of duration {duration} seconds")
        case _:
            print("Unknown message type")

# 使用示例
message1 = {"type": "text", "content": "Hello World"}
message2 = {"type": "image", "content": "/path/to/image.jpg"}
message3 = {"type": "video", "duration": 120}
handle_message(message1)
handle_message(message2)
handle_message(message3)
```

上述代码实现了 handle_message()函数,它利用 Python 的模式匹配功能来处理不同类型的消息。通过 match 语句来匹配消息的结构,并根据消息类型进行处理。

第一种情况为文本消息,case {"type": "text", "content": text} 匹配到消息类型为 "text" 的结构,并提取消息的内容 text,然后输出该文本内容。

第二种情况为图像消息,case {"type": "image", "content": image_path} 匹配到消息类型为 "image",提取图像的路径 image_path,然后输出该路径。

第三种情况为视频消息,case {"type": "video", "duration": duration} 匹配到消息类型为 "video",提取视频的时长 duration,然后输出视频时长。

最后一种情况为未知消息类型,"case _"是一个通配符,它处理任何未匹配到的消息类型,输出提示信息 "Unknown message type"。

运行结果:

```
Text message: Hello World
Image message with path: /path/to/image.jpg
Video message of duration 120 seconds
```

3.4　循环结构

循环结构用于在程序中重复执行某段代码，直到满足特定条件后退出。在 Python 中，主要有两种循环实现方式：for 循环和 while 循环。for 循环用于遍历集合，while 循环用于条件控制。循环结构的流程图如图 3-5 所示。

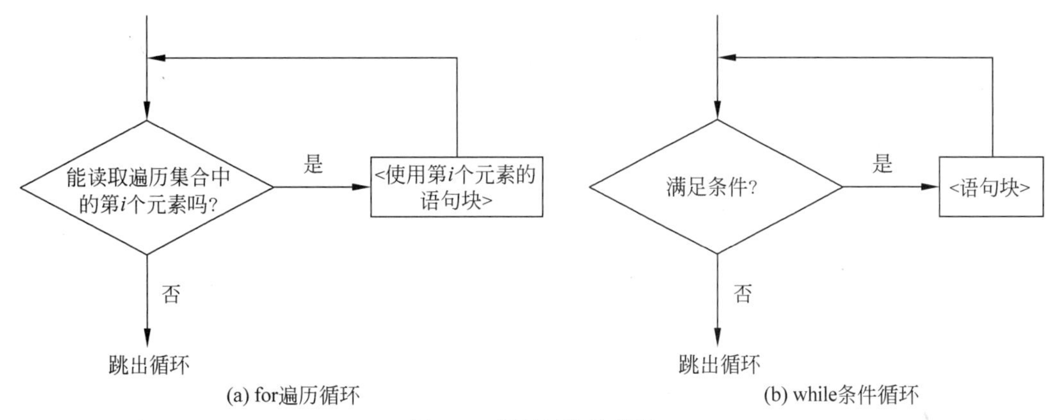

图 3-5　循环结构流程图

3.4.1　for 循环

for 循环是一种遍历循环，用于迭代一个序列中的每一项，并执行相应代码。该序列可以是列表、元组、字符串或生成器等可迭代对象。

for 循环的语法

```
for <循环变量> in <遍历集合>:
    <语句块 1 >
else:     # 通常可省略
    <语句块 2 >
```

在此结构中，<循环变量> 会依次获取 <遍历集合> 中的每个元素。如果 for 循环正常执行结束，则会执行 else 中的 <语句块 2 >，若循环被 break 语句中断，则不会执行 else 块。

举例如下：

```
for i in range(1, 5):
    print(i)
```

运行结果：

```
1
2
3
4
```

在这段代码中，range(1, 5) 是 Python 的内置函数，用于生成从 1 开始、不包括 5 的整数序列 [1, 2, 3, 4]。for 循环会依次将 i 设置为序列中的每个值，并在每次迭代中执行 print(i)。

具体过程如下：

第一次循环，i = 1，输出 1。

第二次循环，i = 2，输出 2。

第三次循环，i = 3，输出 3。

第四次循环，i = 4，输出 4。

这里使用的 range()函数语法如下：

```
range(start, stop[, step])
```

其中，参数 start 表示计数从 start 开始(默认值为 0)，stop 表示计数到该值结束，但不包括该值。step 表示步长，可省略，默认为 1。

3.4.2 while 循环

for 循环在预知循环次数时使用，而 while 循环则用于在不知道具体循环次数时的条件循环。只要满足 while 语句的条件，循环将持续执行，直到条件不成立为止。

while 循环的语法

```
while <条件>:   # <条件>为布尔表达式,结果为 True 或 False
    <语句块 1>
else:            # 本分支和 for 循环的 else 类似,通常可省略
    <语句块 2>
```

当<条件>为 True 时，while 循环会重复执行<语句块 1>；当<条件>变为 False 时，循环终止，程序继续执行 else 块中的<语句块 2>(若存在)。<条件>的更新通常在<语句块 1>中进行，以确保循环能在合适的时机退出。

例 3.3 猜数字游戏。

实现一个简单的猜数字游戏，程序预设一个正确答案，用户通过输入数字进行猜测。每次用户输入数字后，程序会提示猜测的数字是否过大或过小，直到用户猜中正确答案，程序结束，代码如下：

```
1. number = 62        # 程序中预设一个答案,供用户猜
2. correct = False
3. # 当 correct 为 False 时,while 循环继续; 否则,循环退出
4. while not correct:
5.     guess = int(input('请输入一个从 0～100 的整数: '))
6.     if guess == number:
7.         print('恭喜你,你猜对了!')
8.         correct = True
9.     elif guess < number:
10.        print('猜错了,你猜的数太小了')
11.    elif guess > number:
12.        print('猜错了,你猜的数太大了')
13. print('程序结束')
```

在上述代码中，行 1 设置变量 number = 62，这是程序中预设的正确答案。行 2 设置变量 correct 为 False，用于判断用户是否已经猜中答案。行 4 中 while 循环在 correct 为 False 时继续执行。当 not correct 为 True 时，循环继续；当 correct 被设置为 True 后，循环终止。行 5 中 input()函数用于接收用户输入，将输入的字符串通过 int()函数转换为整数，并赋给变量 guess，表示用户的猜测。行 6～8 判断用户输入的 guess 是否等于预设的 number。如果相等，程序输出“恭喜你，你猜对了！”，并将 correct 设置为 True 以终止 while 循环。行 9～10 判断 guess 是否小于 number，如果是，输出提示“猜错了，你猜的数太小了”。行 11～12 判断 guess 是否大于 number，如果是，输出提示“猜错了，你猜的数太大了”。最后，行 13 在用户猜

中答案后,程序跳出 while 循环,输出“程序结束”。

运行结果:

```
请输入一个从 0 到 100 范围内整数: 50
猜错了,你猜的数太小了
请输入一个从 0 到 100 范围内整数: 75
猜错了,你猜的数太大
请输入一个从 0 到 100 范围内整数: 62
恭喜你,你猜对了!
程序结束
```

【二分法思想】

在猜数字游戏中,有一种高效的策略是每次选择当前范围内的中位数作为猜测点(例如,对于范围 [m, n],猜测 (m+n) / 2),根据提示缩小范围,重复这一过程直到找到正确答案。这正是二分法的应用,通过逐步将区间缩小一半,能够快速锁定目标值。二分法思想广泛应用于计算机算法中,如二分查找、快速排序和求解非线性方程等。该方法的计算复杂度通常为 O(log n),在大数据量时也能高效地处理问题,大大提高了程序的执行效率。

3.4.3 break 语句

在程序执行时,通常情况下,只有当 for 语句中的遍历条件或 while 语句中的循环条件不满足时,程序才会跳出循环。然而,在某些情况下,可能需要在满足特定条件时立即退出循环。为此,大多数编程语言中都引入 break 语句来实现该功能。

break 语句通常出现在 for 或 while 循环的语句块中,通常与 if 条件语句一起使用。它的作用是强制跳出循环,无论循环条件是否满足,或者迭代次数是否达到预设值,一旦执行到 break 语句,程序将立即跳出当前循环。

break 语句的语法如下所示。

(1) 在 while 循环中的使用。

```
while <条件 1 >:
    …
    if <条件 2 >:
        break
    …
```

在 while 循环中,当满足<条件 1 >时,循环会继续执行。如果在循环体中的 if 语句判断<条件 2 >成立,break 语句会强制跳出循环,不再继续执行循环。

(2) 在 for 循环中的使用。

```
for <循环变量> in <遍历集合>:
    …
    if <条件 2 >:
        break
    …
```

在 for 循环中,当循环变量遍历<遍历集合>时,循环会按设定的规则进行迭代。如果 if 语句中<条件 2 >成立,break 语句将立即跳出循环,无论遍历是否完成。

例 3.4 英文字符转大写。

用户输入任意英文字符串，并将其中的小写字母转换为大写字母。程序应持续运行，直到用户输入 exit 关键字，这时程序终止运行。输入 exit 时，程序不进行大写转换，而是直接退出循环，代码如下：

```
while True:
    str = input("请输入一个英文字符串: ")
    if str == 'exit':
        break
    print("大写: ", str.upper())
print("程序结束")
```

该段程序通过 while True 实现一个无限循环，直到用户输入 exit 时，通过 break 语句强制跳出循环。对于其他输入，程序会将用户输入的小写字母通过字符串方法 upper()转换为大写并输出。

运行结果：

```
请输入一个英文字符串: I have a dream
大写: I HAVE A DREAM
请输入一个英文字符串: exit
程序结束
```

3.4.4 continue 语句

break 语句用于强制跳出整个循环。然而，有时并不需要完全退出循环，而是希望中断当前迭代，跳过本次循环的剩余部分，直接进入下一次迭代。为此，大多数编程语言引入了 continue 语句。

continue 语句的作用是跳过当前迭代中尚未执行的代码，立即进入下一次迭代。它的使用位置与 break 语句类似，通常用于 if 条件语句中。

continue 的语法如下所示。

(1) 在 while 循环中的使用。

```
while <条件 1>:
    ...
    if <条件 2>:
        continue
    ...
```

在 while 循环中，如果在某次迭代时满足<条件 2>，continue 语句会跳过剩余的代码块，直接进入下一次循环，并重新判断<条件 1>是否成立以决定是否继续执行。

(2) 在 for 循环中的使用。

```
for <循环变量> in <遍历集合>:
    ...
    if <条件 2>:
        continue
    ...
```

在 for 循环中，continue 语句会跳过当前迭代的剩余代码，并立即开始下一次循环，从而使循环变量获取下一个值进行下一次迭代。

例 3.5 英文字符转大写并过滤非英文输入。

编写一个程序允许用户持续输入英文字符串，并将其中小写字母转换为大写输出。如果用户输入非英文字符，程序提示错误信息并跳过该输入。当用户输入 exit 时，程序终止运行。

```
1.  while True:
2.      str = input("请输入一个英文字符串: ")
3.      if str == 'exit':
4.          break
5.      if not str.isascii():
6.          print("输入非英文字符串")
7.          continue
8.      print("大写: ", str.upper())
9.  print("程序结束")
```

在代码段行 5 中，使用字符串方法 isascii()判断输入的字符串是否为纯英文字符。如果字符串中的所有字符属于 ASCII 字符集，该方法返回 True，否则返回 False。如果输入非英文字符，程序执行行 6 和 7，continue 语句跳过本次循环的剩余部分(即不执行行 8)，直接开始下一次循环，返回行 1，等待新的输入。

运行结果：

```
请输入一个英文字符串: 我有一个梦想
输入非英文字符串
```

【循环编程的经验】

避免死循环：在循环结构中，应确保程序能够在有限次循环后跳出循环，防止进入死循环。如果循环条件一直为真，程序将无法正常结束。

循环嵌套规则：在嵌套循环中，内循环必须完整地嵌套在外循环内部。内循环的终止条件不能影响外循环的正常执行。

3.4.5 海象操作符

海象操作符(Walrus Operator)是一种新的赋值表达式，表示为:=。它允许在表达式中进行赋值并返回赋值结果，从而使代码更加简洁和高效。海象操作符的主要用途是在条件表达式或循环中同时进行变量赋值和条件检测，减少代码量并提高可读性。

(1) 在 while 循环中使用海象操作符：海象操作符可以在 while 循环中简化代码逻辑，避免重复的赋值操作，代码如下：

```
while (n := get_value()) > 0:
    process(n)
```

上述代码中，海象操作符:=同时完成了 n 的赋值和条件判断，使代码简洁高效。如果不使用海象操作符，代码如下：

```
n = get_value()
while n > 0:
    process(n)
    n = get_value()
```

在不使用海象操作符的情况下，需要先进行赋值操作，再单独判断循环条件，这会导致代码重复。

（2）在 if 语句中使用海象操作符：海象操作符还可以在 if 语句中同时进行赋值和条件判断，简化代码结构。例如：

```
if (result := calculate_value()) > 10:
    print(f"Result is large: {result}")
```

在上述代码中，result 被赋值的同时，其值也被用于 if 语句的条件判断。如果不使用海象操作符，代码如下：

```
result = calculate_value()
if result > 10:
    print(f"Result is large: {result}")
```

使用海象操作符可以减少代码行数，使代码更加简洁，提高代码的可读性和维护性。

3.5 应用案例

3.5.1 斐波那契数列

数学家莱昂纳多·斐波那契在研究兔子繁殖问题时，提出了著名的斐波那契数列（Fibonacci sequence），也被称为“兔子数列”。斐波那契数列的生成规则如下：

```
F(0) = 0
F(1) = 1
```

对于 $n \geqslant 2$，斐波那契数列满足：$F(n)=F(n-1)+F(n-2)$，其中 n 为自然数（$n \in N$）。

随着数列项数的增加，前一项与后一项的比值逐渐趋近于黄金分割数值 0.618，因此该数列也被称为“黄金分割数列”。

例 3.6 生成斐波那契数列。

编写程序生成 100 以内的斐波那契数列，并验证其与黄金分割现象的关系。

```
1.  x1, x2 = 0, 1
2.  max_number = 100
3.  while x2 < max_number:
4.      ratio = round(x1/x2, 5) if x2 != 0 else 0      # 避免除以 0 的情况
5.      print(x2, ratio)
6.      x1, x2 = x2, x1 + x2
```

这里，行 1 初始化斐波那契数列的前两项，x1 代表第一个数，x2 代表第二个数。行 2 设置最大数 max_number，即程序将生成不超过 100 的斐波那契数列。在行 3 中，当当前数列项 x2 小于 max_number 时，继续循环生成斐波那契数列；否则，跳出循环。行 4 计算前一项与当前项之比 ratio，取小数点后 5 位；为了避免除以 0 的情况，当 x2 为 0 时，ratio 设为 0。行 5 打印当前斐波那契数列项 x2 和前一项与当前项之比 ratio。行 6 更新数列中的项，将当前项 x2 赋值为下一次循环的第一项 x1，而下一项 x2 则为上一项两项之和。

输出结果：

```
1 0.0
1 1.0
2 0.5
```

```
3 0.66667
5 0.6
8 0.625
13 0.61538
21 0.61905
34 0.61765
55 0.61818
89 0.61798
```

输出结果的第一列组成了斐波那契数列,第二列为前一项与当前项的比值。可观察到,随着斐波那契数列的增加,相邻两项的比值逐渐接近 0.618,即黄金分割数。

【现实中的斐波那契数列】

科学家们发现,在许多植物的花瓣、萼片、果实的数量以及排列方式中,存在着一种神奇的规律,这种规律与斐波那契数列高度吻合。例如,向日葵的花盘中有两组螺旋线:一组以顺时针方向盘绕,另一组以逆时针方向盘绕,且两组螺旋线相互嵌套,如图 3-6 所示。

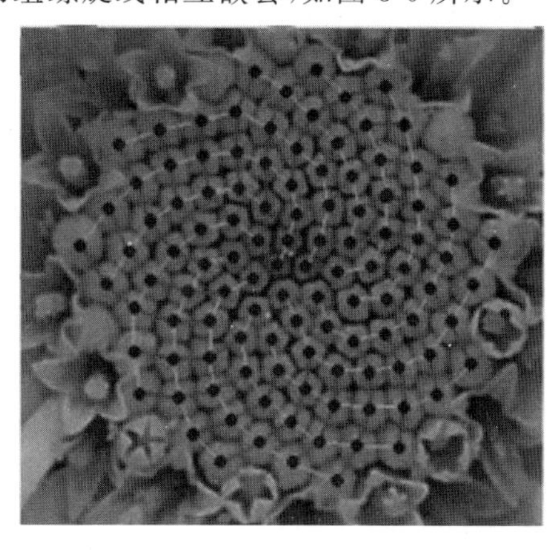

图 3-6　向日葵的两类曲线

在图中,逆时针螺线有 13 条(绿色线条表示),蓝色的顺时针螺线有 21 条,13 和 21 正是斐波那契数列中相邻的两项。虽然不同品种的向日葵螺旋线的数量有所不同,但大多数情况下,这些螺旋线的数量都是斐波那契数列中的两个连续数字,如 13 和 21、34 和 55、55 和 89 或 89 和 144。类似的现象也存在于其他植物中,如罗马花椰菜、松果、菠萝、树枝等。通过这种特殊的排列方式,植物能够更有效地利用阳光和空气,从而有助于它们的生长和繁衍。

3.5.2　计算圆周率

圆周率的计算方法很多,其中有一种基于蒙特卡洛(Monte Carlo)思想的计算方法。该方法一般认为美国在第二次世界大战中研制原子弹的"曼哈顿计划"中首先提出。但实际上,1777 年,法国数学家布丰就提出用投针实验的方法求圆周率 π。

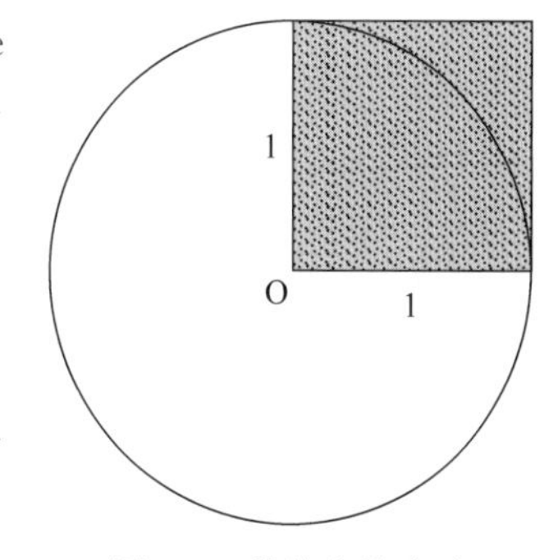

图 3-7　蒙特卡洛方法

例 3.7　利用蒙特卡洛方法计算圆周率 π 的值。

使用蒙特卡洛方法求解 π 的基本步骤如下:在图 3-7 所示,边长为 1 的单位正方形中占据半径为 1 的单位圆的右上方,向单位正方形范围内,随机投掷 n 个飞镖后,统计落在了右上方的 1/4 圆内的飞镖数量为 m。根据统计模拟方法，1/4 圆的面积(即 $\pi/4$)与单位正方形面积(即 1)之比，约等于落在 1/4 圆内飞镖数量 m 与落在单位正方形内的飞镖数 n 之比，即 $\pi/4=m/n$，也即 $\pi=4m/n$。

代码如下：

```
1. from random import random
2. from math import sqrt
3. n = 1000000
4. count_in_circle = 0
5. for i in range(0, n):
6.     x, y = random(), random()
7.     dist = sqrt(x ** 2 + y ** 2)
8.     if dist <= 1:
9.         count_in_circle += 1
10. pi = 4 * count_in_circle / n
11. print("Pi's value is", pi)
```

在上述代码中，行 1 导入生成随机数的 random()函数；行 2 导入 math 库的 sqrt()函数，用于计算平方根；行 3 设置 $n=1000000$，表示模拟投掷飞镖的次数；行 4 初始化 count_in_circle=0，用于计数落在圆内的飞镖数量。

行 5 开始循环，运行 n 次，模拟 n 次投掷飞镖；第 6 行为每次投掷生成随机坐标(x,y)，其中 x 和 y 是在$[0,1)$范围内的随机数。行 7 计算该坐标点到圆心的距离，并将结果存入 dist 变量。行 8～行 9 中，如果 dist 小于或等于 1，说明该点落在半径为 1 的圆内，将 count_in_circle 加 1。

循环结束后，在行 10 使用公式 pi=4 * count_in_circle/n 近似计算圆周率 π 的值，最后在行 11 输出计算结果。

程序运行三次，得到如下三行输出结果。由于每次生成的随机数不同，导致结果略有差异。增加 n 的值可以提高结果的精确度，使计算的 π 值更接近真实值。

```
Pi's value is 3.14238
Pi's value is 3.142416
Pi's value is 3.141184
```

3.5.3 广播模型、扩散模型和传染模型

1. 广播模型

假设一个相关人群，人数为 N，这里相关人群是指感知某一信息或感染某一疾病的潜在人群。在某一时刻 t，人群可被划分为两类：一类是知情者或感染者(Infective)，感染者数量用 I_t 表示，另一类是还未感染的潜在人群，称为易感者(Susceptible)，易感者数量用 S_t 表示。这里 $N=I_t+S_t$。

广播模型公式为：$I_{t+1}=I_t+P_{\text{broad}}S_t$

其中 I_t 和 I_{t+1} 分别表示第 t 和 $t+1$ 时刻的感染者人数，P_{broad} 为感染概率，S_t 为第 t 时刻易感者人数。

广播模型刻画了新闻、信息和技术，并通过电视、广播、互联网等进行传播，是一种“一对多”的传播方式。

例 3.8 模拟广播传播：全村人听到广播所需的天数。

一个有 100 位居民的小村庄，村主任每天通过广播播放一次修路倡议。假设每位居民在任意一天听到广播的概率为 10%（即 P_broad=0.1）。问：需要多少天，才能确保全村人都听到这个倡议。

```
1. Number = 100
2. day = 0
3. infective = 0.0
4. infective_number = 0
5. probability = 0.1
6. infective_sequence_str = ''
7. while (infective_number < Number):
8.     day += 1
9.     susceptible = Number - infective
10.    infective = infective + probability * susceptible
11.    infective_number = int(infective + 0.5)
12.    infective_sequence_str = infective_sequence_str + "{} ".format(infective_number)
13. print(infective_sequence_str)
14. print("In the {}th day, everyone receives the message from the broadcast.".format(day))
```

在上述代码中，行 1～6 初始化各变量，其中 infective 用小数表示已听到广播的居民数量，infective_number 用整数表示用于输出的感染人数，其他变量用于控制传播过程和结果输出。行 7～12 使用 while 循环，当接收广播的人数小于全村人数时，继续循环：行 8 更新天数 day；行 9 计算尚未听到广播的居民数量 susceptible；行 10 根据广播模型，计算当天接收广播的居民数 infective，累积上一天的接收人数，行 11 使用 int()函数将浮点型 infective 四舍五入转换为整数，确保感染人数为整数（为了实现四舍五入，浮点数 infective 加上 0.5 后再取整）；行 12 将当天接收广播的人数拼接到存储结果的字符串 infective_sequence_str 中。在行 13～14 中，当接收广播的人数等于全体人数时，循环终止：行 13 输出每天的接收广播人数序列；行 14 输出第几天时，全村人都接收到了广播信息。

输出结果：

```
10 19 27 34 41 47 52 57 61 65 69 72 75 77 79 81 83 85 86 88 89 90 91 92 93 94 94 95 95 96 96 97 97 97
97 98 98 98 98 99 99 99 99 99 99 99 99 99 99 99 100
In the 51th day, everyone receives the message from the broadcast.
```

程序输出了每天接收广播的居民人数。通过模拟广播传播，最终在第 51 天，全村所有居民都接收到了广播信息。

2. 扩散模型

广播模型考虑了从一个原点向外部多个对象广播信息或传染病毒，在实际中，还存在着另一种信息传播的方式——扩散模型，即获得信息的多个感染者，可将信息或病毒传递给它们周围的对象，形成多对多的扩散传播方式。

扩散模型公式为：$I_{i+1}=I_t+P_{\text{diffuse}}\cdot\frac{I_t}{N}\cdot S_t$

其中 $P_{\text{diffuse}}=P_{\text{spread}}\cdot P_{\text{contact}}$，将扩散概率 P_{diffuse} 定义为传播概率 P_{spread} 与接触概率 P_{contact} 的乘积。

例 3.9 模拟信息扩散：全村人知晓倡议所需的天数。

一个有 100 位居民的小村庄，村主任将修路倡议扩散给他周围的居民。该倡议在人们之间的扩散概率为10%(即P_diffuse=0.1)。要求编写一个程序,模拟这种信息扩散的过程,计算多少天后全村的居民都知道这个倡议。

```
1. Number = 100
2. day = 1
3. infective = 1
4. infective_number = 1
5. probability_diffuse = 0.1
6. infective_sequence_str = str(infective_number) + ''
7. while (infective_number < Number):
8.     day += 1
9.     susceptible = Number - infective
10.    infective = infective + probability_diffuse * (infective/Number) * susceptible
11.    infective_number = int(infective + 0.5)
12.    infective_sequence_str = infective_sequence_str + "{} ".format(infective_number)
13. print(infective_sequence_str)
14. print("In the {}th day, everyone knows the message from the message diffusion.".format(day))
```

运行结果:

```
1 1 1 1 1 2 2 2 2 2 3 3 3 3 4 4 4 5 5 6 6 7 8 8 9 10 11 12 13 14 15 16 18 19 21 22 24 26 28 30 32 34 37 39
41 44 46 49 51 54 56 59 61 63 66 68 70 72 74 76 78 80 81 83 84 86 87 88 89 90 91 92 92 93 94 94 95 95
96 96 97 97 97 97 98 98 98 98 99 99 99 99 99 99 99 99 99 99 99 100
In the 100th day, everyone knows the message from the message diffusion.
```

输出每天知晓消息的居民人数,输出结果显示在第100天时,全村的100位居民都知晓了这个倡议。

在实际情况下,大多数信息同时通过广播和扩散两种方式传播。这种组合模型被称为巴斯模型。它通过广播概率和扩散概率来决定信息传播的权重,巴斯模型公式如下:

$$I_{i+1} = P_{\text{broad}} \cdot S_t + P_{\text{diffuse}} \cdot \frac{I_t}{N} \cdot S_t$$

其中,P_{broad}为广播概率,P_{diffuse}为扩散概率。

3. SIR模型

广播模型和扩散模型均假设人一旦获得该消息,则永远不会放弃它。但对传染病情况不完全适用,当一个人感染了传染病后,经过若干天后可能会痊愈。因此,SIR模型是研究传染病传播的经典模型,包括三类人群。

易感者(Susceptible):尚未感染传染病,但可能被感染的人。

传染者(Infective):已经感染并能传播疾病的人。

痊愈者(Recover):曾感染但已痊愈,理论上不再传播疾病,但此例假设痊愈者与易感者具有相同的感染概率。

SIR模型的传染病传播公式为:

$$I_{t+1} = I_t + P_{\text{contact}} \cdot P_{\text{spread}} \cdot \frac{I_t}{N} \cdot S_t - P_{\text{recover}} \cdot I_t$$

其中,P_{contact}、P_{spread}、P_{recover}分别为传染病的接触概率、传播概率和痊愈概率。

例3.10 SIR模型模拟:传染病传播与痊愈模拟。

在一个有100位居民的小村庄,村主任感染了某种传染病。接触概率、传播概率和痊愈概率分别为 P_contact、P_spread 和 P_recover。假设痊愈者在痊愈后不会对该传染病产生免疫力,具有与易感者相同的感染概率。模拟 50 天内该村庄的感染人数变化情况。

```
1. Number = 100                    # 村庄总人数
2. days = 50                       # 模拟天数
3. infective = 10                  # 初始感染人数
4. infective_number = 10           # 整数形式的初始感染人数
5. contact_spread_recover_str = input("Please input the probabilities of contact, spread and
   recover in a comma - delimited format:")
6. prob_contact_str, prob_spread_str, prob_recover_str = contact_spread_recover_str.split(',')
7. prob_contact = float(prob_contact_str)
8. prob_spread = float(prob_spread_str)
9. prob_recover = float(prob_recover_str)
10. infective_sequence_str = str(infective_number) + ''  # 用于存储感染人数变化的字符串
11. for day in range(2, days + 1):
12.     susceptible = Number - infective  # 计算易感人数
13.     infective = infective + prob_contact * prob_spread * (infective / Number) * susceptible -
        prob_recover * infective
14.     infective_number = int(infective + 0.5)  # 四舍五入取整
15.     infective_sequence_str += "{} ".format(infective_number)
16. print(infective_sequence_str)  # 输出感染人数序列
```

在上述代码中,行 1～4 初始化变量;行 5 读入用户输入的接触概率、传播概率和痊愈概率字符串;行 6 调用字符串的 split()函数,将用户输入的字符串以逗号分隔,分别赋值给 prob_contact_str、prob_spread_str 和 prob_recover_str;行 7～9 将三个概率字符串分别转换为浮点数,赋给相应的这三个概率;行 10 将感染人数赋给感染序列字符串;行 11～15 模拟传染病传播过程,从第 2 天到第 50 天迭代循环:计算易感人数(行 12),使用 SIR 模型公式,计算每天新增的感染人数和痊愈人数(行 13),将浮点型转化为整数型的感染人数(行 14),然后将感染人数追加到感染人数序列字符串中。

运行第一次,输入 0.5、0.6、0.2 之后,输出结果:

```
Please input the probabilities of contact, spread and recover in a comma - delimited format:0.5,0.6,0.2
10 11 11 12 13 14 15 15 16 17 18 19 20 20 21 22 23 23 24 25 25 26 27 27 28 28 29 29 29 30 30 30 31 31
31 31 31 32 32 32 32 32 32 32 32 33 33 33 33 33
```

运行第二次,输入 0.5、0.6、0.4 之后,输出结果:

```
Please input the probabilities of contact, spread and recover in a comma - delimited format:0.5,0.6,0.4
10 9 8 7 6 5 5 4 4 3 3 3 2 2 2 2 1 1 1 1 1 1 1 1 1 0 0 0 0 0 0 0 0 0 0 0 0 0 0 0 0 0 0 0 0 0 0 0 0 0
```

对比两次运行结果,可以发现:第一次输入 $P_{contact}=0.5$、$P_{spread}=0.6$ 和 $P_{recover}=0.2$ 时,感染人数逐渐增加并趋于稳定,最终有 33 个人处于感染状态,达到平衡;第二次输入 $P_{contact}=0.5$、$P_{spread}=0.6$ 和 $P_{recover}=0.4$ 时,感染人数递减直至 0,最终疾病消失。

两次结果的差异可以通过基本再生数 R_0 来解释,基本再生数 R_0 定义为:

$$R_0=\frac{P_{spread}\cdot P_{contact}}{P_{recover}}$$

第一次运行:$R_0=0.5*0.6/0.2=1.5$。当 R_0 大于 1 时,传染病会在整个人群中传播。因此,感染人数逐渐增加,并最终稳定在 33 人左右。

第二次运行:$R_0=0.5*0.6/0.4=0.75$。当 R_0 小于 1 时,传染病趋于消失,感染人数逐渐减少，最终降至 0。实验结果验证了以上结论。

本章小结

编程逻辑如表 3-2 所示。

表 3-2 编程逻辑

类　别	原理/方法/属性	说　明
程序流程图	使用流程图描述程序执行流程	起止框、处理框、判断框等图形用于展示程序的逻辑结构，帮助理清程序逻辑
顺序结构	从上到下依次执行代码	程序最基本的结构，代码按顺序执行
分支结构	根据条件执行不同代码块	if-elif-else 结构控制程序执行路径，分为单分支控制程序、双分支控制程序和多分支控制程序
模式匹配	使用 match-case 结构	简化多条件分支逻辑
循环结构	重复执行代码直到条件满足	包括 for 和 while 循环，分别适用于遍历和条件控制
for 循环	遍历集合	适用于已知循环次数，依次遍历集合元素
while 循环	条件控制循环	条件满足时循环执行代码块，适用于不确定循环次数
break 语句	强制退出循环	在满足特定条件时退出循环，通常与 if 搭配使用
continue 语句	跳过当前迭代	跳过本次循环剩余代码，直接进入下一次迭代
海象操作符	使用：=进行赋值并返回值	提高代码简洁性，可在表达式中同时赋值和条件判断
应用案例	实际问题应用编程逻辑	包括斐波那契数列、圆周率计算、信息扩散模型等，展示逻辑结构的实际应用

第 4 章

函　数

函数是编程中的重要工具，能够将重复的操作封装起来，显著提高代码的复用性和可维护性。本章将系统讲解函数的定义、调用、参数传递、返回值以及变量作用域等基本概念，还将探索其高级功能，如 Lambda 表达式、回调函数和递归算法等。

4.1　函数的引入

20 世纪中叶，当高级程序语言刚问世的时候，程序代码平铺直叙编写。随着程序的代码量不断增大，代码之间的内部逻辑变得很复杂，程序逻辑在代码之间的跳转频繁。为了解决这个问题，引入了 goto 语句，实现从某一行跳转到其他行的能力。这一方法的大量使用又导致了程序跳转逻辑异常复杂，难以理解和维护。为了抛弃这个简便但易出错的 goto 语句，引入函数的概念，将这种程序逻辑在代码块之间的跳转，转换为在函数间的调用，把无序跳转转换为有序、可控的跳转关系。

当有一段代码可能在程序的多处重复使用，可将这段代码定义为函数，然后在需要这段代码的地方，直接调用该函数即可。有了函数，将原本大量的代码分门别类地归属到各函数容器中，实现了结构化编程的目的。图 4-1 示意了 goto 语言和函数调用两种编程模式，其中的圆圈表示行号。从 goto 语句到函数调用，并不是简单地将若干行装进函数这个容器中就可以，而是需要将以前的程序代码和逻辑进行修改，以适应函数编程的需要。因此，在图 4-1 中两种编程模式对应的行并不一定相同，而是做了相应的修改。

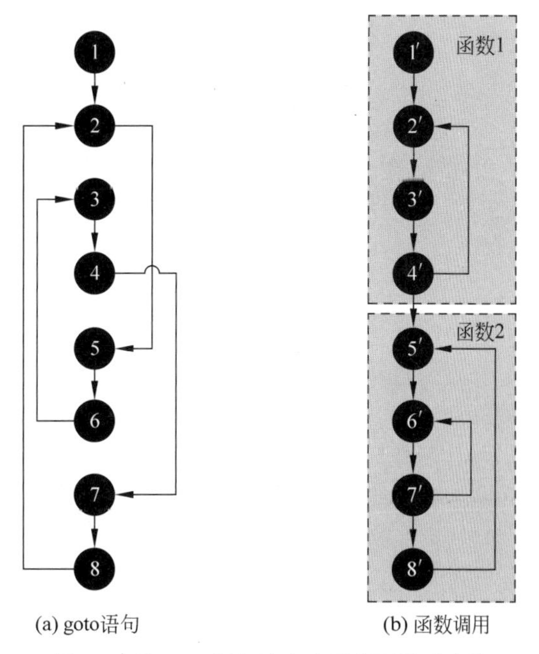

图 4-1　从 goto 语句演变为函数调用示意图

4.2　函数定义

目前，已经使用过一些 Python 内置的函数，如 print()、range() 和 input() 等。这些内置函数的作用是方便用户编程，原本一个复杂任务可通过一个简单的函数调用即可完成。例如，当想生成一个 0～100 中,能被 7 整除的所有整数时,只需要简单调用内置函数 range(0,101,7),即可生成一个结果数列[0, 7, 14, 21, 28, 35, 42, 49, 56, 63, 70, 77, 84, 91, 98]。

除内置函数外,用户可自定义函数。使用函数一般需要先定义函数,然后调用函数。

1. 定义函数的语法

```
def <函数名>(<参数列表>):
    <函数体>
    return <返回值列表>
```

其中,def 是定义函数的关键字;<函数名>可以是任何有效的 Python 标识符;<参数列表> 是调用该函数时传递给它的值,参数个数可以从零个到多个,多个参数时,参数之间用逗号隔开;<函数体>是实现函数功能的一行或多行代码;<返回值列表>是函数执行结束后,将零个、一个或多个返回值返回函数调用者,当没有返回值时,return 语句可以省略。

2. 调用函数的语法

```
<函数名>(<参数列表>)
```

其中,调用函数中的<函数名>即为定义函数时的函数名,调用函数的<参数列表>是传给该函数的参数值,称为"实际参数",简称"实参"(Arguments)。与此相对,定义函数中的<参数列表>称为"形式参数",简称"形参"(Parameters)。也就是说,在调用函数中的实参分别传递给定义函数中对应的形参。

例 4.1 加法函数。

```
1.  # 定义函数
2.  def add(num1, num2):
3.      sum = num1 + num2
4.      return sum
5.
6.  # 调用函数
7.  sum = add(10, 20)
8.  print(sum)      # 输出: 30
```

在这段代码中,行 2～4 定义了加法函数 add(),包含两个形参 num1 和 num2,其功能是返回两数之和。行 7～8 调用 add()函数,传入的实参为 10 和 20,最终结果为 30。

设计函数时,一般遵循如下原则。

(1) 将可能需要重复执行的代码封装为函数,在需要时通过调用函数实现代码复用。

(2) 确保函数功能单一且独立,避免在一个函数中实现过多功能,这样有助于提高函数的可重用性。

(3) 保持函数内部代码的高内聚性,即函数内的逻辑紧密相关。

(4) 保持函数之间的低耦合度,减少相互依赖性。

4.3 函数调用

定义函数之后,通过调用函数来使用它提供的能力。程序调用一个函数需要以下 4 个执行步骤。

（1）调用程序在调用函数处暂停执行。

（2）将调用函数中的实参一一复制给定义函数中的形参。

（3）程序转入函数体语句执行，直至函数执行结束，返回返回值。

（4）执行过程返回到调用程序处，获得函数返回值，继续调用程序的后续执行。

以上面的代码为例，画图分析其执行过程，如图 4-2 所示。

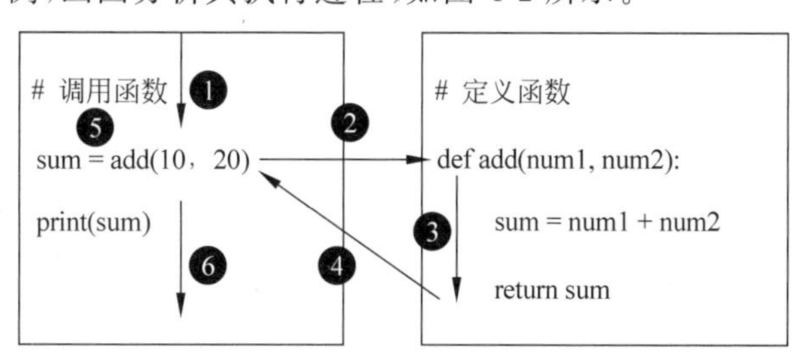

图 4-2　函数的调用过程

以图 4-2 为例，代码执行过程如下：

（1）程序执行到代码行 sum＝add(10,20)，发现是赋值语句，先执行等号的右侧语句，调用 add()函数，实参为 10 和 20。

（2）跳转到定义 add()函数处，实参 10 和 20 分别赋值给虚参 num1 和 num2。

（3）执行函数体，将形参 num1 的值 10 加上形参 num2 的值 20，其和 30 赋值给变量 sum；执行下一句函数返回 sum 的值 30。

（4）从定义 add()函数返回调用函数位置，并返回函数返回值 30。

（5）执行代码行 sum ＝ add(10,20)中的赋值，即将 30 赋值给变量 sum。

（6）继续执行下一行，打印输出 sum 的值 30。

注意，调用函数中的变量 sum 和定义函数中的变量 sum 虽然同名，但是它们是相互独立的两个不同变量，其作用域不同。

4.4　变量作用域

根据变量作用域，将变量分为局部变量和全局变量。

局部变量：指在函数内部声明的变量，其作用域(Scope)仅局限在这个函数内部，函数外部无法使用该变量，退出函数时变量将被自动删除。

全局变量：指在函数外部定义的变量，在函数内部或外部均可使用的变量，其作用域是整个程序，即全局(Global)作用域适用。

在函数中使用全局变量有两种情况，读全局变量和写全局变量。

读全局变量：读一个全局变量意味着只读取，而不去修改它的值，这种情况一般出现在赋值符号“＝”的右侧或函数的实参处。在一个函数内部，可以直接读一个全局变量。

写全局变量：写一个全局变量意味着修改它的值，这时全局变量一般出现在赋值符号的左侧。在一个函数内部，写一个全局变量之前，首先需要用 global 关键字声明该变量为全局变量，然后才可利用赋值语句修改该全局变量的值。

全局变量的语法如下。

```
global_var = 0              # 声明一个全局变量
def fun():
    global global_var       #在函数内声明该变量为全局变量
    ...
```

例 4.2 读全局变量。

```
1.  PI = 3.14
2.  def circle_area(radius):
3.      area = PI * radius ** 2
4.      return area
5.  print("The area of the circle:",circle_area(10))
```

其中,行 1 在函数外部声明了一个全局变量 PI,并赋值为 3.14;行 2～4 定义函数 circle_area(),在其中直接使用全局变量 PI 来计算圆的面积,并返回结果;行 5 调用函数 circle_area 并打印半径为 10 的圆的面积为 314.0。

例 4.3 写全局变量。

```
1.  PI = 3.14
2.  area = 0
3.  def circle_area(radius):
4.      global area
5.      area = PI * radius ** 2
6.      print("The variable 'area' inside the function is ", area)
7.      return area
8.  print("The area of the circle:", circle_area(10))
9.  print("The variable 'area' outside the function is ", area)
```

在例 4.3 中,行 2 增加了一个全局变量 area,初始值为 0;在函数 circle_area()中,首先通过行 4 声明 area 为全局变量,然后在行 5 计算圆的面积并赋值给 area,更新了其值;行 9 打印全局变量 area 的值。

运行结果:

```
The variable 'area' inside the function is 314.0
The area of the circle: 314.0
The variable 'area' outside the function is 314.0
```

输出结果表明,行 5 更新了 area 变量的值,并且该更新同时影响了全局变量 area,这是由于函数内部和外部访问的 area 是同一个变量。

如果将上例的行 4(全局变量声明)注释掉,运行程序后会得到如下输出结果:

```
The variable 'area' inside the function is 314.0
The area of the circle: 314.0
The variable 'area' outside the function is 0
```

这说明如果在函数内部没有声明 area 为全局变量,函数内部赋值的 area 被视为局部变量,函数内外的 area 变量成为两个不同的变量。因此,行 5 赋值给局部变量 area 后,全局变量 area 的值依然保持为原来的 0。

4.5 函数参数

一般情况下,函数内部的执行,往往需要函数外部的信息输入。这种信息输入一般有两种途径:全局变量和函数参数。

1. 全局变量方式

多个函数之间共享全局变量,实现了多个函数之间的信息共享,也实现了函数外部信息输入函数内部的目的，同样，也实现了函数内部信息输出到函数外部的目的。虽然全局变量方便且功能强大，但是，这导致了多个函数之间，或者多个函数内部与外部之间产生了复杂的关联关系，增加了函数间的耦合度，容易破坏程序的模块化设计原则。因此，谨慎使用全局变量方式。

2. 函数参数

函数参数提供了从函数外部输入信息至函数内部的标准途径。在定义函数阶段，设置函数的形参名称，在函数体中可以直接访问这些形参变量，而无须声明和定义。在调用函数阶段，从函数外部将实参变量传输给形参变量，实现信息的输入。函数参数方式保证了函数之间调用关系和依赖关系清晰，有利于程序模块化设计的原则。

4.5.1 参数默认值

在定义函数时，可以为参数（形参）设置默认值，这样在调用函数时可以省略此参数的赋值，Python 会自动使用设定的默认值。默认值必须是不可变对象，如整数、字符串等。当提供实参时，该实参会覆盖默认值。通过设置默认值，可以在一定程度上简化函数调用。

例 4.4 参数默认值。

```
def display_person_info (name, nationality = '中国'):
    print('姓名: {0},国籍: {1}'.format(name, nationality))
display_person_info ('小明')
display_person_info ('Tom', 'USA')
```

在上述代码中，display_person_info()函数定义时，为参数 nationality 设置了默认值'中国'。在第一个调用中，只传递了 name 参数，nationality 使用默认值'中国'。在第二个调用中，传递了 name 参数'Tom'和 nationality 参数'USA'，从而覆盖了默认值。

4.5.2 关键字参数

当函数有多个参数时，参数传递有两种主要方式。

位置参数(Positional Arguments)：按照定义时的顺序传递参数，即调用函数时参数的位置要与定义顺序一致。

关键字参数(Keyword Arguments)：在调用函数时，显式指定参数的名称，允许在任何顺序中传递参数。这种方式可以提高代码的可读性和明确性。

例 4.5 关键字参数。

```
def location(x, y = 20, z = 30):
    print('x = ', x, ', y = ', y, ', z = ', z)
location(50, 60, 70)          # 使用位置参数
location(z = 100, x = 80)     # 使用关键字参数
```

在上述代码中，location()函数定义中，y 和 z 设置了默认值。在第一次调用中使用了位置参数，因此 $x=50, y=60, z=70$；第二次调用使用关键字参数 $z=100, x=80$，此时顺序可以与定义顺序不同，而 y 未赋值，取默认值 20。

运行结果：

```
x = 50 , y = 60 , z = 70
x = 80 , y = 20 , z = 100
```

关键字参数的使用提高了代码的可读性，尤其在参数较多时，可以清晰地看到每个参数的

含义和用途，减少了位置错误的可能性。

例 4.6 避免参数混淆。

```
def make_request(url, timeout = 30, max_retries = 5):
    print(f"URL: {url}, Timeout: {timeout}, Max retries: {max_retries}")

# 混淆的情况
make_request("http://example.com", 5)

# 使用关键字参数避免混淆
make_request("http://example.com", max_retries = 5)
```

在该例中，通过显式指定参数名 max_retries=5，可以避免混淆，确保参数含义清晰。

在调用函数时，可以同时使用位置参数和关键字参数。但注意，所有的位置参数必须出现在关键字参数之前，否则会导致语法错误。

例 4.7 混合使用位置参数和关键字参数。

```
def greet(name, greeting = "Hello"):
    print(f"{greeting}, {name}!")
greet("Alice", greeting = "Hi")
```

在此示例中，greet()函数定义了一个位置参数 name 和一个带有默认值的关键字参数 greeting。在调用该函数时，传入位置参数"Alice"，同时通过关键字参数将 greeting 的值设置为"Hi"，从而覆盖了默认值。

在 Python 3 中，仅限使用关键字参数时，可以在函数定义中使用 * 来指明仅限关键字参数。即 * 后的参数只能通过关键字方式传递，提高了函数的可读性和清晰性。

例 4.8 仅限使用关键字参数。

```
def foo( * , key1, key2):
    print(key1, key2)
foo(key1 = "value1", key2 = "value2")
```

在 Python 中，应注意默认参数值的陷阱。默认值为可变对象（如列表或字典）时，可能会引发意想不到的行为。默认参数值在函数定义时创建，会在每次调用中复用该对象。

例 4.9 默认参数值的陷阱。

```
def append_to_list(value, my_list = []):
    my_list.append(value)
    return my_list
print(append_to_list(1))      # 期望输出 [1]
print(append_to_list(2))      # 期望输出 [2],但实际输出 [1, 2]
```

在这个例子中，my_list 的默认值是一个空列表[]，但它在函数定义时就已经创建，且该列表会在后续的函数调用中被复用。因此，调用 append_to_list(1)后，列表 my_list 中包含[1]。当再次调用 append_to_list(2)时，my_list 仍然指向同一个列表，导致第二次调用的输出为[1,2]。

为了避免这种情况，一个常见的解决方法是使用 None 作为默认值，并在函数内部创建新的列表。

例 4.10 避免默认参数值的陷阱。

```
def append_to_list(value, my_list = None):
    if my_list is None:
```

```
        my_list = []
    my_list.append(value)
    return my_list

# 第一次调用函数
result1 = append_to_list(1)
print(result1)  # 期望输出 [1]

# 第二次调用函数
result2 = append_to_list(2)
print(result2)  # 期望输出 [2]
```

在这个修改后的版本中，每次调用 append_to_list()函数时，都会检查 my_list 是否为 None，如果是，则创建一个新的空列表。这确保了每次函数调用都是独立的，不会复用之前的列表。

4.5.3　可变数量参数

Python 允许定义具有任意数量参数的函数，这极大地方便了用户调用函数。在定义函数时，可以通过在参数前加星号(*)或双星号(**)来实现：

星号参数：使用单个星号(*)的可变参数，表示从该位置开始直到结束的所有位置参数将被汇集为一个元组(tuple)。星号参数只能出现在非星号参数列表之后。

双星号参数：使用双星号(**)的可变参数，表示从该位置开始直到结束的所有关键字参数将被汇集为一个字典(dictionary)。

可变数量参数的语法形式如下。

```
def 函数名(param1, *param2, **param3):
    <函数体>
```

例 4.11　利用可变数量参数实现酒店预订。

在酒店预订系统中使用可变数量参数，分别用来收集预订的房间编号和房间设施信息。实现代码如下：

```
1.  def reserve_hotel(name, *room_numbers, **amenities):
2.      # 功能是预订酒店房间,room_numbers 是房间编号集合,amenities 是房间的设施
3.      print('Hotel name:', name)
4.      for room_number in room_numbers:
5.          print('Room number:', room_number)
6.      for amenity, quantity in amenities.items():
7.          print(f"{amenity}: {quantity}")
8.  reserve_hotel('Hotel A', 101, 102, beds = 2, TV = 1)
```

上述代码中，行 8 调用 reserve_hotel()函数，传递的实参依次为：字符串'Hotel A'、整数 101 和 102，以及关键字参数 beds=2 和 TV=1；跳转到行 1，将实参赋值给相应的形参：字符串'Hotel A'赋值给 name，两个整数 101 和 102 组成一个元组(101,102)赋值给 room_numbers，关键字参数 beds=2 和 TV=1 组成一个字典赋值给 amenities；行 4～5 遍历元组(101,102)，依次打印房间编号；行 6～7 遍历字典{'beds':2,'TV':1}，依次打印房间设施及其数量。元组和字典的概念将在第 5 章讲解。

运行结果：

```
Hotel name: Hotel A
Room number: 101
Room number: 102
```

```
beds: 2
TV: 1
```

4.6 函数返回值

函数的参数用于实现从函数外部向函数内部传递信息,而函数返回值则用于从函数内部向外部传递信息。在函数定义中,return 语句用于退出函数,并将程序返回到调用函数的位置继续执行。return 语句可以返回 0 个、1 个或多个值。

(1) 无返回值。

当函数无须返回任何值时,可以省略 return 语句。这时,函数默认在末尾隐含了一句 return None。示例如下:

```
def print_hello(name):
    print('Welcome ', name)
print_hello('小明')
```

(2) 返回一个值。

当函数需要返回一个值时,直接使用 return 语句即可。示例如下:

```
def add(num1, num2):
    return num1 + num2
print(add(10,20))    # 输出: 30
```

(3) 返回多个值。

当函数需要返回多个值时,这些值会以元组的形式返回,且可以直接将多个返回值分配给多个变量。示例如下:

```
def swith(first, second)
    return second, first
print(swith('a','b'))    # 输出: ('b', 'a')
```

在实际应用中,如果返回值数量超过 4 个,代码的可读性和维护性可能下降。这时可以使用命名元组、类或字典来明确表述每个返回值的含义,便于代码的后续维护,相关内容将在后续章节介绍。

4.7 Lambda 表达式

当函数功能简单,仅需一个表达式来实现时,Python 提供了一种匿名函数的方式,即 Lambda 表达式。它能够使代码更加简洁,特别适用于快速定义简单函数的场合。

Lambda 表达式的语法如下。

```
<函数名> = lambda <参数列表> : <表达式>
```

其中,参数列表支持默认值和关键字参数。Lambda 表达式等价于以下标准函数形式:

```
def <函数名>(<参数列表>):
    return <表达式>
```

Lambda 表达式会返回一个函数对象,可以赋值给变量,也可以直接调用。示例如下:

```
f = lambda x, y, z: x + y + z
print(type(f))      # 输出: <class 'function'>
print(f(1,2,3))     # 输出: 6
```

这里,f 被赋值为一个 Lambda 表达式,用于计算三个参数的和;调用 f(1,2,3)时,返回 6。

Lambda 表达式的主要优势不仅在于减少代码量,还可以作为参数传递给 Python 的一些内置函数(如 map()、filter()、sorted()等),从而增强代码的灵活性和简洁性。

4.8 文档字符串

程序中的注释有助于理解代码逻辑,但需要查看源代码才能看到。有时,我们希望快速了解程序中重要部分(如函数、模块或类)的功能和参数,而无须深入阅读代码。为此,编程语言引入了文档字符串(Documentation Strings,简称 docstrings)的概念。通过特定格式书写的解释性文字,文档字符串可以被自动提取生成程序文档,方便开发者参考。

在函数中,文档字符串通常位于函数体的第一行,用三个单引号(''')括起,之后是函数的正常代码。文档字符串一般用于说明函数的功能、参数、异常处理等信息。需要注意,文档字符串不会被程序执行,类似注释,仅供开发者阅读。

文档字符串的语法如下。

```
def fun(param1):
    '''解释函数功能、函数参数等文字'''
    # 其他程序代码
```

可以通过函数的属性__doc__(注意,doc 前后均为双下画线)来获取函数的文档字符串,代码如下:

```
def max(a, b):
    """
    返回两个输入数字中的较大值。

    Parameters:
    a (int or float): 第一个数字。
    b (int or float): 第二个数字。

    Returns:
    int or float: 返回 a 和 b 中较大的数字。如果两个数字相等,则返回 a。

    Example:
    >>> max(3, 5)
    5
    >>> max(10.5, 7.3)
    10.5
    """
    if a >= b:
        return a
    else:
        return b
```

在此 docstring 中,详细描述了函数的作用、参数类型、返回值类型以及一个简单的示例,符合 Python docstring 的标准格式。

4.9 字符串处理

1. 字符串处理方法

字符串是用于存储和表示文本的基础数据类型。在 Python 中,str 类型提供了多种内置方法,帮助开发者完成从简单文本处理到复杂模式匹配的各种操作。以下是一些常用的字符串处理方法及其用法。

(1) format():用于将指定的值插入字符串中的占位符{}位置。

```
text = "The number is: {0}".format(42)      # 结果: The number is: 42
```

(2) join():用给定的字符串作为分隔符,连接序列中的元素。

```
words = ['Hello', 'World']
sentence = ''.join(words)                  # 结果: Hello World
```

(3) split():将字符串拆分为列表,使用指定的分隔符。如果未指定分隔符,默认使用空格。

```
sentence = 'Hello World'
words = sentence.split('')                 # 结果: ['Hello', 'World']
```

(4) replace():在字符串中查找指定的子串并替换为另一个字符串。

```
text = 'bat bat symphony'
replaced_text = text.replace('bat', 'cat') # 结果: cat cat symphony
```

(5) strip():删除字符串开头和结尾的空格或指定的字符。

```
text = ' Hello World '
stripped_text = text.strip()           # 结果: Hello World
```

(6) upper() 与 lower():分别将字符串中的所有字符转换为大写或小写。

```
text = 'hello world'
upper_text = text.upper()              # 结果: HELLO WORLD
```

(7) capitalize() 与 title():capitalize() 将首个字符转为大写,其余小写;title() 则对每个单词的首字母进行大写。

```
text = 'hello world'
capitalized_text = text.capitalize()   # 结果: Hello world
title_text = text.title()              # 结果: Hello World
```

(8) find():搜索子串第一次出现的索引位置,如果未找到子串,则返回−1。

```
text = 'hello world'
index = text.find('world')             # 结果: 6
```

(9) endswith() 和 startswith():分别检查字符串是否以指定的后缀或前缀开头,返回布尔值。

```
filename = 'report.pdf'
```

```
is_pdf = filename.endswith('.pdf')                # 结果: True
url = 'http://example.com'
starts_with_http = url.startswith('http://')     # 结果: True
```

2. 正则表达式

上述字符串方法适用于基础的字符串处理需求。当处理复杂的字符串操作时,正则表达式是一种功能强大的工具。正则表达式通过定义字符序列的匹配模式,实现复杂的搜索、匹配、替换和分割操作。Python 的 re 模块提供了丰富的正则表达式支持,使复杂的文本分析和处理更为便捷。

常见的正则表达式模式。

(1) 点号.:匹配除换行符外的任意字符。例如,正则表达式 a.c 可以匹配"abc"、"a1c"或"a_c",因为中间的任意字符都会被匹配。

(2) 字符集[]:匹配中括号中的任意一个字符。例如,[abc]匹配"a"、"b"或"c"中的任意一个。

(3) 范围字符-:在字符集内使用-表示范围。例如,[a-z]匹配小写字母中的任意一个字符,而[0-9]匹配任意一个数字。

(4) 量词*、+、?。

:匹配前面的字符 0 次或多次(如 ab 可以匹配"a"、"ab"、"abb"等)。

+:匹配前面的字符 1 次或多次(如 ab+匹配"ab"、"abb"等,但不匹配"a")。

?:匹配前面的字符 0 次或 1 次(如 ab? 匹配"a"或"ab")。

(5) 边界符^和$:^用于匹配字符串的开头,$用于匹配字符串的结尾。例如,^Hello 匹配以"Hello"开头的字符串,world$匹配以"world"结尾的字符串。

(6) 转义字符\:用于转义特殊字符,使其按字面量匹配。例如,\. 匹配实际的点号,而不是任意字符。

3. 正则表达式的常用函数

正则表达式的常用函数有如下几种。

(1) re.search():在整个字符串中搜索匹配正则表达式的第一个位置。

例 4.12　搜索字符串中的电子邮件地址。

电子邮件地址的常见模式为:字母、数字、下画线或点号等组成的用户名,后接一个@符号,然后是域名。匹配电子邮件地址的正则表达式写为:r'\b[A-Za-z0-9._%+-]+@[A-Za-z0-9.-]+\.[A-Z|a-z]{2,}\b',其中\b 匹配单词边界;[A-Za-z0-9._%+-]+匹配用户名部分,由字母、数字、点号、下画线等组成,至少一个字符;@匹配 @ 符号;[A-Za-z0-9.-]+匹配域名部分,允许字母、数字、点号和连字符;\.[A-Z|a-z]{2,}匹配顶级域名,至少包含两个字母。代码如下:

```
import re
# 正则表达式模式匹配电子邮件地址
email_pattern = r'\b[A-Za-z0-9._%+-]+@[A-Za-z0-9.-]+\.[A-Z|a-z]{2,}\b'
text = " Contact us at support@example.com."
match = re.search(email_pattern, text)
if match:
    print(f"Found an email address: {match.group()}")
else:
    print("No email address found.")
```

这段代码在文本中搜索电子邮件地址。如果字符串"support@example.com"符合模式，re.search()方法将返回一个匹配对象，.group()方法用于提取匹配的文本。

运行结果：

```
Found an email address: support@example.com
```

(2) re.match()：用于从字符串的开始位置，匹配正则表达式。

例 4.13 验证电子邮件地址。

```
import re
email_pattern = r'\b[A-Za-z0-9._%+-]+@[A-Za-z0-9.-]+\.[A-Z|a-z]{2,}\b'
if re.match(email_pattern, 'username@example.com'):
    print('Valid email address')
else:
    print('Invalid email address')
```

运行结果：

```
Valid email address
```

(3) re.findall()：用于找到正则表达式匹配的所有子串，并以列表形式返回。

例 4.14 查找字符串中的所有数字。

```
text = "12 drummers drumming, 11 pipers piping, 10 lords a-leaping"
numbers = re.findall(r'\d+', text)
print(numbers)
```

这里\d+表示匹配一个或多个数字。

运行结果：

```
['12', '11', '10']
```

(4) re.sub()：用于替换字符串中的匹配项。

例 4.15 将日期格式从"mm/dd/yyyy"替换为"yyyy-mm-dd"。

```
date_str = "Today's date is 11/26/2020."
new_date_str = re.sub(r'(\d{2})/(\d{2})/(\d{4})', r'\3-\1-\2', date_str)
print(new_date_str)
```

这里的(\d{2})/(\d{2})/(\d{4})匹配两位数字的月份、两位数字的日期和四位数字的年份，\3-\1-\2将匹配的组按yyyy-mm-dd的顺序重组。

运行结果：

```
Today's date is 2020-11-26.
```

正则表达式是强大的文本处理工具，能够处理复杂的模式匹配和字符串操作。然而，它们的语法较为复杂，掌握它们需要一定的学习和实践。

4.10 回调函数 *

软件通常是分层结构，典型的分层包括系统层和应用层。其中，系统层提供系统级的基础服务，如编写库函数；而应用层面向终端用户，提供各类业务功能，如开发应用程序。

一般情况下，系统层和应用层由两组不同的开发人员分别实现。系统层编写库函数，并向应用层提供 API（Application Programming Interface，应用程序编程接口），供应用层调用。如图 4-3(a)所示，应用层的程序通过调用系统层提供的库函数来实现功能。

然而，在某些情况下，系统层的库函数需要调用应用层中的函数以提供扩展性功能，如图 4-3(b)所示。这时，应用层的发起函数 trigger_fun()在调用库函数 lib_fun()时，会将另一个应用层的函数 callback()作为参数传递给库函数。在库函数的执行过程中，它会调用应用层的回调函数 callback()，实现函数的多态性。

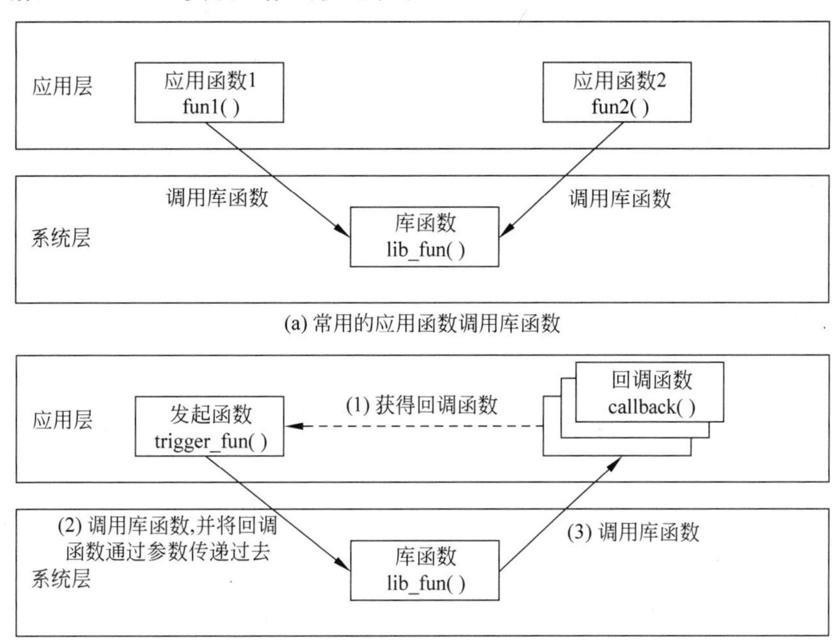

图 4-3 应用层与系统层的函数调用

回调函数是指一段可执行的代码，以参数形式传递给其他代码（例如函数或方法）并在适当时被调用。如果库函数仅需调用一个特定的回调函数，可以直接在库函数中进行硬编码。然而，通常情况下，应用层可能有多个回调函数需要在不同场景下使用，此时库函数会根据调用方传入的具体回调函数动态决定调用哪个回调，以实现多态性和灵活的功能定制。

在系统层与应用层函数的交互过程中，回调函数机制起初的应用场景是在系统层调用应用层的函数。然而回调函数的概念并不局限于此，只要有发起函数、库函数（中间函数）和回调函数这三者的场景，均可以使用回调函数机制。

回调函数的优势在于，程序运行时可以通过登记不同的回调函数来改变库函数的行为，从而比普通的函数调用更加灵活。假设库函数不可修改，通过修改发起函数和回调函数的方式，可以为程序带来更大的灵活性。

例 4.16 回调函数。

给定边长（或半径）和高度，编写程序计算长方体、三棱柱和圆柱体的体积。假设体积的计算函数由第三方提供，不能修改，但允许添加新的形状底面计算方法。

```
import math

def circle_area(x):
   PI = 3.1415
```

```
    return PI * x ** 2

def square_area(x):
    return x ** 2

def triangle_area(x):
    return math.sqrt(3) * x ** 2 /4

def volume(height, x, shape_area):
    volume_value = height * shape_area(x)
    return round(volume_value, 2)

def main():
    height, x = 10, 5
    shapes = [circle_area, square_area, triangle_area]
    for shape in shapes:
        solid = volume(height, x, shape)
        print(shape.__name__, ':', solid)

main()
```

在上述代码中，首先定义了三个面积计算函数：circle_area()函数计算圆的面积，square_area()计算正方形的面积，triangle_area()计算等边三角形的面积。接着 volume()函数负责计算柱体的体积，它接收三个参数：柱体高度 height，边长或半径 x，具体的面积计算函数 shape_area。在调用 volume()时，shape_area 会被传入不同的面积计算函数，使 volume()能够根据形状动态计算不同柱体的体积。main()函数作为触发函数，定义了高度和边长/半径值，并将三个面积计算函数存储在 shapes 列表中。然后通过遍历 shapes 列表，将每个面积计算函数依次传递给 volume()，最终输出不同柱体的体积。shape.__name__用于获取面积计算函数的名称，从而打印出计算的形状类型。

运行结果：

```
circle_area : 785.38
square_area : 250
triangle_area : 108.25
```

这样，通过回调函数的方式，volume()函数可以灵活地调用不同的面积函数，无须了解每个形状的具体实现。这种设计提高了代码的扩展性和灵活性。

4.11 函数递归算法*

在函数定义中，函数不仅可以调用其他函数，还可以调用自身。这种在函数定义中调用自身的方式称为函数递归。递归广泛用于解决数学和计算领域中的一类特殊问题：将问题分解为规模更小的同类子问题来解决。

递归的思想类似于数学中的数学归纳法，其中证明某个命题对所有自然数成立的步骤通常分为两步。

(1) 证明当 n 取第一个数 n_0 时命题成立。

(2) 假设当 n 取某个自然数 $n_k(k\geqslant 0)$时命题成立，接着证明当 $n=n_{k+1}$ 时命题也成立。

同样，在编程中解决递归问题时，需要掌握以下三个关键要素。

(1) 分解问题：利用迭代方法，将一个大问题转化为一个或几个子问题。

(2) 递归终止条件：明确递归结束的终止条件；如果没有终止条件，将会导致程序无限递归的情况。

(3) 基准条件：给出终止条件下不再迭代，而是直接计算出结果。

例 4.17　阶乘求解。

编写程序计算阶乘：$n! = n \times (n-1) \times (n-2) \times \cdots \times 1$。

将阶乘转换为递归的形式：

(1) 当 $n=0, n!=1$；

(2) 当 $n>0, n!=n \times (n-1)!$。

实现代码如下：

```
1. def factorial(n):
2.     print("调用 factorial({0})".format(n))
3.     if n == 0:
4.         print("factorial({0}) 返回 {1}".format(n, 1))
5.         return 1
6.     else:
7.         value = n * factorial(n-1)
8.         print("factorial({0}) 返回 {1}".format(n, value))
9.         return value
10.
11. fact = factorial(3)
12. print("结果: factorial({0}) = {1}".format(3, fact))
```

在上述代码中，行 1～9 定义了一个递归计算阶乘的函数 factorial()，参数为整数 n，其中行 3 设定了递归结束的终止条件：当 n=0 时，返回 1；行 5 处理递归的基准情况，并在终止条件下直接返回结果；行 6 是递归调用的部分：当 n>0 时，程序按照 n * factorial(n-1)的公式进行递归计算；行 8 返回本次递归调用的计算结果。行 10 调用了 factorial(3)来计算 3 的阶乘。程序在执行过程中，行 2、4、8 和 12 中的 print()函数用于输出每次递归调用和返回结果，帮助读者理解递归过程的工作机制。

运行结果：

```
调用 factorial(3)
调用 factorial(2)
调用 factorial(1)
调用 factorial(0)
factorial(0) 返回 1
factorial(1) 返回 1
factorial(2) 返回 2
factorial(3) 返回 6
结果: factorial(3) = 6
```

从输出结果可看到，前 4 行是递归调用的过程(倒序调用)，逐次调用 factorial(3)～factorial(0)；后 4 行是函数返回的过程(正序返回)，逐层计算并返回结果，最终得到 factorial(3)=6。

递归与循环的比较如下。

递归与循环的基本思想相似，都是通过反复执行一段相同或相似的代码来完成任务。递归是通过调用自身函数来重复执行任务，而循环则是通过反复执行循环体中的代码实现。许多具有重复性质的任务既可以用递归实现，也可以用循环实现。从算法设计的角度来看，递归与循环各有其适用场景。

然而，在具体的算法实现上，递归和循环的性能可能会有所不同。由于函数调用通常在时间(CPU 执行时间)和空间(内存占用)上开销较大,递归涉及的多次函数调用往往比循环产生更大的时空开销。这可能会带来性能问题,尤其是在处理任务规模不确定或较大的情况下。大多数情况下,递归能够解决的问题也可以通过循环解决。因此,如果递归和循环的设计复杂度相当,在实际应用中通常优先选择循环方式,以优化性能。

将递归实现转换为非递归实现(即循环实现)时,通常需要考虑以下思路。

(1) 使用额外的变量保存递归中的函数调用栈:例如,树的三种非递归遍历方式(前序遍历、中序遍历、后序遍历)中,使用显式栈代替递归调用。

(2) 将递归调用转换为循环调用:通过适当的循环结构来替代递归调用的反复过程。

尽管循环在许多情况下可以替代递归,但也有一些问题只能通过递归解决。例如,汉诺塔问题就是一个经典的递归问题,无法通过简单的循环方式实现。这类问题通常具有嵌套、递归的本质特征,使得递归成为唯一合理的解决途径。

例 4.18 汉诺塔问题。

汉诺塔(Tower of Hanoi)是一个源于印度的古老传说。传说大梵天创造世界时,做了三根金刚石柱子,在一根柱子上从下向上按照大小顺序摞着 64 片黄金圆盘。大梵天命令婆罗门将圆盘重新摆放在另一根柱子上,并规定:圆盘依然保持从下向上按照大小顺序排列,且在三根柱子之间一次只能移动一个圆盘。

将这个传说转化为一个形式化问题,即有三个立柱 A、B、C,A 柱上穿有从下向上按照大小顺序的大小不等的圆盘 N 个,要求将 A 柱上的圆盘,借助 B 柱,全部移动至 C 柱上,保持大盘在下、小盘在上的规律,每次移动只能将一个柱子最上面的圆盘移至另一个柱子的最上面。请给出 N 个圆盘的整个移动过程。

解答思路:这是一个经典的递归问题。通过递归的思想,可以将问题逐步简化为对较小问题的求解。以 3 个圆盘为例,其递归的移动示意图如图 4-4 所示。

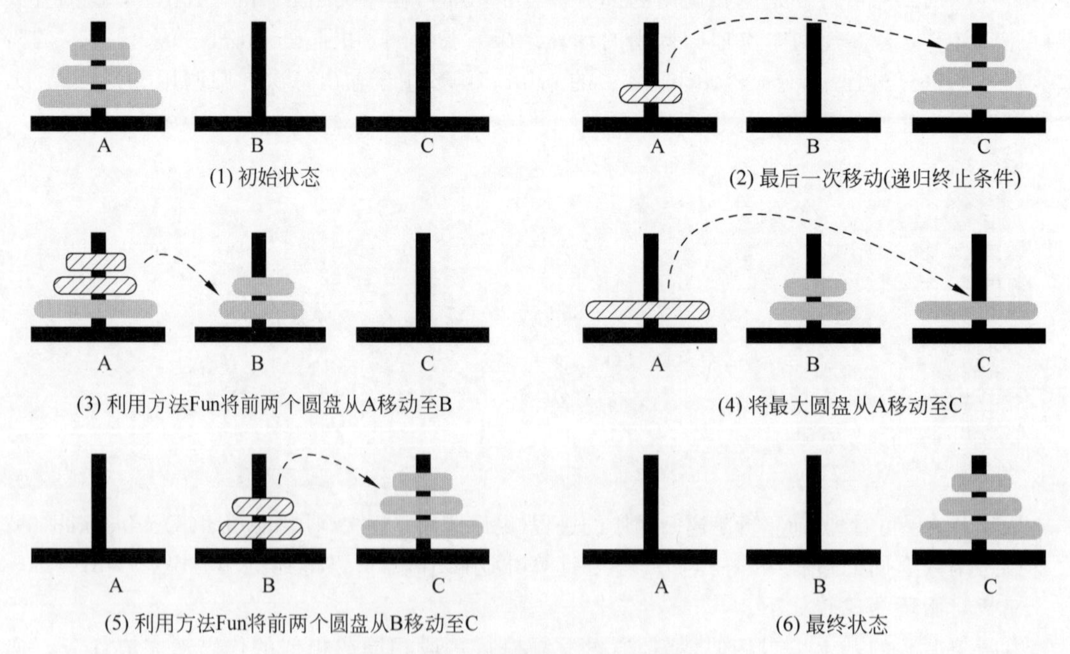

图 4-4 汉诺塔移动过程示意图

(1) 初始状态:A 柱上有 3 个从大到小叠放的圆盘;B 柱和 C 柱均为空闲。

(2) 最后一次移动:将 A 柱上的最小盘移动至 C 柱,结束整个过程,这也是递归的终止条件。

(3) 利用一种通用移动方法 Fun 将前两个圆盘从 A 柱移动至 B 柱。

(4) 将最大圆盘从 A 柱移动至 C 柱。

(5) 利用移动方法 Fun 将前两个圆盘从 B 柱移动至 C 柱：方法与步骤(3)相同。

(6) 最终状态：C 柱上有 3 个按大小依次叠放的圆盘。

上述中的“通用移动方法”，可看作一种移动圆盘的函数，其中参数将 n 个圆盘从 source 柱，借助 auxiliary 柱，移动到 target 柱。按照此思路，实现算法如下：

```
1. def hanoi(n, source, auxiliary, target):
2.     if n == 1:
3.         print('将圆盘 1 从 {0} 移动到 {1}'.format(source, target))
4.         return
5.     hanoi(n-1, source, target, auxiliary)
6.     print('将圆盘 {0} 从 {1} 移动到 {2}'.format(n, source, target))
7.     hanoi(n-1, auxiliary, source, target)
8.
9. n = 3
10. hanoi(n, 'A', 'B', 'C')
```

在上述代码中，行 2～4 对应图 4-6(2)的最后一次移动，是递归的终止条件。当只有一个圆盘时，直接将圆盘从 source 移动到 target。行 5 对应图 4-6(3)，利用函数 hanoi()将 $n-1$ 个圆盘从 source 借助 target 移动到 auxiliary。行 6 对应图 4-6(4)，将第 n 个圆盘从 source 移动到 target；行 7 对应图 4-6(5)，将 $n-1$ 个圆盘从 auxiliary 借助 source 移动至 target。行 9～10 调用汉诺塔函数 hanoi()完成任务。

运行结果：

```
将圆盘 1 从 A 移动到 C
将圆盘 2 从 A 移动到 B
将圆盘 1 从 C 移动到 B
将圆盘 3 从 A 移动到 C
将圆盘 1 从 B 移动到 A
将圆盘 2 从 B 移动到 C
将圆盘 1 从 A 移动到 C
```

从运行结果中可以看出，前几步是通过递归逐步将较小的圆盘从 A 移动到 B 或 C 柱，后续的步骤逐步返回递归结果，将圆盘依次放置在 C 柱上，最终完成汉诺塔问题的求解。

4.12 应用案例

4.12.1 等额本息还款

在现实生活中，贷款购房是一种常见的情况。而对于贷款，等额本息还款是一种常用的还款方式。等额本息还款指的是借款人每月以相同的金额偿还贷款本金和利息，直至贷款期满。这种还款方式的优点是每月还款金额固定，有助于借款人合理安排还款计划。

例 4.19 等额本息还款。

等额本息还款的核心思想是，每月还款金额中包含一部分本金和一部分利息，并且每月的总还款金额保持不变。计算公式如下：

$$\text{月还款额} = \frac{\text{贷款本金} \times \text{月利率} \times (1+\text{月利率})^{\text{还款月数}}}{(1+\text{月利率})^{\text{还款月数}} - 1}$$

使用等额本息还款方法，计算月还款金额的代码如下：

```
def calculate_monthly_payment(principal, annual_interest_rate, loan_years):
    """
    计算等额本息的月还款金额.
    参数:
        principal (float): 贷款本金
        annual_interest_rate (float): 年利率
        loan_years (int): 贷款年数
    返回:
        float: 每月还款金额
    """
    # 计算还款月数
    number_of_payments = loan_years * 12
    # 计算月利率
    monthly_interest_rate = annual_interest_rate / 12
    # 计算月还款额
    monthly_payment = (principal * monthly_interest_rate * (1 + monthly_interest_rate) ** 
number_of_payments) / ((1 + monthly_interest_rate) ** number_of_payments - 1)
    return monthly_payment

# 示例: 如果贷款 100000 元,年利率是 5 %,贷款期限是 10 年
principal,annual interest rate,loan_years = 100000,0.05,10
monthly_payment = calculate_monthly_payment(principal, annual_interest_rate, loan_years)
print(f"如果你贷款 {principal:.2f} 元,年利率 {annual_interest_rate * 100:.1f} % ,贷款期限
{loan_years} 年,每月需要还款: {monthly_payment:.2f} 元。")
```

上述代码首先定义了一个函数 calculate_monthly_payment(),该函数接收三个参数:贷款本金 principal、年利率 annual_interest_rate 和贷款年数 loan_years。在函数中,根据贷款年数计算出总还款月数 number_of_payments,然后计算出每月利率 monthly_interest_rate;接下来根据等额本息公式计算出每月的还款金额 monthly_payment;函数返回计算得到的每月还款金额。

在定义完函数后,假设了一个具体的贷款情景,即贷款本金为 100000 元,年利率为 5%,贷款期限为 10 年。通过调用 calculate_monthly_payment()函数,得出每月的还款金额。

运行结果:

```
如果你贷款 100000.00 元,年利率 5.0 %,贷款期限 10 年,每月需要还款: 1060.66 元。
```

4.12.2 股票期望回报率与风险

股票的期望回报率可以通过贝塔系数(Beta)来计算,其计算公式如下:

$$期望回报率 = 无风险回报率 + Beta \times (市场回报率 - 无风险回报率)$$

根据金融学原理,贝塔系数(Beta)反映了股票的波动性相对于市场整体波动性的变化程度,体现了风险与回报之间的权衡关系。如果股票的 Beta 系数大于 1,则股票的波动性大于市场,可能获得高于市场的回报率;如果 Beta 系数小于 1,则股票的波动性小于市场,回报率可能低于市场。无风险回报率是指在没有承担任何风险的情况下,投资者可以获得的回报率,通常通过政府债券等低风险资产提供。

例 4.20 计算股票期望回报率与风险。

根据股票的贝塔系数计算其期望回报率,代码如下:

```
# 用 Lambda 表达式直接计算期望回报率
```

```
expected_return = lambda risk_free_rate, beta, market_return: risk_free_rate + beta * (market_
return - risk_free_rate)

# 示例：假设无风险回报率为 3%，股票 Beta 系数为 1.2，市场回报率为 8%
expected_r = expected_return(0.03, 1.2, 0.08)
print(f"期望回报率为：{expected_r * 100:.2f}%")
```

上述代码中，expected_return 是一个 Lambda 表达式，按照期望回报率公式进行计算。运行结果：

```
期望回报率为：9.00%
```

本章小结

函数如表 4-1 所示。

表 4-1　函数

类　别	原理/方法/属性	说　明
函数引入	引入函数的概念	解决程序逻辑复杂和跳转频繁的问题，通过有序调用实现结构化编程
函数定义	使用 def 关键字定义函数	将代码封装为可重用的模块，定义形参和返回值
函数调用	通过函数名调用	包括暂停执行、参数传递、执行函数体、返回值传递等过程
变量作用域	局部变量和全局变量	函数内部变量为局部作用域，外部变量为全局作用域；用 global 关键字声明全局变量
函数参数	参数传递、默认参数、关键字参数	支持多种参数传递方式，简化调用时的参数传递并提高可读性
参数默认值	设置形参默认值	在调用时若省略参数赋值则使用默认值，适用于有默认行为的参数
关键字参数	显式指定参数	提高可读性，允许按关键字指定参数而非依赖顺序赋值
可变数量参数	使用 * 和 **	* 收集位置参数为元组，** 收集关键字参数为字典
函数返回值	使用 return 返回值	传递函数执行结果，支持 0 个、1 个或多个返回值
Lambda 表达式	匿名函数，用于简单操作	可简化代码，适用于传递小型函数
文档字符串	用 3 个单引号括起来字符串	解释函数功能和参数，用于自动生成程序文档
字符串处理函数	常用字符串处理方法	包括格式化、连接、分割、替换等方法
正则表达式	使用 re 模块实现模式匹配	处理复杂的字符串匹配需求，如查找、验证和替换等
回调函数	将函数作为参数传递	提供系统层与应用层间的交互机制，增强程序扩展性
递归算法	函数调用自身	当解决问题时，将问题分解为规模更小的同类子问题，如阶乘和汉诺塔问题
应用案例	展示函数在实际应用中的计算能力	等额本息还款、股票期望回报率计算

第5章

数据结构

数据结构是编程的核心组成部分，它决定了数据的组织、存储和操作方式。本章将深入探讨 Python 中内置的数据结构，包括列表、元组、字典和集合，详细介绍它们的特性、操作方法及内存管理机制。此外，还将通过推导式、生成器和迭代器等高级功能，展示如何高效处理数据。

5.1 数据结构的简介

5.1.1 数据的重要性

在当今数字化时代，数据无疑是知识和信息的基石，贯穿于我们的日常生活和各行各业。随着计算机和互联网技术的迅速发展，我们在数据的收集、存储和处理能力上取得了巨大进步。这不仅改变了解决问题和决策的方式，也重新定义了我们理解世界的方式。

对于编程和软件开发而言，有效地组织和处理数据是至关重要的基础技能。Python 作为一种广受欢迎的高级编程语言，以其强大且灵活的数据结构而备受青睐。这些数据结构使得 Python 成为处理数据、开发高效且易维护程序的理想选择。

数据管理的关键体现在以下三方面。

提高效率：良好的数据组织方式使程序能更快速地访问和处理数据。Python 通过其内置数据结构(如列表和字典)提供了高效的数据操作方法，这些结构背后的优化显著提升了数据处理的速度和效率。

简化数据操作：选择合适的数据结构可以极大简化复杂数据的操作。例如，Python 的字典使用键值对存储数据，使数据的存储、检索和更新更加直观易行。

适应复杂的数据处理需求：随着应用需求的不断增长，数据结构的复杂性也随之增加。Python 的数据结构库支持从简单序列到复杂的树和图等非线性数据结构，以满足不同的数据处理需求。这种多样化的支持确保了 Python 能够高效应对各种复杂的数据场景。

5.1.2 数据结构的定义

数据结构是计算机科学中的核心概念，指的是计算机中用于存储和组织数据的方式。数据结构有两个主要目的：一是使数据的存储更加高效，二是使数据的访问和操作更加便捷、快速。

在编程语言中，数据结构可以是简单的基本类型，如整数、浮点数和字符等；也可以是复杂的类型，如列表、树、图等。每种数据结构都有特定的用途和操作方法。

正确选择和使用数据结构是编写高效代码的关键，能简化代码逻辑并提升数据处理效率。例如，频繁查找操作适合使用哈希表（Python 中为字典），而表示层次或关联关系时，树或图会更为理想。Python 提供了丰富的内置数据结构，如列表、字典、元组和集合，每种结构都具有独特的特点和适用场景。通过深入学习和实践，开发者可以充分利用这些数据结构来构建高效且易于维护的程序。

5.1.3　数据结构的分类

在计算机科学中，数据结构根据其数据组织方式可分为两大类：线性结构和非线性结构。这两类结构各有特点，适合解决不同类型的问题。

1. 线性结构

线性结构中的数据元素之间是一对一的关系，形成一个有序序列。除首尾元素外，每个元素都有一个前驱和一个后继。常见的线性结构包括数组、链表、栈、队列。

（1）数组：一种基础且常用的数据结构，由固定大小的元素序列构成，每个元素可以通过索引直接访问。

（2）链表：由节点组成的结构，每个节点包含数据部分和指向下一个节点的指针。链表可以是单向链表或双向链表。

（3）栈（Stack）：遵循后进先出（LIFO）原则的结构，元素的添加（推入）和移除（弹出）都在同一端进行。

（4）队列（Queue）：遵循先进先出（FIFO）原则的结构，元素从一端添加，从另一端移除。

线性结构因其简单和直观，被广泛应用于各种程序和算法中。

2. 非线性结构

非线性结构中的数据元素可以形成一对多或多对多的关系，以非顺序的方式组织，适合表达复杂的数据关系。典型的非线性结构包括树和图。

（1）树（Tree）：一种层次化的数据结构，由节点组成。除根节点外，每个节点有一个父节点和零个或多个子节点。二叉树是树的一种特殊形式，每个节点最多有两个子节点。

（2）图（Graph）：由节点（顶点）和连接这些节点的边组成的结构。图可以是有向图或无向图，适用于表达实体间的复杂关系，如社交网络或地图。

线性结构和非线性结构各自有其独特特点和应用场景：线性结构简单直观，适合表示数据的序列关系；而非线性结构更适合表示数据的层次关系或网络关系。在 Python 中，内置的数据结构主要是线性结构，如列表、元组、字典和集合，也可以通过这些基本结构构建复杂的非线性结构。

5.2　Python 内置数据结构

Python 作为一门强大的编程语言，提供了一系列高效、灵活的内置数据结构，包括列表（List）、元组（Tuple）、字典（Dictionary）和集合（Set）。这些数据结构能够满足日常编程中的多种需求，从简单的数据集合到复杂的数据操作，都可以通过这些内置结构高效地实现。

1. Python 的内置数据结构

Python 的内置数据结构包括列表、元组、字典、集合。

(1) 列表(List)：有序的数据集合，可以存储各种类型的数据，支持添加、删除和搜索操作。

(2) 元组(Tuple)：与列表类似，但元组一旦创建便不可修改，适用于存储不可变的数据集合。

(3) 字典(Dictionary)：基于键值对的数据结构，每个键唯一对应一个值，适合快速查找、添加和删除操作。

(4) 集合(Set)：无序且元素唯一的集合，适用于数据去重和集合运算(如并集、交集)。

2. Python 内置数据结构的优势

与自定义数据结构相比，Python 内置数据结构的优势在于效率高、易于使用、可靠性强、动能丰富。

(1) 效率高：Python 的内置数据结构由 C 语言编写，底层经过优化，执行速度快。它们能够显著减少代码的执行时间。

(2) 易于使用：内置数据结构简化了编程任务，提供了许多方便的方法和操作，使用方法直观易懂，降低了学习曲线，使程序员能够更专注于解决实际问题。

(3) 可靠性强：Python 的内置数据结构经过广泛测试，稳定性和可靠性较高，能够显著减少程序中的错误和异常。

(4) 功能丰富：Python 为这些数据结构提供了丰富的内置方法，支持如数据的迭代、排序、切片等操作。实现这些功能从零开始可能耗时且容易出错。

因此，选择 Python 的内置数据结构而非自定义实现，能够充分利用 Python 的强大能力，提高开发效率，提升程序性能和可靠性，同时让代码更加简洁、易读。

5.3 列表

5.3.1 基本概念

列表(List)是一种用于保存有序元素集合的数据结构。例如，一张购物清单可以保存在一个列表中，其中每个物品为列表中的一个元素；某人一天中打开的网页 URL 也可以形成一个列表，每个 URL 是列表中的一个元素。一个列表可以包含不同类型的元素，如整型、浮点型、字符串，甚至另一个列表。

列表的元素放在一对中括号中，相邻元素之间用逗号隔开。

列表的语法如下。

```
[item1, item2, ..., itemi, ...]
```

其中 item1，item2，…，item*i* 为列表的元素，这些元素可以是不同的数据类型。

(1) 列表的存储。

列表中的元素存储在有序且连续的内存空间中。一般建议在列表末尾添加或删除元素，以保持较高的处理效率。如果在列表的头部或中部插入或删除元素，可能会导致大量元素在内存中移动位置，从而降低处理效率。

(2) 列表的表示。

列表中的元素可以是相同类型,也可以是不同类型。

[10, 20, 30, 40, 50]: 元素均为整型。

['China', 'Russia', 'USA', 'France', 'United Kingdom']: 元素均为字符串。

['Introduction to Python', 49.50, '20210901',['author1', 'author2', 'author3']] : 包含字符串、浮点型、日期字符串和列表。

(3) 列表的操作。

对于一个包含多个元素的序列,常见的操作包括增加、删除、修改和查询,简称为"增删改查"。列表的常用方法如表 5-1 所示。

表 5-1　列表常用方法

类别	方　法	说　　明
增加	append(x)	将元素 x 添加到列表末尾
	insert(index,x)	将元素 x 插入指定位置 index,之后的元素依次后移
删除	remove(x)	删除列表中首次出现的值等于 x 的元素
	pop(index)	删除并返回指定位置的元素,若不指定位置则删除最后一个元素
查询	index(x)	返回第一个值为 x 的元素位置(下标),若找不到则抛出异常
	count(x)	返回值为 x 的元素在列表中出现的次数
修改	sort()	对列表中的元素进行排序
	reverse()	原地翻转列表中的元素

5.3.2　创建列表

1. 使用赋值运算符创建列表

可以通过赋值运算符=将一个列表赋值给变量,从而创建列表对象。

```
list1 = ['北京','上海','广州','深圳']
list2 = []    #创建一个空列表
```

2. 使用 list()函数转换其他可迭代对象为列表

可以使用 list()函数将其他可迭代对象(如元组、range 对象、字符串等)转换为列表。

```
list3 = list((1,3,5,7,9))      # (1,3,5,7,9)为元组, list3 为[1,3,5,7,9]
list4 = list(range(1, 10, 2)) # list4 为[1,3,5,7,9]
list5 = list('hello')          # list5 为['h','e','l','l','o']
```

3. 使用 copy()方法复制列表

可以使用 copy()方法创建列表的浅复制。copy()方法会创建一个新的列表对象,内容与原列表相同,但它们是独立的对象。

```
list1 = ['apple', 'banana', 'cherry']
list2 = list1.copy()           # 使用 copy() 方法复制列表
print(list2)                   # 输出: ['apple', 'banana', 'cherry']
print(list1 is list2)          # 输出: False(不同的对象)
```

这里 copy()方法创建的是浅复制，如果列表中包含嵌套列表或其他可变对象，则该方法不会递归复制嵌套对象。如果需要深层次的独立复制，则可以使用 copy 模块中的 deepcopy()函数。

5.3.3 删除列表

使用 del 命令可以删除整个列表对象。

```
del list1
```

5.3.4 增加列表元素

增加列表元素的常用方法包括以下五种。

(1) append(x)：将元素 x 添加到列表末尾。此方法为原地操作，不改变列表的首地址，效率较高。

```
list1 = [1,2,3,4]
list1.append(5)              # 结果：[1,2,3,4,5]
```

(2) extend(iterable)：将另一个可迭代对象 iterable 的所有元素添加到列表末尾，同样为原地操作。

```
# 接上例
list1.extend([6,7,8])        # 结果：[1,2,3,4,5,6,7,8]
```

(3) insert(index,x)：将元素 x 插入指定位置 index。若 index 大于列表长度，则元素会被添加到列表末尾。由于插入操作可能引起大量元素移动。因此，效率较低，非必要时应避免使用。

```
# 接上例
list1.insert(3, 10)        # 结果：[1,2,3,10,4,5,6,7,8]
```

在此代码中，元素 10 插入 index=3 位置，原有元素从该位置整体后移，形成新的列表结果。

(4) 乘法 *：将列表乘以整数 k 会生成一个包含原列表元素重复 k 次的新列表。此操作会创建一个新列表，而非原地操作。

```
list2 = [1,2,3]
list2 = list2 * 3           # 结果[1,2,3,1,2,3,1,2,3]
```

注意，使用 * 运算符复制列表时，仅复制元素的引用，不会创建元素值的独立副本。因此，修改某个嵌套元素会影响所有引用该元素的位置。

```
list3 = [[None] * 2] * 3
# list3 结果：[[None, None],[None,None],[None, None]]
list3[0][0] = 10
# list3 结果：[[10, None],[10,None],[10, None]]
```

(5) 加法＋：使用加法运算符＋可以将两个列表合并成一个新列表。此操作会创建一个包含两个列表所有元素的新列表，不改变原列表内容。

```
new_list = list1 + list2
```

在此操作中，list1 和 list2 是已有列表，new_list 包含它们的所有元素。此方法逐一复制元素，处理大规模数据时效率较低，不推荐用于大数据情况。

5.3.5 删除列表元素

删除列表中的元素可以使用以下三种方法。

(1) del 命令：用于删除列表中指定位置的元素。

```
list1 = [1,3,5,7,9]
del list1[2]              # 结果：[1,3,7,9]
```

(2) pop()方法：pop()方法用于移除列表中的一个元素(默认是最后一个元素)，并返回该元素的值。该方法会改变列表的长度，适合处理后进先出(LIFO)的栈结构。

pop()方法的语法如下：

```
element = list.pop(index = -1)
```

其中，list 为要移除元素的目标列表；index 是可选参数，指定要移除并返回的元素位置。默认值为-1(移除最后一个元素)；element 是被移除的元素值。

```
# 接上例
x = list1.pop(2)        # 结果：x 为 7, list1 为[1,3,9]
```

(3) remove()方法：用于移除列表中第一个匹配的指定值。如果该值不存在，remove()方法会抛出 ValueError 异常。注意，remove()方法只删除第一个匹配项，不会删除所有匹配的元素。

remove()方法的语法如下。

```
list.remove(value)
```

其中，list 为目标列表；value 为要从列表中移除的元素值。

```
list2 = [1,3,5,3,7]
list2.remove(3)            # 结果：[1,5,3,7]
```

5.3.6 访问和修改列表元素

可以通过下标来访问列表中的元素。如果指定的下标不存在，则会抛出“下标越界”异常。使用赋值操作符=可以将新值赋给指定下标位置的元素，从而修改列表中的元素。

```
list1 = [2,4,6,8]
x = list1[0]                # 结果：x 为 2
list1[1] = 10               # 修改位置 1 的元素值，结果：[2,10,6,8]
list1[4]                    # 结果：抛出下标越界异常
```

可以使用列表的 index(value)方法获取指定元素 value 首次出现的下标位置。

```
list1 = [2,4,6,8]
pos = list1.index(6)      # 结果：pos 为 2
```

5.3.7 判断列表元素是否存在

使用关键字 in 判断列表中是否存在指定的值。

```
list1 = [2,4,6,8]
6 in list1                # 结果：True
10 in list1               # 结果：False
```

5.3.8 切片

切片(slice)是一种高级索引方法,可以在序列对象(如列表、元组、字符串)中选择某个范围的元素。普通索引只能选取单个元素,而切片允许选取一个范围,且该范围可以连续或间隔。

切片的语法如下。

```
list_name[start:stop:step]
```

其中,list_name 为列表对象,start 为起始位置(默认为 0),stop 为终止位置(不包括 stop,默认列表长度),step 为步长(默认为 1)。若省略步长,第二个冒号也可以省略。

```
a = list(range(10))       # a 为[0,1,2,3,4,5,6,7,8,9]
a[:5]                     # 结果：[0,1,2,3,4]
a[1:6]                    # 结果：[1,2,3,4,5]
a[::2]                    # 结果：[0,2,4,6,8]
```

负数下标：start 和 stop 支持负数下标,负数表示从末尾开始索引,−1 表示最后一个元素。索引范围示意表如下所示：

列表元素	11	12	13	14	15	16	17	18	19	20
正数下标	0	1	2	3	4	5	6	7	8	9
负数下标	−10	−9	−8	−7	−6	−5	−4	−3	−2	−1

```
a = list(range(11,21))    # a 为[11,12,13,14,15,16,17,18,19,20]
a[6:-1]                   # 结果：[17,18,19]
a[-6:-1]                  # 结果：[15,16,17,18,19]
```

若超出有效索引范围,则可用基本索引和切片索引这两种方法解决。

(1) 基本索引：若超出有效索引范围,直接访问会抛出 IndexError 异常。

```
list1 = [1, 2, 3]
list1[3]
```

运行上述程序,抛出异常 IndexError：list index out of range,这是因为 list1 仅有 3 个元素,索引范围为 0～2。

(2) 切片索引：若切片超出有效索引范围,不会抛出异常,而是自动截断超出范围的部分。

```
a = list(range(10))      # a 为[0,1,2,3,4,5,6,7,8,9]
a[-100:6]                # 结果：[0,1,2,3,4,5]
a[6:100]                 # 结果：[6,7,8,9]
```

切片可以用于指定范围内的增删改查操作。基于切片的增删改查如下所示。

```
list1 = [1, 3, 5, 7, 9]
list1[1:]                 # 列表查询,结果为 [3, 5, 7, 9]
list1[:3] = [10, 20, 30]  # 列表元素修改,结果为 [10, 20, 30, 7, 9]
list1[:2] = []            # 列表元素删除,结果为 [30, 7, 9]
del list1[:2]             # 列表元素删除,结果为 [9]
list1[len(list1):] = [11] # 列表尾部增加元素,结果为 [9, 11]
```

切片的浅复制与深复制副本如下所示。

（1）浅复制：切片返回的是浅复制，即生成一个新列表，并将原列表中所有元素的引用复制到新列表中。对于整数、浮点数、复数等基本类型，或元组、字符串等不可变类型的数据，浅复制通常不会产生问题。但如果列表中包含可变类型的数据，原列表与新列表会共享这些可变类型的引用，修改其中一个列表的可变元素会影响另一个列表。

例 5.1　浅复制示例。

```
# 基本类型和不可变类型的浅复制
list1 = [1, 3, 5, 7]
list2 = list1[:]
print(list1 == list2)    # 结果: True,两个列表中的元素相同
print(list1 is list2)    # 结果: False,两个列表不是同一个对象
list1[1] = 4             # 修改 list1 中的元素
print(list1)             # 结果: [1, 4, 5, 7]
print(list1 == list2)    # 结果: False,两个列表中的元素不同

# 可变类型的浅复制
list3 = [1, [3], 5, 7]
list4 = list3[:]
list3[1].append(4)       # 修改 list3 中的可变元素
print(list3)             # 结果: [1, [3, 4], 5, 7]
print(list4)             # 结果: [1, [3, 4], 5, 7],list4 中的可变元素也被改变
```

在浅复制的示例中，list4 和 list3 共享可变类型元素[3]的引用，因此当 list3 中的可变元素发生变化时，list4 中对应的元素也随之变化。

从内存分配的角度深入分析四种浅复制操作后的内存变化情况，如图 5-1 所示。注意，列表中存储的内容都是列表元素在内存中的地址(即引用)。

① 浅复制引用：list2＝list1。

list1 被定义为[1,3,5,7]，然后执行 list2＝list1，这使得 list2 和 list1 都指向同一个内存地址(例如 500)。此时，list1 和 list2 共享相同的底层数据，是同一个列表的两个引用。因此，对其中任意一个列表的修改都会影响到另一个列表。

② 浅复制的切片：list2＝list1[:]。

list1 被定义为[1,3,5,7]，然后执行 list2＝list1[:]，这会创建一个新的列表 list2，其包含与 list1 相同的元素，但指向一个不同的内存地址(例如 800)。因此，list2 是 list1 的一个浅复制。尽管 list1 和 list2 拥有相同的数据元素，它们分别指向不同的内存地址(如 500 和 800)，对顶层元素的修改不会相互影响。

③ 嵌套对象的浅复制：list4＝list3[:]。

list3 定义为[1,[3],5,7]，其中包含一个嵌套列表[3]。执行 list4＝list3[:]创建了一个新

的列表 list4，其拥有与 list3 相同的顶层元素，并指向新的内存地址（例如 800）。顶层的元素复制没有问题，但嵌套的列表[3]仍然共享同一个引用。因此，修改 list3 或 list4 中的顶层元素不会影响另一个列表，但对嵌套列表的修改（如向[3]中添加元素）会同时反映在 list3 和 list4 中。

④ 嵌套对象的浅复制后的修改：list3[1]. append(4)。

在前一示例的基础上执行 list3[1]. append(4)，将嵌套列表[3]修改为[3,4]。由于 list3 和 list4 共享同一个嵌套列表[3]的引用，这一修改会同时反映在 list4 中。这是浅复制的典型特性，顶层对象之间分离，但嵌套对象共享同一个引用。因此，对嵌套列表的任何修改都会影响 list3 和 list4，在实际编程中需对此现象特别注意。

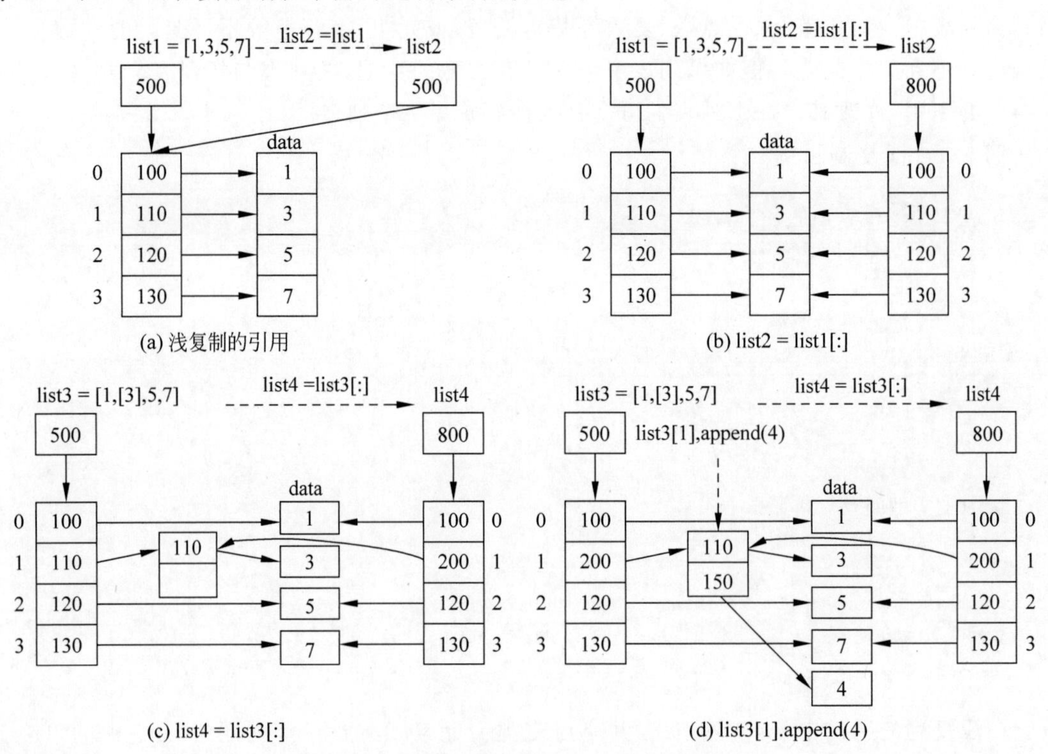

图 5-1 四种浅复制操作的内存分配情况比较

例 5.2 乘法运算符的浅复制。

使用 * 运算符复制列表时，实际上是一种浅复制。这意味着修改某个嵌套元素会影响所有引用该元素的位置。例如：

```
list1 = [[None] * 2] * 3
# list1 结果：[[None, None],[None,None],[None, None]]
```

执行上述代码后，list1 在内存中的空间分配如图 5-2(a)所示。空白的矩形代表对象的地址，每个箭头指向实际存储对象的内存单元。为了简洁起见，矩形中的具体内存地址未标识出，但每个 None 都是一个在内存中唯一的对象。

接着执行以下语句：

```
list1[0][0] = 10
# list1 结果：[[10, None],[10,None],[10, None]]
```

执行上述语句后，list1 的内存分配如图 5-2(b)所示。这里的 list1[0][0]=10 表示将 3×2 矩阵的第一个元素修改为 10。由于 None 是不可变类型，修改只能通过更改该元素的引用，将其指向 10 的内存单元。然而，由于 list1 中的三行实际上引用的是同一个子列表对象，因此该修改会影响所有行的第一个元素，使它们的值均变为 10。

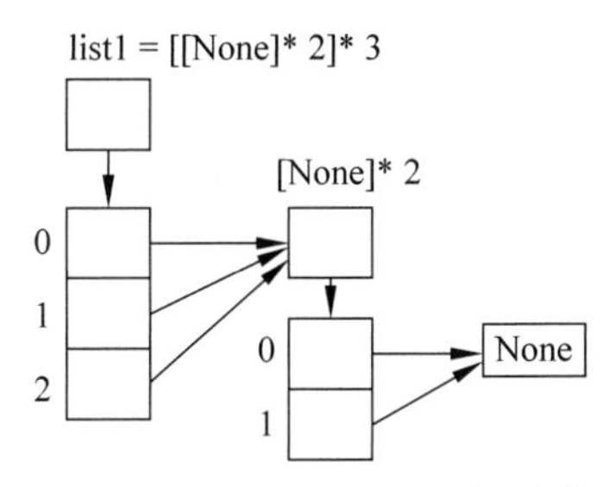

(a) 执行list1=[[None]*2]*3语句后的内存情况

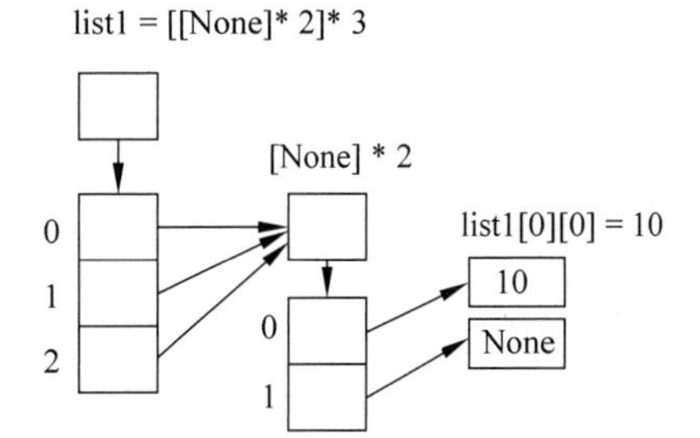

(b) 执行list1[0][0]=10语句后的内存情况

图 5-2 执行列表乘法和元素赋值后的内存分配情况

(2) 深复制：深复制创建一个新列表，复制所有元素(无论是不可变还是可变类型的对象)以及这些元素所引用的所有对象，直到复制所有需要的对象，从而确保新列表完全独立。使用深复制时，两个列表的修改不会相互影响。深复制可通过 copy 模块的 deepcopy() 函数实现。

例 5.3 深复制示例。

```
import copy
list5 = [1, [3], 5, 7]
list6 = copy.deepcopy(list5)      # 深度复制
list5[1].append(4)                # 修改 list5 中的可变元素
print(list5)                      # 结果: [1, [3, 4], 5, 7]
print(list6)                      # 结果: [1, [3], 5, 7],list6 不受 list5 修改的影响
```

在深复制示例中，list6 是 list5 的完全独立副本，即使修改 list5 中的可变元素，list6 也不会受到影响。因此，深复制适用于需要完全独立的副本场景。

5.3.9 列表排序与逆序

Python 提供了列表的 sort()方法和内置的 sorted()函数对列表中的元素进行排序，同时提供了列表的 reverse()方法和内置的 reversed()函数对列表元素进行逆序操作。

(1) 列表的 sort()方法。

sort()方法对列表进行原地排序，无返回值，直接修改列表内容，其语法如下：

```
list.sort(key = None, reverse = False)
```

其中，参数 key 用于生成每个元素的比较键(默认 None，按元素原始值排序)。该方法接收列表的每个元素作为参数，并返回一个值，sort()方法将按照此返回值进行排序。参数 reverse 为布尔值，为可选参数，如果为 True，则列表将按降序排序；默认为 False，即按升序排序。

```
list1 = [10, 25, 5, 36, 80, 68]
list1.sort()                 # 结果: list1 为[5,10,25,36,68,80]
list1.sort(reverse = True)   # 结果: list1 为[80,68,36,25,10,5]
```

sort()方法支持参数 key，可以使用内置函数或自定义函数作为排序依据，从而实现多样化的排序逻辑。

① 按字符串长度排序：假设有一个字符串列表，可以按字符串的长度进行列表排序。

例 5.4 按字符串长度排序。

```
words = ['banana', 'apple', 'cherry', 'date']
words.sort(key = len)
print(words)     # 结果: ['date', 'apple', 'banana', 'cherry']
```

在上述代码中，sort()方法中的参数 key=len 指定了 len()函数作为排序依据。Len()函数是一个内置函数，计算每个字符串的长度，并将该长度作为排序的依据。因此，列表将按照字符串长度从短到长进行排序。

② 按字典中的值排序：假设有一个字典列表，可以按字典中指定键的值进行排序。

例 5.5 按字典中的值排序。

```
data = [{'name': 'Alice', 'age': 30}, {'name': 'Bob', 'age': 25},      {'name': 'Charlie', 'age': 35}]
data.sort(key = lambda x: x['age'])     # 按 age 排序
print(data)
```

运行结果是按年龄排序的列表：

```
[{'name': 'Bob', 'age': 25}, {'name': 'Alice', 'age': 30}, {'name': 'Charlie', 'age': 35}]
```

③ 多条件排序：使用多个维度进行排序。例如，按年龄排序，若年龄相同则按名字排序。

```
# 接上例
data.sort(key = lambda x: (x['age'], x['name']))
```

(2) 内置的 sorted()函数。

sorted()函数用于对任何可迭代对象(如列表、元组、字符串等)进行排序，并返回一个新的已排序列表，而不修改原始对象，其语法如下：

```
sorted(iterable, key = None, reverse = False)
```

其中，参数 iterable 为必需参数，为待排序的可迭代对象(如列表、元组或字符串)。

```
list1 = [10, 25, 5, 36, 80, 68]
list2 = sorted(list1)
# 结果: list1 为[10,25,5,36,80,68],list2 为[5,10,25,36,68,80]
```

值得注意的是，sort()方法是原地修改列表，而 sorted()函数是保留原列表，创建一个排好序的新列表返回。

(3) 列表的 reverse()方法。

reverse()方法将列表中的所有元素原地逆序，改变列表的元素顺序，但并非排序。此操作不返回值，而是直接在原列表上修改。

```
list1 = [10, 25, 5, 36, 80, 68]
list1.reverse()  # 结果: list1 为[68,80,36,5,25,10]
```

(4) 内置的 reversed()函数。

reversed()函数生成一个逆序的迭代对象，不修改原列表。可以将该迭代对象用 list()函数转换为列表来查看。与 reverse()方法不同的是，reversed()函数不改变原列表内容，而是生成一个新列表。

```
list1 = [10, 25, 5, 36, 80, 68]
list2 = list(reversed(list1))
# 结果: list1 为[10,25,5,36,80,68],list2 为[68,80,36,5,25,10]
```

5.3.10 列表推导式

在 Python 中,可以使用推导式从一个数据序列构建出另一个新序列。Python 支持多种数据结构的推导式,包括列表、字典、集合和元组生成器。本节主要介绍列表推导式(list comprehension),其他推导式将在后续章节中介绍。

1. 列表推导式的语法

```
[expression for variable in iterable if condition]
```

其中 expression 为生成每个元素的逻辑表达式;variable 为变量,用于接收每次迭代的值;iterable 为可迭代对象,如列表等;condition 为可选条件,用于过滤符合条件的元素。

```
list1 = [x * x for x in range(5)]    #结果: list1 为[0,1,4,9,16]
```

2. 列表推导式的应用

(1) 嵌套列表的展开:通过多个循环嵌套实现嵌套列表的平铺。

```
list2 = [[1,2,3],[4,5,6],[7,8,9]]
flat_list = [num for element in list2 for num in element]
# 结果: flat_list 为[1,2,3,4,5,6,7,8,9]
```

(2) 元素过滤:通过条件语句筛选符合条件的元素。

```
list3 = [2, -10, 9, 4.6, -2, 0]
positive_numbers = [i for i in list3 if i > 0]
# 结果: positive_numbers 为 [2, 9, 4.6]
```

(3) 使用海象操作符(:=):使用海象操作符在列表推导式中为变量赋值并进行条件判断。

```
values = [y for x in range(10) if (y := x * 2) > 5]
# 结果: values 为[6, 8, 10, 12, 14, 16, 18]
```

尽管列表推导式可以包含多个 for 循环和 if 条件,非常灵活,但为了代码的可读性和易维护性,建议最多包含两个子表达式(例如,两个 for 循环,或一个 for 循环和一个 if 条件)。当表达式较复杂时,推荐使用传统的嵌套 for 循环来分层处理逻辑,使代码更清晰易懂。例如,将复杂的列表推导式转换为嵌套 for 循环可以提升代码的可读性。

5.3.11 Python 内置函数

对序列数据进行基础的数据分析,可以使用一些 Python 的内置函数,如 max()、min()、sum()和 len()等。

例 5.6 计算列表中的最高分、最低分和平均分。

```
scores = [80, 76, 92, 85, 62, 56, 98, 78]
highest = max(scores)
lowest = min(scores)
average = sum(scores) / len(scores)
print("Highest score:", highest, "; Lowest score:", lowest, "; Average score", average)
```

在上述代码中，max()、min()、sum()和 len()是 Python 的内置函数，分别用于计算列表中的最大值、最小值、总和以及列表长度(即元素数量)。

运行结果：

```
Highest score: 98 ; Lowest score: 56 ; Average score 78.375
```

【判断列表是否为空】

根据 PEP 8 规范，在判断列表或集合是否为空时，建议直接使用 if not list1 而非 if len(list1) ==0。空列表会自动被视为 False，而非空列表则为 True。

判断列表为空：if not list1。

判断列表非空：if list1。

在遍历列表时，如果需要同时获取每个元素的索引，enumerate()内置函数提供了一种更简洁的方式，相比手动维护计数器，enumerate()函数更加优雅。

例 5.7 获取列表中每个元素及其索引。

(1) 常规计数器方法。

```
fruits = ['apple', 'banana', 'cherry']
index = 0
for fruit in fruits:
    print(index, fruit)
    index += 1
```

(2) 使用 enumerate()函数：enumerate()函数将一个可迭代对象(如列表、元组、字符串)转换为枚举对象，生成包含每个元素索引及其值的元组，简化了索引管理。

```
fruits = ['apple', 'banana', 'cherry']
for index, fruit in enumerate(fruits):
    print(index, fruit)
```

运行结果：

```
0 apple
1 banana
2 cherry
```

(3) 指定起始索引：enumerate()函数支持指定起始索引值。

```
for index, fruit in enumerate(fruits, start=1):
    print(index, fruit)
```

运行结果：

```
1 apple
2 banana
3 cherry
```

(4) 在列表推导式中使用 enumerate()函数。

```
indexed_fruits = [(index, fruit) for index, fruit in enumerate(fruits)]
print(indexed_fruits)
```

运行结果：

```
[(0, 'apple'), (1, 'banana'), (2, 'cherry')]
```

使用 enumerate()函数可以在迭代中方便地获取索引，使代码更加 Pythonic，同时提升代码的可读性和内存效率。

5.3.12 列表的内存管理

在 Python 中，列表(list)是一种动态数组，每个元素是指向实际内容的指针，且列表大小可以动态调整。list 使用“过度分配”机制：当列表空间已满时(例如，通过 append 或 insert 添加新元素)，系统会分配更大的内存块，并将现有元素复制到新内存中，以便留有足够空间继续添加元素。

1. list 的 append()函数操作

列表在初始化后，首次使用 append()函数添加元素时，系统会分配额外的空间。例如，添加第一个元素 5 时，list 将开辟 4 个元素空间，将 5 的地址存放在第一个位置，预留的空间供后续元素使用，如图 5-3 所示。之后的 append(9)、append(3)和 append(16)将把 9、3 和 16 的地址存入预留空间中。

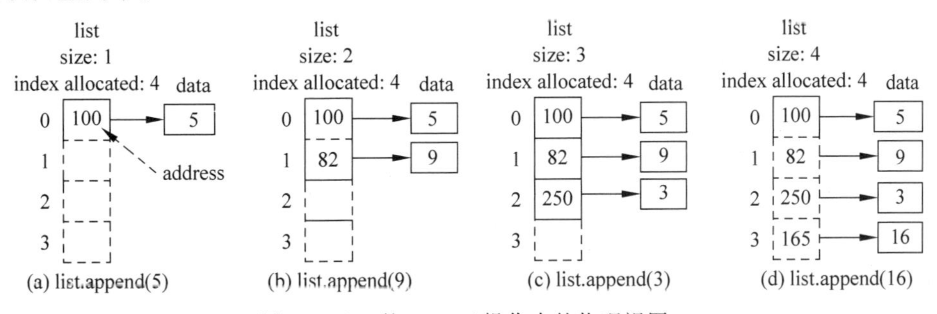

图 5-3 list 的 append 操作中的物理视图

例 5.8 列表的内存空间增长。

```
list1 = []
print('Initial size:',list1.__sizeof__())
for i in range(1,6):
    list1.append(i)
    print(list1,'\'s size:',list1.__sizeof__())
```

运行结果：

```
Initial size: 40
[1] 's size: 72
```

```
[1, 2] 's size: 72
[1, 2, 3] 's size: 72
[1, 2, 3, 4] 's size: 72
[1, 2, 3, 4, 5] 's size: 104
```

结果显示，空列表最初占用 40 字节空间，添加第一个元素后占用 72 字节。继续添加第 2、3、4 个元素时，空间大小保持不变；添加第 5 个元素后，空间增至 104 字节。

2. list 的 insert 操作

在指定位置插入元素时，系统可能会创建更大的新列表，并复制现有元素。例如，若在上例的 list 中 index=1 的位置插入元素 25，将触发以下操作，如图 5-4 所示。

(1) 创建一个新列表 list_2，增加空间以支持后续 append 或 insert 操作。

(2) 将原列表 list_1 中 index 之前的元素复制到新列表 list_2，并将 index 之后的所有元素位置后移一位。

(3) 在 index=1 位置插入新元素 25。

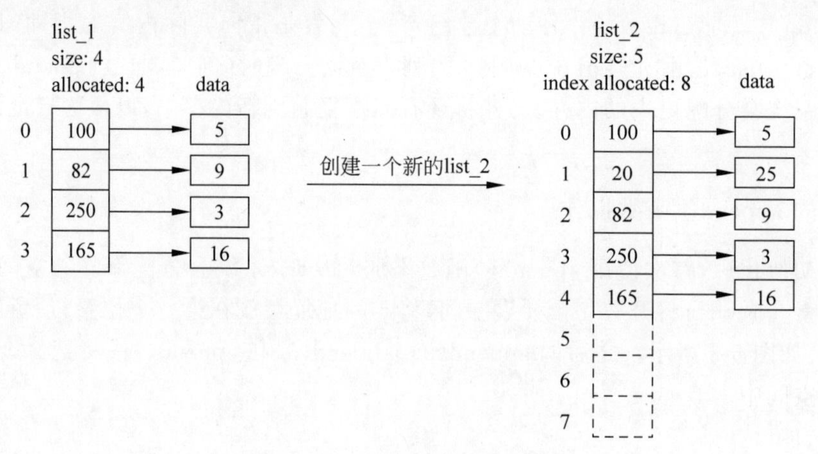

图 5-4 list 的 insert 操作示意图

3. list 的 pop 操作

pop 操作用于移除列表末尾的元素。当移除元素后，实际元素数量小于已分配空间的一半时，系统会自动缩小列表的内存空间，从而节省内存，如图 5-5 所示。

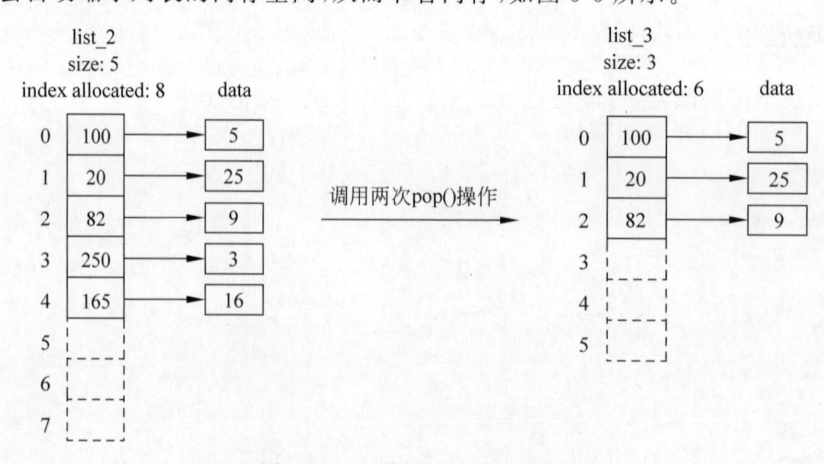

图 5-5 list 的 pop 操作示意图

5.4　元组

5.4.1　基本概念

元组(Tuple)是一种不可变的序列,用小括号囊括一系列元素,元素之间用逗号隔开。可以将元组视为一种轻量级的列表。与可变序列的列表不同,元组一旦创建便不可更改,因此无法对元组的内容执行增、删、改操作。这种不可变性使元组在以下方面具有独特的用途和优势。

(1) 字典键:由于元组是不可变的,可以用作字典的键,而列表则不能。

(2) 高效性能:元组在创建时间和内存使用上通常比列表更高效。

(3) 安全数据传递:元组适合在函数之间传递结构化数据,保证数据在传递过程中不会被修改。

5.4.2　创建元组

使用赋值操作=创建一个元组。

```
tuple1 = (1, 2, 3, 4, 5)
tuple2 = ()      #空元组
```

当元组中只包含一个元素时,需要在元素后面添加一个逗号,以区分元组和单个值。

```
tuple3 = (10,)
```

若省略逗号,则 Python 会将其视为带括号的数值表达式,而非元组。例如,my_tuple=(5)会被认为是一个数值 5,而不是包含 5 的元组。

5.4.3　访问元组

可以通过下标索引访问元组中的元素。

```
tuple4 = ('math', 90, 'physics', 95)
tuple4[0]      # 结果: 'math'
tuple4[2:4]    # 结果: ('physics', 95)
```

5.4.4　修改元组

元组的元素不可修改,但可以通过组合多个元组来创建新的元组。

```
tuple5 = ('math', 'physics')
tuple6 = (90, 95)
tuple7 = tuple5 + tuple6    #结果: ('math','physics',90,95)
```

5.4.5　删除元组

无法删除元组中的单个元素,但可以使用 del 语句删除整个元组,示例代码如下:

```
tuple4 = ('math', 90, 'physics', 95)
del tuple4     # 删除整个元组 tuple4
```

5.4.6 序列解包

1. 序列解包

序列解包(unpacking)是一种将一个可迭代对象(如列表、元组、字典、字符串等)解开,将其中的值分别赋给多个变量的机制。它在 Python 中广泛应用,能使代码更加简洁。序列解包常见应用场景包括以下五种。

(1) 变量赋值:可以直接从列表或元组提取元素赋值给多个变量。

```
x, y, z = 1, 2, 3
tuple1 = ('shanghai', 2024, 6341)
city, year, area = tuple1            # city = 'shanghai', year = 2024, area = 6341
```

(2) 函数返回值处理:函数返回多个值时,可以通过解包赋值给多个变量。

```
def get_coordinates():
   return (10, 20)
x, y = get_coordinates()   # x = 10, y = 20
```

(3) 交换变量值:利用解包快速交换变量值,无需临时变量。

```
a, b = 5, 10
a, b = b, a   # a = 10, b = 5
```

(4) 忽略不需要的变量:用下画线(_)忽略无关元素。

```
data = (1, 2, 3, 4, 5)
first, _, third, _, fifth = data   # first = 1, third = 3, fifth = 5
```

(5) 带 * 的拆包:星号表达式用于接收剩余的多个元素,通常用于不定长序列。

```
car_prices = [50, 26, 14, 80, 150, 10, 5, 30]
highest, *others, lowest = sorted(car_prices, reverse = True)
# highest = 150, lowest = 5, others = [80, 50, 30, 26, 14, 10]
```

2. 嵌套解包

嵌套解包支持对复杂结构(如嵌套列表、嵌套元组)的元素直接进行分配。

```
nested_list = [(1, 'apple'), (2, 'orange')]
for number, fruit in nested_list:
   print(f"Number {number} is for {fruit}")
```

运行结果:

```
Number 1 is for apple
Number 2 is for orange
```

3. 解包在函数调用中的应用

在函数调用中,使用 * 和 ** 操作符可以实现序列和字典的解包,分别传递位置参数和关键字参数。

(1) 使用 * 解包位置参数,将序列解包并传入函数。

```
def func(x, y, z):
    print(x, y, z)
tuple_args = (1, 2, 3)
func( * tuple_args)  # 输出: 1 2 3
```

(2) 使用 ** 解包关键字参数,将字典解包传入函数。

```
dict_args = {'x': 1, 'y': 2, 'z': 3}
func( ** dict_args)  # 输出: 1 2 3
```

5.4.7 多序列操作

1. 利用 zip()函数进行多序列遍历

zip()函数将多个可迭代对象中的对应元素打包成一个个元组,以便并行遍历。

例 5.9 多序列遍历。

```
keys = ['广东','山东','河南']                          #省份列表
values = [126012510, 101527453, 99365519]  #2020 年人口数
for k, v in zip(keys, values):
    print(k,v)
```

运行结果:

```
广东 126012510
山东 101527453
河南 99365519
```

注意,zip()函数返回一个迭代器,用完即失效,若需重复使用,需转化为列表或其他结构。此外,若序列长度不一致,zip()函数会在最短的序列耗尽时停止迭代。对于不等长序列可用 itertools.zip_longest()。

2. zip()与 * 的组合操作

zip(* iterables)实现了数据的逆操作,即将压缩的元组解包还原为原序列。常用于重构原可迭代对象。

(1) 解包 zip 对象:当使用 zip()将多个序列组合后,可以使用带 * 的 zip()函数再次将其分拆。

```
list1 = [1, 2, 3]
list2 = ['a', 'b', 'c']
zipped = zip(list1, list2)
unzipped_list1, unzipped_list2 = zip( * zipped)
print(list(unzipped_list1))  # 输出: [1, 2, 3]
print(list(unzipped_list2))  # 输出: ['a', 'b', 'c']
```

(2) 矩阵转置:矩阵转置是对原矩阵的行和列进行位置互换,得到原矩阵的转置矩阵。在 Python 中,使用 zip(* matrix)实现矩阵的行列转置。

```
matrix = [
    [1, 2, 3],
    [4, 5, 6],
    [7, 8, 9]
]
transposed_matrix = list(map(list, zip( * matrix)))
print(transposed_matrix)  # 结果: [[1, 4, 7], [2, 5, 8], [3, 6, 9]]
```

在上述代码中,matrix 是一个 3×3 的列表,zip(* matrix)使用 * 操作符将 matrix 的每一行解包,传递给 zip()函数。zip()函数将每一行的第一个元素组合成一个新列表、每一行的第二个元素组合成另一个新列表,以此类推,从而将行转换为列。zip(* matrix)结果为[(1,4,7),(2,5,8),(3,6,9)]。map(list,zip(* matrix))将每个元组转换为列表,以保持与原始数据类型一致,再使用 list() 将最终结果转为列表的列表。

5.4.8 生成器表达式

列表推导式可以方便地从现有数据集合生成新列表,虽然在大多数情况下它效率高且易于编写,但在处理大规模数据时存在一定的局限。列表推导式采用的是一次性生成整个结果集的策略,这在处理庞大数据集时会导致显著的内存消耗。当数据体量增长时,这种策略可能迅速耗尽可用内存,从而影响程序的性能和可操作性。

为解决这一问题,提高大规模数据集的处理效率和灵活性,Python 引入了生成器表达式(Generator Expressions)。生成器表达式采用与列表推导式相似的语法结构,但不会一次性生成整个数据集,而是返回一个迭代器,该迭代器按需逐个生成元素,实现所谓的"惰性求值"(lazy evaluation)。这种按需生成的特性大幅减少了内存的使用,因为在任何时刻,仅当前元素被处理和存储在内存中。生成器表达式允许开发者在较低的内存消耗下执行复杂的数据处理任务,特别适用于数据流处理和逐个处理元素的场景。因此,生成器表达式是面向大规模数据集转换和处理的理想选择,为 Python 在数据处理方面提供了强大的支持。

生成器表达式的语法如下。

```
(<expression> for <var> in <iterable> if <condition>)
```

等价于以下代码:

```
for <var> in <iterable>:
    if bool(<condition>):
        yield <expression>
```

在此代码中,yield 是一个用于生成器函数的关键字,它与 return 类似,但不会终止函数的执行。相反,yield 会将当前的值返回给调用者并暂停函数的执行状态,直到下一次迭代时恢复函数的状态继续执行。通过这种方式,yield 允许生成器逐个生成元素,从而实现惰性求值。

生成器表达式与列表推导式不同之处在于以下三点。

(1) 形式上,列表推导式为方括号,生成器表达式为圆括号。

(2) 访问上,列表推导式的结果可以多次访问,而生成器表达式的迭代对象只能访问一次。如需再次访问,需要重新创建生成器。

(3) 返回结果上,列表推导式返回列表,而生成器表达式返回一个迭代器,即按需生成的序列。

```
generator = (i * i for i in range(5))
print(generator)          # 输出: <generator object <genexpr> at ...>
print(tuple(generator)) # 输出: (0,1,4,9,16)
print(tuple(generator)) # 输出: ()
```

其中,tuple(generator)将生成器对象转换为元组对象。

例 5.10 列表推导式与生成器表达式的比较。

```
# 列表推导式
list_comprehension = [i for i in range(11) if i % 2 == 0]
print(list_comprehension)        # 输出: [0, 2, 4, 6, 8, 10]

# 生成器表达式
generator_expression = (i for i in range(11) if i % 2 == 0)
print(generator_expression)      # 输出: <generator object at 0x...>
```

在处理大量数据时,列表推导式可能导致内存效率低下,因为它会生成并存储整个列表,而生成器表达式则按需生成数据,显著减少内存消耗。

假设有一个非常大的数据列表,使用生成器表达式可以避免大量内存消耗。

```
# 使用列表推导式
result_list = [process(item) for item in data]        # 消耗大量内存
for result in result_list:
   handle(result)

# 使用生成器表达式
result_generator = (process(item) for item in data)  # 内存使用更高效
for result in result_generator:
   handle(result)
```

在这个例子中,首先使用列表推导式创建一个完整的列表,然后遍历列表以处理每个元素。与之相对的,生成器表达式按需逐个生成处理后的元素,从而节省了内存。

例 5.11 比较列表推导式和生成器推导式的内存使用情况。

使用 sys.getsizeof()函数测量二者的内存使用量情况,并进行对比。

```
import sys

# 列表推导式
large_list = [i for i in range(1000000)]
print("列表占用的内存: {} 字节".format(sys.getsizeof(large_list)))

# 生成器表达式
large_generator = (i for i in range(1000000))
print("生成器占用的内存: {} 字节".format(sys.getsizeof(large_generator)))
```

运行结果:

```
列表占用的内存: 8697456 字节
生成器占用的内存: 112 字节
```

因此,生成器表达式按需生成数据,具有高效、灵活、可扩展的优点,适合处理大型数据集或数据流。

5.4.9 迭代器

迭代器(Iterator)是 Python 中的一个核心概念,它允许以一种统一的方式遍历多种数据结构,如列表、字典、文件,甚至更复杂的数据结构。迭代器的主要思想是“惰性求值”,即数据项在需要时才被计算和返回。此机制不仅节约了内存,还可以表示和处理潜在的无限数据流。生成器表达式正是基于迭代器接口构建的,提供了灵活的迭代器构造方式。

通过实现迭代器协议,即__iter__()和__next__()方法,任何对象都可以成为可迭代的,这为数据处理带来了更强的抽象能力。

__iter__()方法:返回迭代器对象本身。

__next__()方法:返回迭代器的下一个元素,当没有更多元素时抛出 StopIteration 异常。

1. 迭代器与列表的区别

(1) 内存使用:列表一次性将所有元素加载到内存中,而迭代器采用延迟计算方式。举例来说,包含一千万个整数的列表可能需要超过 400MB 内存,而迭代器只需几十字节,因为它只在调用 next()方法时返回当前的一个元素。

(2) 访问方式:列表支持通过索引直接访问任何元素,而迭代器只能按顺序访问,不能随机访问。

例 5.12 用迭代器实现斐波那契数列。

```
# 用迭代器实现斐波那契数列
class Fib:
    def __init__(self, n):
        self.prev = 0
        self.cur = 1
        self.n = n

    def __iter__(self):
        return self

    def __next__(self):
        if self.n > 0:
            value = self.cur
            print(f"当前值:{value}, 前一个值:{self.prev}, 下一个值:{self.cur + self.prev}")
                # 打印中间结果
            self.cur = self.cur + self.prev
            self.prev = value
            self.n -= 1
            return value
        else:
            raise StopIteration()

f = Fib(5)
print("斐波那契数列生成过程:")
print([i for i in f])                    # 使用列表推导式来生成所有值
```

运行结果:

```
斐波那契数列生成过程:
当前值: 1, 前一个值: 0, 下一个值: 1
```

```
当前值: 1, 前一个值: 1, 下一个值: 2
当前值: 2, 前一个值: 1, 下一个值: 3
当前值: 3, 前一个值: 2, 下一个值: 5
当前值: 5, 前一个值: 3, 下一个值: 8
[1, 1, 2, 3, 5]
```

此例展示了迭代器的延迟计算特性,即在迭代过程中逐步计算斐波那契数列的值,而非一次性计算所有值。这里关于类(class)的定义和使用将在后续章节阐述。

2. 迭代器与可迭代对象的区别

(1) 可迭代对象(Iterable):是实现了__iter__()方法的对象,如字符串、列表、元组等。这类对象支持 for 循环遍历,生成一个迭代器并通过该迭代器逐个返回元素。可迭代对象可以多次遍历,每次遍历都会生成一个新的迭代器。

(2) 迭代器(Iterator):是一种特殊的可迭代对象,它既实现了__iter__()方法,也实现了__next__()方法。每次调用__next__()方法时,迭代器返回下一个元素,直到没有更多元素时抛出 StopIteration 异常。迭代器按需生成元素(惰性求值),只能单次遍历,遍历完后需重新创建才能再次遍历。

可用 iter()函数将可迭代对象转换为迭代器,所有迭代器都是可迭代的,但并非所有可迭代对象都是迭代器。

```
from collections.abc import Iterable, Iterator

str1 = '天行健,君子以自强不息。地势坤,君子以厚德载物。'
print(isinstance(str1, Iterable))       # 输出: True
print(isinstance(str1, Iterator))       # 输出: False

str_iter = iter(str1)
print(isinstance(str_iter, Iterable))   # 输出: True
print(isinstance(str_iter, Iterator))   # 输出: True
```

上述代码中,isinstance()方法用于判断对象是否为可迭代对象。

dir()函数可查看对象的所有属性和方法,有助于判断对象的类型。若一个对象为可迭代的,则其方法列表中包含__iter__。若为迭代器,还应实现__next__方法。

例 5.13 使用 dir()函数检查字符串和列表的属性和方法。

```
# 检查字符串的属性和方法
string_attributes = dir("hello")
print(string_attributes)
# 输出示例: ['__add__', ..., '__iter__', ..., '__len__', ...]

# 检查列表的属性和方法
list_attributes = dir(["hello"])
print(list_attributes)
# 输出示例: ['__add__', ..., '__iter__', ..., '__len__', ...]

# 检查从列表派生的迭代器的属性和方法
list_iterator_attributes = dir(iter(["hello"]))
print(list_iterator_attributes)
# 输出示例: ['__iter__', '__next__', ...]
```

由这些输出可见，字符串和列表包含__iter__方法，说明它们是可迭代对象，但不是迭代器。当对列表使用iter()函数后，其对象包含__iter__和__next__方法，表明它是一个迭代器，同时也是一个可迭代对象。

5.4.10 生成器

生成器是Python中一种特殊类型的迭代器，其核心特点在于使用yield关键字来逐个生成值，而非一次性返回结果。当生成器函数被调用时，它不会立即执行函数体内的代码，而是返回一个生成器对象。该对象支持迭代协议，能够按需逐个产生函数中通过yield指定的序列值。

与普通迭代器相比，生成器提供了一种更加简洁的创建方式。开发者只需定义包含yield的函数，即可实现复杂的迭代逻辑，无须手动实现__iter__()和__next__()方法。

简而言之，生成器通过简化迭代器的实现，提供了一种高效且易于编写的迭代方式。使用生成器可以在节省资源的同时，编写清晰、易维护的数据处理逻辑。生成器、迭代器和可迭代对象之间的关系如图5-6所示。

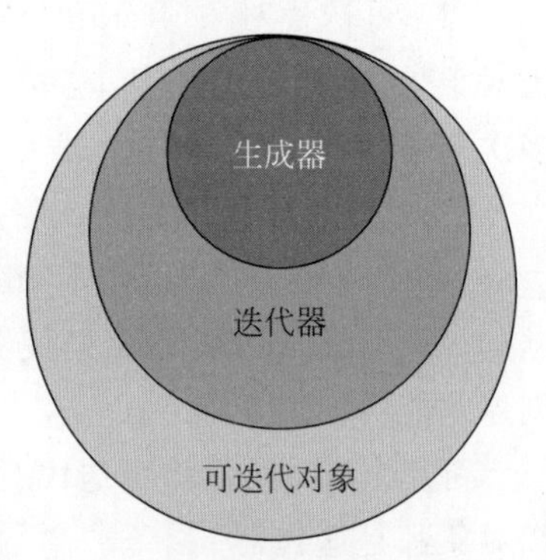

图5-6 生成器、迭代器和可迭代对象关系图

例5.14 使用生成器实现内存高效的平方数生成。

假设需要编写一个函数，接收一个数字，返回从1到该数字的所有平方数。

(1) 传统实现方法。

```
def get_squares_list(n):
    """一次性返回从 1 到 n 的平方数列表"""
    squares = []
    for i in range(1, n + 1):
        squares.append(i * i)
    return squares
# 调用函数
squares = get_squares_list(5)
print(squares)
```

尽管该函数能完成任务，但存在一些缺点。

① 内存使用：如果n非常大，函数会创建一个同样非常大的列表，占用大量内存。

② 效率：用户必须等到整个列表构建完毕才能开始使用这些值，这在处理大数据集时会导致效率问题。

(2) 生成器实现方法。

```
def get_squares_generator(n):
    """逐个返回从 1 到 n 的平方数"""
    for i in range(1, n + 1):
        yield i * i

# 使用生成器
for square in get_squares_generator(5):
    print(square)
```

该方法使用了yield关键字，将函数转换为生成器。当调用该函数时，它不会立即计算所有值，而是返回一个生成器对象。每次迭代该生成器时，才会计算下一个值并返回，直到没有更多的值可以生成。

例 5.15 用生成器实现斐波那契数列。

```
def fib(n):
    prev, curr = 0, 1
    while n > 0:
        print(f"生成当前斐波那契数: {curr}")      # 添加打印语句查看生成器生成过程
        n -= 1
        yield curr
        prev, curr = curr, curr + prev
# 打印斐波那契数列的前 5 项
print([i for i in fib(5)])
```

运行结果：

```
生成当前斐波那契数: 1
生成当前斐波那契数: 1
生成当前斐波那契数: 2
生成当前斐波那契数: 3
生成当前斐波那契数: 5
[1, 1, 2, 3, 5]
```

通过生成器，可以编写更高效且可扩展的代码，尤其在处理大量数据时，其优势更明显。

5.4.11 元组的内存管理

在 Python 中，元组使用固定大小的数组实现，是一种不可变的容器，一旦创建，内部的元素引用不能更改。相比之下，列表是可变容器，支持修改、添加和删除元素引用。为了支持动态变化，列表通常会预留额外的空间，导致更高的内存占用。因此，在需要存储不变集合的场景下，使用元组可以更高效地利用内存。

例 5.16 比较列表与元组占用的内存空间大小。

```
list1 = [1, 2, 3]
tuple1 = (1, 2, 3)
print('Size of list [1, 2, 3]:', list1.__sizeof__())
print('Size of tuple (1, 2, 3):', tuple1.__sizeof__())
```

运行结果：

```
Size of list [1, 2, 3]: 64
Size of tuple (1, 2, 3): 48
```

可以看出，在存储相同信息时，元组比列表占用更少的内存空间。

【列表与元组】

在 Python 编程中，列表和元组各自扮演特定的角色，了解它们的差异有助于更高效地选择数据结构。

(1) 列表用于可变数据：列表是可变的，适合存储在程序运行过程中可能变化的数据集合，因此在需要循环和修改元素的场景中，列表是理想选择。

(2) 元组用于固定结构：元组的不可变性使其适合存储不应改变的数据集合，常用于表示固定结构的数据项组合，类似于其他语言中的结构体。

(3) 列表多用于同质数据：虽然列表可以包含不同类型的元素，但通常用于存储同类数据(如所有元素都是数字或字符串)，适合处理相同类型的项目集合。

(4) 元组适合异质数据：元组通常用于组合不同类型的数据项，如一个元组可包含字符串、整数和浮点数，适合打包多种类型的固定结构数据。

(5) 列表适合动态长度：列表支持动态大小调整，非常适合存储在程序运行期间长度不定的数据集合。

5.5 字典

5.5.1 基本概念

字典(Dictionary)是包含若干键值对的无序可变序列。每个元素由键(Key)和与其关联的值(Value)组成，类似于汉语字典中汉字和解释的对应关系。键用于唯一标识每一项，值则是该键所对应的内容。

字典的语法如下。

```
{key1: value1, key2: value2, ...}
```

字典的键必须是不可变数据类型，如整数、浮点数、字符串或包含不可变元素的元组。可变数据类型(如列表、字典、集合或包含可变数据类型的元组)不能作为键，且键不允许重复。

5.5.2 创建字典

(1) 直接赋值：使用=将一个字典赋值给变量。

```
dict1 = {'AI': 'artificial intelligence', 'DL': 'deep learning', 'ML': 'machine learning'}
dict2 = {}    # 空字典
```

按照 PEP 8 规范，键与冒号之间不加空格，冒号与值之间应加一个空格。

(2) 使用 dict()函数。

① 根据已有的键和值创建字典。

```
keys = ['name', 'gender', 'age']
values = ['Li Ming', 'male', 16 ]
dict3 = dict(zip(keys, values))
# 结果：{'name': 'Li Ming', 'gender': 'male', 'age': 16 }
```

② 使用 dict()函数创建空字典。

```
dict4 = dict()    # 空字典
```

③ 使用关键字参数创建字典。

```
dict5 = dict(name = 'Li Ming', age = 16)
# 结果：{'name': 'Li Ming', 'age': 16}
```

(3) 复制字典：使用 copy()方法创建一个字典的浅复制，这样原字典和复制后的字典是不同的对象。

```
dict1 = {'AI': 'artificial intelligence', 'DL': 'deep learning', 'ML': 'machine learning'}
dict2 = dict1.copy()
print(dict2)
# 输出：{'AI': 'artificial intelligence', 'DL': 'deep learning', 'ML': 'machine learning'}
print(dict1 is dict2)   # 输出：False(不同的对象)
```

这里 copy()方法仅创建浅复制，若字典中有嵌套的可变对象(如嵌套的字典或列表)，嵌套对象的引用不会被复制。如需深复制，请使用 copy 模块的 deepcopy()方法。

5.5.3 删除字典元素

(1) 使用 del 删除：可删除字典的指定元素或整个字典。

```
dict6 = {'id': '001', 'name': 'Tom', 'age': 20}
del dict6['age']    # 删除 'age': 20 项
del dict6           # 删除整个字典
```

(2) 使用 clear()方法删除所有元素。

```
dict7 = {'x': 10, 'y': 20}
dict7.clear()      # 删除字典中所有元素
```

(3) 使用 pop(key)方法删除并返回指定键的值。

```
prices = {'apple': 5, 'grape': 10, 'strawberry': 20}
element = prices.pop('strawberry')
print('被删除的元素为:', element)
print('当前字典为:', prices)
```

运行结果：

```
被删除的元素为: 20
当前字典为: {'apple': 5, 'grape': 10}
```

(4) 使用 popitem()方法删除并返回最后一个键值对。

```
person = {'name': 'Adam', 'age': 25, 'salary': 5000}
item = person.popitem()
print('返回的键值对为: ', item)
print('返回项的类型为:', type(item))
print('当前字典为: ', person)
```

其中，popitem()方法返回一个元组，包含被删除的键值对，适用于 LIFO(后进先出)操作。

运行结果：

```
返回的键值对为: ('salary', 5000)
返回项的类型为: <class 'tuple'>
当前字典为: {'name': 'Adam', 'age': 25}
```

5.5.4 添加和修改字典元素

在 Python 字典中，给指定键赋值时：如果该键已存在，则会更新该键对应的值；如果该键不存在，则会添加一个新的“键值”对。

```
dict7 = {'name': 'Li Ming', 'age': 16}
dict7['age'] = 17                   # 将原来的 'age': 16 修改为 'age': 17
dict7['phone'] = '13812345678'      # 添加新元素
# 结果: dict7 = {'name': 'Li Ming', 'age': 17, 'phone': '13812345678'}
```

此外，可以使用 update()方法将另一个字典的所有键值对添加到当前字典中。如果两个字典存在相同的键，以更新字典中的值为准。

```
dict1 = {'a': 1, 'b': 2}
dict2 = {'a': 5, 'd': 6}
dict1.update(dict2)
print(dict1)                        # 结果: {'a': 5, 'b': 2, 'd': 6}
```

例 5.17 合并两个字典，将相同键的值相加，并按值从大到小排序输出。

```
dict1 = {'a': 1, 'b': 2, 'c': 3}
dict2 = {'b': 5, 'c': 6, 'd': 7}

for key, value in dict2.items():
    if key in dict1:
        dict1[key] += value         # 相同键的值相加
    else:
        dict1[key] = value

dict3 = dict(sorted(dict1.items(), reverse = True, key = lambda d: d[1]))
print(dict3)
```

在上述代码中，遍历 dict2 的键值对，将相同键的值加到 dict1 中；如果键不存在，则将其直接添加到 dict1。然后使用 sorted()函数按值降序排序，将 dict1 转换为按值从大写到小写排序的新字典 dict3。

运行结果：

```
{'c': 9, 'b': 7, 'd': 7, 'a': 1}
```

例 5.18 统计一段文字中的单词出现次数，并按出现频率从高到低排序。

```
import string

text = 'Knowledge is knowing a fact, Wisdom is knowing what to do with that fact.'
text_no_punct = ''.join([i for i in text if i not in string.punctuation])  # 去除标点
words = text_no_punct.split()                                               # 分隔成单词
word_num = {}

for word in words:
    if word in word_num:
        word_num[word] += 1
    else:
```

```
        word_num[word] = 1

word_num_sort = dict(sorted(word_num.items(), reverse=True, key=lambda d: d[1]))
print(word_num_sort)
```

在上述代码中，首先通过 string.punctuation 去除标点，将文本拆分为单词列表；然后，使用字典 word_num 统计每个单词的出现次数：如果单词已存在，计数加 1；否则，将其添加并计数设为 1。最后，通过 sorted()函数按值排序，将字典 word_num 转为按频率从高到低排序的新字典 word_num_sort。

运行结果：

```
{'is': 2, 'knowing': 2, 'fact': 2, 'Knowledge': 1, 'a': 1, 'Wisdom': 1, 'what': 1, 'to': 1, 'do': 1,
'with': 1, 'that': 1}
```

5.5.5 查询字典

1. 查询字典中的键和值

Python 提供了多种方式来检查字典中是否包含特定的键，并获取其对应的值。

(1) 直接查询键的值：通过字典的键直接获取对应的值。

```
my_dict = {'a': 1, 'b': 2}
value = my_dict['a']    # 如果键存在,返回值 1
print(value)            # 输出: 1
```

(2) 查询所有键：使用 keys()方法查看字典中所有的键。

```
keys = my_dict.keys()
print(keys)        # 输出: dict_keys(['a', 'b'])
```

(3) 查询所有值：使用 values()方法查看字典中所有的值。

```
values = my_dict.values()
print(values)        # 输出: dict_values([1, 2])
```

(4) 查询所有键值对：使用 items()方法以键值对的形式查看所有内容。

```
items = my_dict.items()
print(items)   # 输出: dict_items([('a', 1), ('b', 2)])
```

2. 处理键不存在的情况

在字典查询中，可能会遇到字典中不存在的键，以下是几种常见的解决方法。

(1) 使用 get()方法：get()方法可以安全地访问字典中的键。如果键存在，返回对应值；若不存在，返回指定的默认值。

```
my_dict = {'a': 1, 'b': 2}
value = my_dict.get('c', 'default_value')
print(value)   # 输出: default_value
```

get()方法简洁直观，适合在键不存在时提供默认值。

(2) 使用 in 关键字检查：在访问键值前使用 in 检查键是否存在。

```
if 'c' in my_dict:
    value = my_dict['c']
else:
    value = 'default_value'
print(value)  # 输出: default_value
```

此方法适用于需要在获取值之前执行额外操作(如日志记录或抛出异常)的情况。

(3) KeyError 异常处理：使用 try-except 捕获并处理 KeyError 异常。

```
try:
    value = my_dict['c']
except KeyError:
    value = 'default_value'
print(value)  # 输出: default_value
```

此方法适合在键不存在时执行多步操作或处理复杂逻辑的情况。

(4) 使用 setdefault()方法：setdefault()方法会在键不存在时添加该键并设置默认值。

```
value = my_dict.setdefault('c', 'default_value')
print(value)  # 输出: default_value
```

此方法会修改原字典,适合需要将缺失键添加到字典中的情况。

5.5.6 字典推导式

字典推导式(Dictionary Comprehension)提供了一种从可迭代对象生成字典的简洁方法,使得在 Python 中创建字典更加高效且易读。

字典推导式的语法如下。

```
{key: value for key, value in iterable if condition}
```

其中,key 和 value 表示字典中的键和值,iterable 是一个可迭代对象,condition 是可选条件,用于筛选符合条件的元素。字典推导式常用于数据过滤、快速生成字典和数据转换,特别适合将字典或其他数据结构转换为新的字典。一些典型的示例如下。

(1)基本用法。

```
{k: v for k, v in [(1, 2), (3, 4)]}
# 输出: {1: 2, 3: 4}
```

(2) 使用 range 生成键值对。

```
{n: n * 2 for n in range(3)}
# 输出: {0: 0, 1: 2, 2: 4}
```

(3) 从元组列表创建字典。

```
{k: v for k, v in (('I', 1), ('Ⅱ', 2))}
# 输出: {'I': 1, 'Ⅱ': 2}
```

(4) 加入条件表达式。

```
{k: v for k, v in (('a', 0), ('b', 1), ('c', 2)) if v > 0}
# 输出: {'b': 1, 'c': 2}
```

注意,在使用字典推导式时,如果出现重复键,最终字典中只会保留该键的最后一个值。

有时,推导式中的计算可能会重复,特别是在条件判断和字典值中使用相同计算时。此时可以使用海象运算符避免重复计算。

例 5.19 利用海象表达式的避免重复计算。

(1) 不使用赋值表达式。

```
data = [1, 2, 3, 4, 5]
# 计算平方加 1,选择大于 10 的元素
result = {x: x ** 2 + 1 for x in data if x ** 2 + 1 > 10}
# 输出: {4: 17, 5: 26}
```

在此例中,x ** 2+1 被计算了两次,可能影响效率,特别是在更复杂的计算中。

(2) 使用海象表达式。

```
data = [1, 2, 3, 4, 5]
# 使用海象表达式消除重复
result = {x: y for x in data if (y := x ** 2 + 1) > 10}
# 输出: {4: 17, 5: 26}
```

在此例中,通过海象表达式 y:=x ** 2+1 存储每个元素的计算结果,推导式中直接使用 y,避免重复计算,从而提高效率并减少出错可能。

5.5.7 字典的内存管理

字典是一种用于存储键值对的集合,常用于快速查找成对的数据。类似于通过"词"查找"解释"的语言字典,Python 字典也是通过键来查找对应的值。字典的关键问题在于如何高效地查找到键以获取相应的值

在列表和元组中,可以通过索引直接访问数据,查找速度快,时间复杂度为 $O(1)$。然而,字典通过键来查找,键不是索引,无法像列表或元组那样直接通过位置访问。通常的查找方式是顺序扫描所有元素,直到找到目标,时间复杂度为 $O(n)$,效率较低。那么,是否可以将键映射到一个位置,从而直接通过该位置查找元素?答案是肯定的。

为此,计算机科学家提出了"哈希表"(hash table)的概念来解决这一问题,哈希表的查找速度非常快,时间复杂度为 $O(1)$。哈希表的基本原理是使用哈希函数(hash function)将键映射到数组的某个索引位置,并将对应的值存储在该索引对应的数组元素中。习惯上,这种存放值的数组称为"桶"(buckets)。哈希表原理图如图 5-7 所示。

在理想情况下,哈希表通过哈希函数将不同的键映射到不同的索引位置。然而,在实际应用中,不同的键可能映射到相同的索引位置,从而导致数据存储冲突。

为了解决哈希表中的数据存储冲突,常用的策略包括如下几种。

(1) 增加桶的数量。

通过增加桶的数量以保持较高比例的空桶,使得键映射到空桶的概率增大。这是"用空间换时间"的策略,通过浪费一些存储空间来提升查询速度。一般使用装载因子来衡量哈希表的

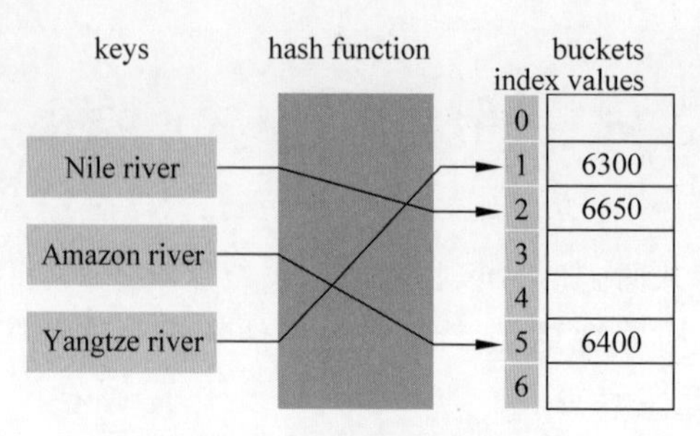

图 5-7 哈希表原理图

装满程度(数据元素个数与哈希表空间大小的比值),通常取值 0.6～0.9(例如 0.75),以减少冲突,但无法完全避免。

(2) 优化哈希函数。

设计合适的哈希函数,使键尽可能均匀地映射到索引上,减少不同键映射到相同位置的概率。常用的哈希函数设计方法包括直接定址法、平方取中法和随机数法。例如,在直接定址法中,可以用键的某个线性函数值作为哈希值,如 hash(key)＝key 或 hash(key)＝a * key＋b(其中 a 和 b 为常数)。

(3) 解决哈希冲突。

当出现冲突时,可以采用不同方法来处理冲突数据,如开放定址法和链地址法,如图 5-8 所示。

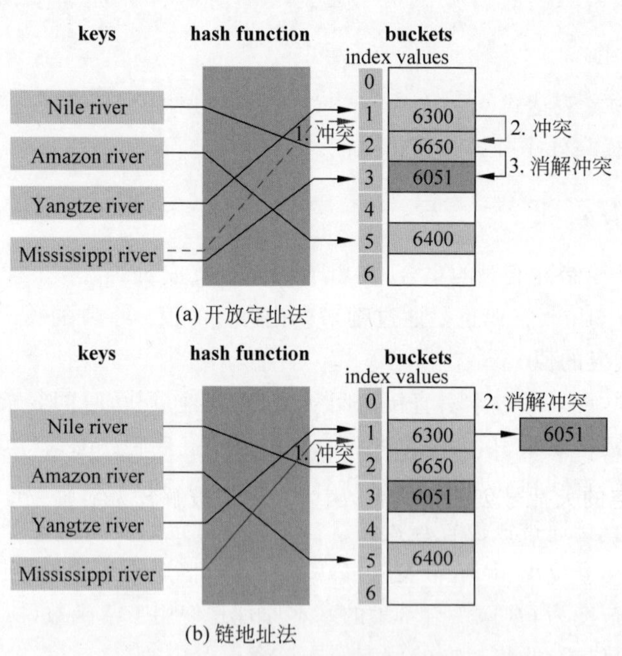

图 5-8 开放定址法和链地址法示意图

① 开放定址法：遇到冲突时,通过增量序列寻找新的空桶。增量序列可采用线性探测、平方探测等实现。线性探测中 $d_i=i$,即逐个探测存放地址单元,直至找到一个空单元为止。平方探测为 $d_i=\pm 1^2, \pm 2^2, \cdots, \pm k^2 (k \leqslant m/2)$,即间隔 i^2 个单元查找空单元格,利用±符号控制向前和向后的查找方向。

② 链地址法：将散列到同一个存储位置的所有元素保存在一个链表中。

【时间复杂度】

时间复杂度是衡量算法效率的指标，用来描述算法执行时间随输入规模(数据量)变化的增长趋势，通常用大 O 表示法，如 $O(n)$、$O(1)$、$O(\log n)$等。

举个简单例子：假设有一个列表，想查找某个元素是否存在于列表中。

(1) $O(n)$线性时间复杂度：如果不知道元素的位置，就需要逐一检查列表中的每个元素直到找到它或确认它不存在。对于一个包含 n 个元素的列表，最坏情况下可能需要检查所有 n 个元素，因此这种查找的时间复杂度是 $O(n)$，即执行时间随列表长度成比例增加。

(2) $O(1)$常数时间复杂度：如果使用哈希表(如 Python 字典)存储数据，可以通过哈希函数将键直接映射到一个存储位置，从而在常数时间内找到目标元素。

因为不需要逐一检查，时间复杂度是 $O(1)$，无论数据量多大，查找所需时间都是固定的。

时间复杂度帮助在不同算法之间做出选择。例如，当数据量很大时，$O(1)$的哈希查找显然比 $O(n)$的线性查找更高效。

5.6 集合

5.6.1 基本概念

集合(Set)是一个可变、无序且不允许重复元素的序列。集合的元素可以是不可变类型(如整数、浮点数和元组)，但不能包含可变元素(如列表、集合或字典)。集合常用于去除列表中的重复项或执行数学集合运算，如交集、并集、差集和对称差集。

集合的语法如下。

```
{itme1, item2, ...}
```

5.6.2 创建集合

(1) 直接赋值：使用赋值操作符=将一个集合直接赋值给变量。

```
letters = {'a', 'b', 'c', 'd'}
my_set = {1.0, 'hello', (1,2,3)}
```

注意，不能通过空的大括号创建空集合，因为{}默认被解释为字典。

```
var = {}
print(type(var))                # 输出：<class 'dict'>
```

(2) 使用 set()函数：set()函数可以将一个可迭代对象转换为集合，从而去除重复元素。

```
set0 = set()                          # 创建空集合
set1 = set(range(1, 6))               # 结果：{1, 2, 3, 4, 5}
set2 = set([1, 3, 4, 8, 4, 3, 5])     # 结果：{1, 3, 4, 8, 5}
```

(3) 使用 copy()方法复制集合：copy()方法创建一个集合的浅复制，即生成一个新的集合对象，但其内容与原集合相同。

```
original_set = {1, 2, 3, 4}
```

```
copied_set = original_set.copy()  # 使用 copy() 方法复制集合
print(copied_set)                  # 输出：{1, 2, 3, 4}
print(copied_set is original_set)  # 输出：False(不同的对象)
```

5.6.3 增加集合元素

(1) 添加单个元素：使用 set.add(elem)将元素 elem 添加到集合中。如果该元素已存在，集合保持不变。

```
set1 = set('hello')
print(set1)              #输出：{'l', 'h', 'e', 'o'}
set1.add('q')
print(set1)              #输出：{'l', 'e', 'o', 'h', 'q'
```

(2) 添加多个元素：使用 set.update(iter1,iter2,...,itern)将一个或多个可迭代对象(如 list、set、dictionary、string 等)中的所有元素添加到集合中。

```
set1 = {'a', 'b', 'c'}
set2 = {1, 2, 3}
set3 = {9.8, 3.14}
set1.update(set2, set3)
print('set1 = ', set1)      # 输出：set1 =  {1, 'a', 2, 3, 3.14, 9.8, 'c', 'b'}
```

5.6.4 删除集合元素

(1) 删除集合中的一个元素：使用 set.pop()随机删除并返回集合中的一个元素。

```
set1 = set('hello')
elem = set1.pop()
print(elem)          # 输出随机删除的元素,例如 'l'
print(set1)          # 输出剩余元素,例如 {'h', 'e', 'o'}
```

(2) 清空集合所有元素：利用 clear()删除集合中的所有元素。

```
set1 = set('hello')
set1.clear()
print(set1)            # 输出空集合 set()
```

(3) 删除指定元素：使用 set.discard(x)删除集合中的元素 x,若集合中无此元素,不会报错。而 set.remove(x)也能删除指定元素,但若元素不存在会抛出 KeyError 异常。

```
numbers = {1, 2, 3, 4, 5}
numbers.discard(3)   # 删除元素 3
numbers.remove(4)    # 删除元素 4
numbers.remove(6)    # 若元素不存在将抛出异常
```

5.6.5 集合推导式

集合推导式(Set Comprehension)提供了一种从可迭代对象生成集合的简洁方法。

集合推导式的语法如下。

```
{expression for variable in iterable if condition}
```

其中，expression 是生成集合元素的表达式，variable 是从 iterable 中获取的每个元素，condition 是可选条件，用于筛选符合条件的元素。

```
{s for s in [1, 2, 1, 0, 3]}                # 去重后输出: {0, 1, 2, 3}
{s ** 2 for s in [1, 2, 1, 0, 3]}           # 输出: {0, 1, 4, 9}
{s for s in range(10) if s % 3 == 0}        # 输出: {0, 3, 6, 9}
```

5.6.6　集合运算

集合支持交集、并集和差集等运算，有以下两种实现方法。

(1) 使用运算符：集合运算符分别为|(并集)、&(交集)和－(差集)。

```
set3 = {1, 3, 5, 7}
set4 = {3, 6, 12, 24}
print(set3 | set4)                          # 并集: {1, 3, 5, 7, 6, 12, 24}
print(set3 & set4)                          # 交集: {3}
print(set3 - set4)                          # 差集: {1, 5, 7}
```

(2) 使用集合方法：集合对象提供了一些方法来执行集合运算。

① setA. union(* other_sets)：返回集合 setA 与其他集合的并集。

② setA. intersection(* other_sets)：返回 setA 与其他集合的交集。

③ setA. difference(setB)：返回 setA 与集合 setB 的差集。

```
A = {'a', 'b', 'c', 'd'}
B = {'c', 'e', 'f'}
print("A | B:", A.union(B))                # 并集
print("A & B:", A.intersection(B))         # 交集
print("A - B:", A.difference(B))           # 差集
```

运行结果：

```
A | B: {'a', 'e', 'f', 'd', 'c', 'b'}
A & B: {'c'}
A - B: {'a', 'd', 'b'}
```

例 5.20　从列表中删除重复项。

集合的无重复特性可以帮助快速去除列表中的重复项。

```
list1 = [1, 2, 3, 2, 3, 'Finance', 'computer', 'Finance']
list2 = list(set(list1))
print(list2)
```

运行结果：

```
[1, 2, 3, 'Finance', 'computer']
```

这种方法将列表转换为集合来去除重复项，然后再转换回列表。

5.6.7　集合的内存管理

集合是一种无序且不重复的元素集合。由于集合元素无序，在增删查某一元素时无法通过位置访问。为了提高查询效率，集合使用哈希表实现，每个元素通过哈希函数映射到特定存储位置，从而使查询操作接近 $O(1)$ 的时间复杂度。这种实现方式支持高效的去重、交集、并集

等集合运算。

5.6.8 列表、元组、字典和集合的操作对比总结

表 5-2 总结并对比了列表、元组、字典和集合在常用操作上的支持情况,符号“/”表示不支持相应操作。

表 5-2 列表、元组、字典和集合各类操作的对比分析

操作类型	功能	列表(list)	元组(tuple)	字典(dict)	集合(set)
创建序列	赋值	赋值运算符=	赋值运算符=	赋值运算符=	赋值运算符=
	转换类型	list()	tuple()	dict()	set()
	复制	copy()	/	copy()	copy()
删除序列	del 命令	del 列表	del 元组	del 字典	del 集合
增加元素	增加	append()	/	dict[key]=value	add()
	扩展	extend()	/	/	/
	插入	insert()	/	/	/
	乘法	*	*	/	/
	加法	+	+	/	/
删除元素	del 删除单个元素	del 元素	/	del 字典[key]	/
	删除全部元素	clear()	/	clear()	clear()
	删除一个元素	pop(index)	/	pop(key),popitem()	pop()
	移除一个值元素	remove(value)	/	/	remove(value),discard(value)
修改元素	基于位置修改值	list[index]=new_value	/	dict[key]=new_value	/
	更新/合并	不支持	/	update(dict2 or iterable)	update(iterable)
访问元素	索引或键	list[index]	tuple[index]	dict[key],get(key)	无索引支持,但可迭代
	获取索引	index(value)	index(value)	/	/
	获取集合	/	/	items(),keys(),values()	/
	判断是否存在	in	in	in	in
	切片	list[start:stop:step]	tuple[start:stop:step]	/	/
逻辑运算	集合运算	/	/	dict.keys()支持部分集合运算	交集(&),并集(|)、差集(-)
推导式	表达式推导	列表推导式	生成器表达式	字典推导式	集合推导式
	序列解包	支持	支持	支持	支持

5.7 应用案例

5.7.1 等额本金还款

除了等额本息还款,等额本金还款也是一种常见的贷款方式。等额本金还款指借款人每月归还相等数额的本金,利息则根据剩余本金逐月递减。这种方式的优势是总还款额较少,但前期还款压力较大。其计算公式如下:

每月应还本金＝贷款本金／还款月数

每月应还利息＝剩余贷款本金×月利率

每月还款总额＝每月应还本金＋每月应还利息

例 5.21　计算等额本金的月还款额。

以下 Python 函数计算等额本金还款方式下的每月还款额。

```
def calculate_monthly_payments_equal_principal(principal, annual_interest_rate, loan_years):
    """
    计算等额本金的每月还款金额.
    参数:
        principal (float): 贷款本金
        annual_interest_rate (float): 年利率
        loan_years (int): 贷款年数
    返回:
        list: 每月还款金额的列表
    """
    # 计算还款月数
    number_of_payments = loan_years * 12
    # 计算月利率
    monthly_interest_rate = annual_interest_rate / 12
    # 计算每月应还本金
    monthly_principal = principal / number_of_payments
    # 计算每月还款总额
    monthly_payments = []
    remaining_principal = principal
    for i in range(number_of_payments):
        monthly_interest = remaining_principal * monthly_interest_rate
        monthly_payments.append(monthly_principal + monthly_interest)
        remaining_principal -= monthly_principal
    return monthly_payments
```

在该函数中,先计算总还款月数和月利率,再计算每月应还本金。创建一个空列表 monthly_payments 用于存储每月的还款额,并用变量 remaining_principal 跟踪剩余贷款本金。在循环中,计算每月应还利息,将应还本金和利息相加得到当月的还款额,并将其添加到 monthly_payments 列表中。最后,函数返回该列表。

示例计算与输出: 假设贷款金额为 100 000 元,年利率为 5%,贷款期限为 10 年。代码如下。

```
principal = 100000
annual_interest_rate = 0.05
loan_years = 10
monthly_payments = calculate_monthly_payments_equal_principal(principal, annual_interest_
rate, loan_years)
print(f"贷款金额 {principal} 元,年利率 {annual_interest_rate * 100} % ,贷款期限 {loan_years}
年,每月还款额如下: ")
for i, payment in enumerate(monthly_payments, start = 1):
    print(f"第 {i} 个月需还款: {payment:.2f} 元。")
```

在函数定义结束后,创建了一个具体的贷款场景,并调用函数计算每月的还款金额。

运行结果：

```
第 1 个月需还款: 879.17 元。
第 2 个月需还款: 875.00 元。
第 3 个月需还款: 870.83 元。
第 4 个月需还款: 866.67 元。
…
第 119 个月需还款: 462.50 元。
第 120 个月需还款: 458.33 元。
```

从运行结果可以看出，在等额本金还款方式下，借款人每月偿还的本金相同，但利息逐月减少，因此每月的还款总额逐月递减。

5.7.2 投资组合优化模型

投资组合优化是一种量化策略，用于确定不同资产的最佳权重组合，以在一定的风险水平下最大化预期回报。可以通过生成大量的可能组合来找到风险与回报的最佳平衡点。蒙特卡洛模拟是一种通过生成随机数据近似解决复杂问题的方法，适用于这种需要大量组合尝试的场景。

在投资组合优化模型中，需要计算以下三个重要的值。

(1) 预期回报率计算：投资组合的预期回报率可以通过加权平均来计算。对于给定的资产权重 w 和回报率 r，投资组合的预期回报率公式为：

$$\text{portfolio\_return} = \sum (w_i \times r_i)$$

其中，w_i 是资产 i 的权重，r_i 是资产 i 的预期回报率。此公式计算出当前权重组合下的总预期回报。

(2) 风险计算：投资组合的风险可以通过所有资产风险的加权平均来估算：

$$\text{portfolio\_risk} = \sum (w_i \times \text{risk}_i)$$

其中 w_i 是每个资产的权重，risk_i 是每个资产的风险。这里采用的是一种简化的风险模型，忽略了资产间的协方差，适合用于快速的模拟。

(3) 风险-回报比率：为了找到最佳组合，采用风险-回报比率(即 portfolio_return/portfolio_risk)。该比率越高，说明投资组合的回报相对于风险的收益越大，因此可将其作为优化的目标。

例 5.22 使用蒙特卡洛模拟实现投资组合优化模型。

实现了一个简单的蒙特卡洛模拟，生成大量的资产组合，并计算每个组合的风险与回报比，选择最佳的组合权重。

```
import random

def portfolio_optimization(returns, risks, num_portfolios = 10000):
    """
    #使用蒙特卡洛模拟为投资组合选择最佳权重
    参数:
        returns (list): 各资产的预期回报率
        risks (list): 各资产的风险
        num_portfolios (int): 模拟的投资组合数量
    返回:
        list: 最佳投资组合的资产权重
```

```
    """
    num_assets = len(returns)
    best_return = 0
    best_risk = float('inf')
    best_weights = []
    for _ in range(num_portfolios):
        # 随机生成权重并归一化
        weights = [random.random() for _ in range(num_assets)]
        total_weight = sum(weights)
        weights = [w / total_weight for w in weights]
        # 计算预期回报和风险
        portfolio_return = sum([w * r for w, r in zip(weights, returns)])
        portfolio_risk = sum([w * r for w, r in zip(weights, risks)])
        # 更新最佳投资组合
        if portfolio_return / portfolio_risk > best_return / best_risk:
            best_return, best_risk, best_weights = portfolio_return, portfolio_risk, weights
    return best_weights

# 三种资产的预期回报率和风险
returns = [0.06, 0.12, 0.09]
risks = [0.1, 0.2, 0.15]
# 计算最佳投资组合权重
optimal_weights = portfolio_optimization(returns, risks)
# 输出格式化后的最佳投资组合权重,保留到小数点后 3 位
formatted_weights = [round(w, 3) for w in optimal_weights]
print(f"最佳投资组合权重: {formatted_weights}")
```

运行结果：

```
最佳投资组合权重: [0.288, 0.33, 0.382]
```

5.7.3 有向图管理

例 5.23 实现一个有向图管理系统。

构建一个有向图管理系统，支持以下基本功能：①添加节点可以动态地向图中添加新节点；②添加边可以为已有的节点添加有向边；③查询节点的出边可以查询某个节点的所有出边；④删除节点可以删除某个节点，同时删除与该节点相关的所有边；⑤删除边可以删除指定节点之间的某条有向边。

使用 dict 结构来表示图，其中字典的键是节点名称，值是一个包含有向边的列表。每条边用 tuple 来表示，表示起始节点和目标节点。list 用于存储从某个节点出发的所有边。

(1) 图的初始化。

假设一个初始有向图如图 5-9(a)所示，用数据结构表示为：

```
graph = {
    "A": [("A", "B"), ("A", "C")],
    "B": [("B", "D")],
    "C": [("C", "D"), ("C", "E")],
    "D": [("D", "E")],
    "E": []
}
```

这里 graph 是一个字典，表示有向图。字典的键是节点名称(如"A","B","C")，值是一个

包含该节点所有出边的列表。每条边是一个 tuple,如("A","B")表示从节点 A 到节点 B 的有向边。初始图结构包括五个节点,A、B、C、D、E。例如,A 有两条出边,分别指向 B 和 C。tuple 用于表示不可变的边结构,dict 和 list 则提供了灵活的图结构管理。

(2) 添加节点。

```
def add_node(graph, node):
    if node not in graph:
        graph[node] = []
        print(f"节点 '{node}' 已添加。")
    else:
        print(f"节点 '{node}' 已存在。")
```

其中,add_node()函数用于向图中添加新的节点。首先检查节点是否已经存在于图中,如果不存在,则在图中创建一个新的节点,并初始化为空列表,表示该节点暂时没有出边。如果节点已经存在,则输出提示信息。

(3) 添加边。

```
def add_edge(graph, start_node, end_node):
    if start_node in graph and end_node in graph:
        graph[start_node].append((start_node, end_node))
        print(f"边 ({start_node}, {end_node}) 已添加。")
    else:
        print("添加边失败,起始节点或目标节点不存在。")
```

其中,add_edge()函数用于为图中的节点添加有向边。首先检查起始节点和目标节点是否都存在于图中,如果它们存在,则在起始节点的出边列表中添加一条新的边,表示从 start_node 到 end_node 的有向连接。如果节点不存在,则输出错误提示。

(4) 查询节点的所有出边。

```
def get_edges(graph, node):
    return graph.get(node, "节点不存在。")
```

其中,get_edges()函数用于查询某个节点的所有出边。通过字典的 get()方法,返回指定节点的出边列表。如果节点不存在,则返回提示信息。

(5) 删除节点。

```
def remove_node(graph, node):
    if node in graph:
        del graph[node]
        # 删除所有指向该节点的边
        for edges in graph.values():
            edges[:] = [edge for edge in edges if edge[1] != node]
        print(f"节点 '{node}' 及其相关边已删除。")
    else:
        print(f"节点 '{node}' 不存在。")
```

其中,remove_node()函数用于从图中删除某个节点。首先,删除图中该节点的所有出边;接着,遍历图中的其他节点,删除所有指向该节点的边。如果节点不存在,输出提示信息。

(6) 删除边。

```
def remove_edge(graph, start_node, end_node):
    if start_node in graph:
```

```
        graph[start_node] = [edge for edge in graph[start_node] if edge != (start_node, end_node)]
        print(f"边 ({start_node}, {end_node}) 已删除。")
    else:
        print(f"边 ({start_node}, {end_node}) 不存在。")
```

其中,remove_edge()函数用于删除指定的有向边。首先检查起始节点是否存在,如果存在,遍历其出边列表,删除与 end_node 相关的边。该操作只删除指定的边,不影响其他边。

(7) 示例操作。

对初始图进行一系列的操作:首先添加新节点 F,并为节点 A 添加了一条指向 F 的边。接着,删除从 C 到 D 的边,最后删除节点 E 并输出最终图的结构,如图 5-9(b)所示。

```
add_node(graph, "F")            # 添加新节点 F
add_edge(graph, "A", "F")       # 添加从 A 到 F 的边
print(get_edges(graph, "A"))    # 查询节点 A 的所有出边
remove_edge(graph, "C", "D")    # 删除从 C 到 D 的边
print(get_edges(graph, "C"))    # 查询节点 C 的出边,确认边已删除
remove_node(graph, "E")         # 删除节点 E
print(graph)                    # 查看图的结构,确认节点 E 及相关边已删除
```

运行结果:

```
节点 'F' 已添加。
边 (A, F) 已添加。
[('A', 'B'), ('A', 'C'), ('A', 'F')]
边 (C, D) 已删除。
[('C', 'E')]
节点 'E' 及其相关边已删除。
{'A': [('A', 'B'), ('A', 'C'), ('A', 'F')], 'B': [('B', 'D')], 'C': [], 'D': [], 'F': []}
```

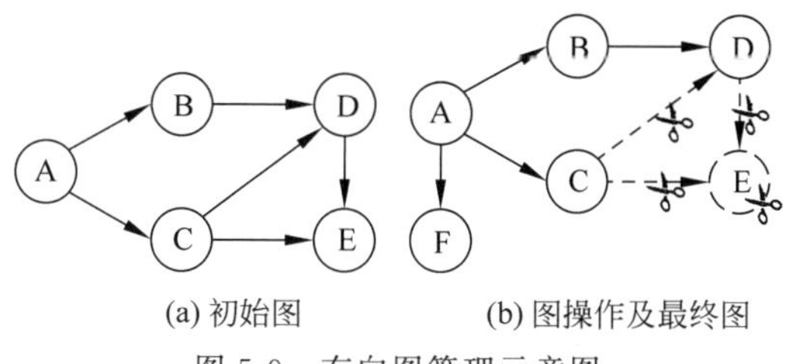

(a) 初始图　　(b) 图操作及最终图

图 5-9　有向图管理示意图

5.7.4　学生课程管理系统

例 5.24　实现一个学生课程管理系统。

设计并实现一个学生课程管理系统,以管理学生的选课情况。具体功能包括:①允许学生注册和退选课程。②查询学生的已选课程。③统计每门课程的注册学生人数。④通过集合运算分析多个学生共同选修的课程。

首先,程序定义了一个简单的课程注册管理系统,使用 list、set 和 dict 模拟学生与课程的关系,并提供了课程注册、退选、查询和统计等功能。每个功能通过定义不同的函数实现。

(1) 模拟学生和课程信息。

```
students = ["小张", "小王", "小李", "小赵"]
courses = ["数学", "物理", "化学", "生物"]
```

上述代码定义了两个列表，students 列表包含了四个学生的名字；courses 列表包含四门课程的名称。

(2) 初始化学生课程注册信息。

```
registration = {
    "小张": {"数学", "物理"},
    "小王": {"数学", "化学"},
    "小李": {"物理", "生物"},
    "小赵": {"数学", "生物", "化学"}
}
```

其中，该字典 registration 定义了每个学生已注册的课程。字典的键是学生的名字，值是一个集合(set)，其中包含该学生已经注册的课程。使用集合 set 存储课程信息是为了避免重复的课程注册，并且集合提供了方便的集合运算，如交集和并集，后续会使用到这些特性。

(3) 学生注册课程(选课)。

```
def register_course(student, course):
    if student in registration:
        registration[student].add(course)
    else:
        registration[student] = {course}
    print(f"{student} 已成功注册 {course} 课程。")
```

其中，register_course()函数允许学生注册课程。学生已存在于 registration 字典中，则用 add()方法将新课程添加到该学生的课程集合；若不存在，则为该学生创建新的课程集合并添加课程。

(4) 学生退选课程。

```
def drop_course(student, course):
    if student in registration and course in registration[student]:
        registration[student].remove(course)
        print(f"{student} 已成功退选 {course} 课程。")
    else:
        print(f"{student} 未注册 {course} 课程或课程不存在。")
```

其中，drop_course()函数允许学生退选课程。首先检查学生是否已经注册了课程，并且该课程是否存在于该学生的课程列表中。如果都符合条件，则使用集合的 remove()方法移除课程；否则，程序输出错误提示信息，表示该课程不存在或者学生没有注册该课程。

(5) 查询学生的已选课程。

```
def get_registered_courses(student):
    if student in registration:
        return registration[student]
    else:
        return f"{student} 尚未注册任何课程。"
```

其中，get_registered_courses()函数查询某个学生已经选修的课程。若学生存在于 registration 字典中，则返回课程集合；否则返回提示信息。

(6) 统计每门课程的注册人数。

```
def course_registration_count():
    course_count = {}
    for courses in registration.values():
        for course in courses:
```

```
        if course in course_count:
            course_count[course] += 1
        else:
            course_count[course] = 1
    return course_count
```

其中，course_registration_count()函数统计每门课程的注册人数。首先定义一个空字典course_count，遍历 registration 字典中所有学生的课程集合，逐个统计每门课程出现的次数。

(7) 找出两个学生共同选修的课程。

```
def common_courses(student1, student2):
    if student1 in registration and student2 in registration:
        return registration[student1].intersection(registration[student2])
    else:
        return "一个或两个学生的选课信息不存在。"
```

其中，common_courses()函数查找两个学生共同选修的课程。若两个学生均存在于 registration 字典中，使用集合的 intersection()函数计算这两个学生课程的交集并返回；若其中一个学生不存在，则返回提示信息。

(8) 示例操作。

```
register_course("小张", "生物")
drop_course("小赵", "数学")
print(f"小张的课程: {get_registered_courses('小张')}")
print(f"课程注册人数统计: {course_registration_count()}")
print(f"小张和小王的共同选修课程: {common_courses('小张', '小王')}")
```

在示例操作中，首先调用 register_course()函数为“小张”注册“生物”课程；然后调用 drop_course()函数为“小赵”退选“数学”课程；接着调用 get_registered_courses()函数查询“小张”的已选课程；再调用 course_registration_count()函数统计每门课程的注册人数；最后调用 common_courses()函数查找“小张”和“小王”的共同选修课程。

运行结果：

```
小张 已成功注册 生物 课程。
小赵 已成功推选 数学 课程。
小张的课程: {'物理', '生物', '数学'}
课程注册人数统计: {'物理': 2, '生物': 3, '数学': 2, '化学': 2}
小张和小王的共同选修课程: {'数学'}
```

本章小结

数据结构小结如表 5-3 所示。

表 5-3 数据结构

类 别	原理/方法/属性	说 明
数据结构	数据结构有助于提升数据访问效率	线性结构适合有序数据，非线性结构适合复杂关系的数据
Python 内置数据结构	列表、元组、字典、集合	列表和元组适合顺序数据，字典和集合适合非顺序数据

续表

类　别	原理/方法/属性	说　明
列表	列表是一种有序的数据集合，支持各种增删改查操作，适合存储频繁变更的数据	存储、表示、创建、删除、增加元素、访问修改、元素判断、切片等
元组	元组创建后不可变，适合用于存储不会改变的数据或作为字典键	不可变序列的创建、访问、修改、删除、序列解包、多序列操作
字典	字典通过键值对管理数据，使用哈希表快速查找，适合存储键值映射关系	创建、删除、增加/修改元素、访问键值、键不存在时的处理、字典推导式
集合	集合元素唯一，适合数据去重及集合运算（并集、交集等），底层实现基于哈希表	基本概念、创建、添加元素、删除元素、集合推导式、集合运算
应用案例	通过具体案例展示数据结构在实际问题中的应用	等额本金还款、投资组合优化、有向图管理、学生课程管理系统

第 6 章

文　件

文件是程序与外部世界进行数据交互的重要媒介，掌握文件操作是编程实践中的必备技能。本章将系统讲解文件操作的流程，包括文件的打开与关闭、文本文件和二进制文件的读写，以及序列化与反序列化的实现。此外，还将介绍目录操作的基本方法，并通过实际案例，如表格数据的读写、JSON 文件处理和文件加密，展示文件操作在不同场景中的应用。

6.1　文件的操作流程

文件是数据在磁盘上长期保存的基本存储形式。即使在数据库中，数据最终通常也以文件形式存储。因此，理解文件操作对于涉及数据存储和处理的编程任务相当重要。

1. 文件的基本概念

根据文件中数据的组织形式，文件可以分为两种主要类型：文本文件和二进制文件。

（1）文本文件：存储的是人类可读的字符（如 ASCII 或 Unicode 字符），通常由文本编辑器或代码编辑器打开和编辑。文本文件由多行文本组成，每行通常以换行符（如\n）结束。

（2）二进制文件：以字节形式存储数据，常用于图像、音频、视频等文件类型。二进制文件并非供人直接阅读，而是供计算机系统或特定软件处理。

2. 文件操作的基本流程

操作文件的过程通常包括以下三个基本步骤。

（1）打开文件：首先指定文件路径并选择打开模式，打开模式决定了文件被访问的方式（例如只读、写入、追加等）。

（2）操作文件内容：根据需要对文件内容进行读取、写入、修改或删除。操作可以应用于文件的整体内容或仅其中的一部分。

（3）关闭文件：在完成操作后关闭文件有助于释放系统资源，并确保所有写入操作已经保存。

3. 文件类型及其操作

（1）文本文件的操作：在 Python 中，可以使用内置的 open()函数以文本模式打开文件。常用的读取方法包括 read()（读取整个文件）、readline()（逐行读取）和 readlines()（读取所有行并返回一个列表）。

(2) 二进制文件的操作：读取或写入二进制文件时，需要在 open()函数中指定'b'模式。此模式允许字节级别的读写操作，适用于图像、音频等非文本数据文件。

6.2 打开和关闭文件

在 Python 中，文件操作主要通过内置的 open()函数完成。此函数用于打开文件，并返回一个文件对象，以便在后续操作中使用该对象进行文件的读写操作。

1. 打开文件

打开文件的语法如下。

```
open(file, mode = 'r')
```

(1) file：指定要打开的文件的路径和名称。如果文件位于当前工作目录下，可以直接使用文件名。

(2) mode：指定打开文件的模式，常用模式如下：

r：只读模式。如果文件不存在，抛出异常。

w：写入模式。如果文件已存在，则覆盖内容；如果文件不存在，则创建新文件。

a：追加模式。在文件末尾追加内容；如果文件不存在，将创建新文件。

b：二进制模式。需与其他模式组合使用(如 rb 或 wb)。

+：读写模式。需与其他模式组合使用。

(3) 函数返回值是一个文件对象，它是一个迭代器。

下面讲解"+"模式的用法。

"+"本身不是独立模式，而是一个修饰符，用于增加读写能力，与其他模式组合使用，例如，

r+：文件必须存在。允许读取和从开头写入内容，但不会删除文件末尾的数据。

w+：读写模式。如果文件已存在，则覆盖内容；如果文件不存在，则创建新文件。

a+：读写模式。如果文件已存在，写入内容会追加到文件末尾；如果文件不存在，则创建新文件。

例如，以下代码以只读模式打开位于指定路径的文件：

```
f1 = open('d:/data/input/file1.txt', 'r')
```

要在当前目录下创建或覆盖文件进行写入：

```
f2 = open('file2.txt', 'w')
```

文件路径的制定方式如下。

文件名：如果文件在当前目录下，直接使用文件名即可。

绝对路径：提供文件的完整路径，适用于文件不在当前目录的情况。

相对路径：相对于当前代码文件所在目录的文件路径。

例如，项目结构如下所示：

```
project
```

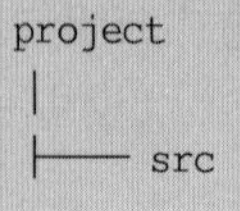

```
|     ├── main.py
|     └── sub.py
└── data
    ├── a.txt
    └── b.txt
```

若当前执行的程序是 main.py，即当前工作目录为 project/src。

sub.py 的相对路径为./sub.py，其中一个点(.)表示当前路径。

a.txt 的相对路径为../data/a.txt，其中两个点(..)表示当前路径的上一级路径，即 project。

2. 关闭文件

完成文件操作后，调用文件对象的 close()方法来关闭文件，以确保资源的正确释放。例如：

```
f1.close()
```

为了确保文件在使用后自动关闭，推荐使用 with 语句作为上下文管理器。这种方法更安全，因为它在代码块执行完毕后自动关闭文件，即便在发生异常时也能确保文件关闭。例如：

```
with open('file2.txt', 'w') as f2:
    # 在这里进行文件操作
# 文件在这里已自动关闭
```

使用上下文管理器可以避免忘记关闭文件，降低在异常处理中遗漏关闭文件的风险。

【从内存角度看文件的打开与关闭】

文件的打开，实际上是将文件的关键属性信息，如硬盘上的存储位置、文件大小、读写权限等，从外存(即磁盘)加载到内存中，创建一个文件控制块 FCB，以便在对文件内容进行操作时，能够快速定位文件在外存中的位置和属性。这样，程序无须每次都从外存中查找文件信息，直接通过内存中的文件控制块即可高效完成读写操作。

关闭文件是将文件控制块从内存中移除，将修改的缓存数据(若有写入操作)同步到外存中，同时释放操作系统分配的文件描述符。此过程确保所有文件操作已妥善完成，并将占用的内存和系统资源归还给操作系统，避免内存泄漏和文件锁定问题。关闭文件后，系统便不再保留对文件的快速访问路径，需要重新打开文件才能再次操作。

6.3 操作文本文件内容

在编程任务中，对文本文件的操作十分常见，尤其是按行读取和写入内容。

6.3.1 读文件

读取文件的过程是将磁盘上的文件内容加载到内存中，以便进行进一步操作。Python 提供了三种常见的读取方法：

f.read(size=-1)：读取文件前 size 个字符的内容，size 的默认值为-1，表示读取整个文件。

f. readline(size=－1)：读取文件中的一行内容，可通过 size 参数限制读取的字符数，默认值为－1，表示读取整行。

f. readlines(hint=－1)：读取文件中所有行并返回一个列表，每行作为列表的一个元素。hint 参数可以指定返回的最大行数，默认值为－1 表示读取所有行。

例 6.1 读取文本文件内容。

```
1.  # 一次性从磁盘读取所有文件内容到内存中
2.  file = open('./a.txt','r')
3.  for line in file.readlines():
4.      print(line)
5.  file.close()
```

在上述代码中，以只读模式打开指定文件，文件路径为相对路径，“.”表示当前路径，即该 Python 文件所在的路径。readlines()方法将文件的全部内容一次性从磁盘读入内存，并存储为一个列表，每行内容作为列表中的一个元素，再逐行打印。最后，通过 close()方法关闭文件以释放资源。

这种方式存在一个潜在的性能问题：如果文件非常大，将整个文件内容一次性读入内存会消耗大量内存，影响程序执行效率。

为优化内存占用，可以逐行读取和处理文件内容，减少内存消耗。Python 允许将文件对象视为一个行序列，从而可以直接逐行编历文件内容。改进后的代码如下：

```
# 多次从磁盘读取文件内容到内存中,每次读取一行
file = open('./a.txt', 'r')
for line in file:
    print(line)
file.close()
```

在这段代码中，文件在打开后逐行读取并打印内容，既节省了内存又实现了逐行处理。然而，这种方式可能导致频繁的硬盘读写(I/O)操作，每次读取都需要从硬盘获取数据，增加了程序执行时间。

为了平衡内存使用和 I/O 效率，推荐采用缓冲读取策略。例如，可以一次读取文件的一部分(如几 KB 或几 MB 的大小)，然后在内存中逐行处理这一块数据，从而减少硬盘 I/O 操作次数，保持合理的内存占用，又提高程序的执行效率。

以下是一个使用缓冲读取策略的代码示例：

```
# 缓冲读取文件内容
buffer_size = 1024 * 4              # 设置缓冲区大小为 4KB
with open('./data/large_file.txt', 'r') as file:
    while True:
        # 依次读取 buffer_size 字节的内容
        data = file.read(buffer_size)
        if not data:                # 当 data 为空时表示文件读取结束
            break
        # 对当前块数据进行逐行处理
        for line in data.splitlines():
            print(line)             # 这里可以替换为需要的处理逻辑
```

这里 buffer_size 定义了每次读取的大小，可以根据文件大小和系统内存进行调整，此处设置

为 4KB。file.read(buffer_size)每次读取指定大小的数据块，直到文件结尾。data.splitlines()将读取的块按行分割，使得可以在内存中逐行处理每个数据块的内容。

【磁盘读写】

磁盘读写是将数据从磁盘加载到内存中，或将数据从内存写回磁盘的过程。这一过程通常称为 I/O 操作(Input/Output)，因为它涉及将数据“输入”到内存或从内存“输出”到磁盘。由于磁盘是机械或固态存储设备，其读写速度远低于内存的访问速度。内存(RAM)是计算机的高速数据存储区域，访问速度一般以纳秒为单位，而磁盘的读写速度则通常以毫秒为单位，相差数百倍。这种速度差异使得频繁的磁盘 I/O 操作成为程序的性能瓶颈。因此，尽可能将数据从磁盘加载到内存进行处理，能够大幅提升程序的响应速度和整体效率。

6.3.2 写文件

写文件是将内存中的数据保存到磁盘文件的过程。Python 提供了三种常用的方法来写入文件内容。

f.write(s)：将字符串或字节流 s 写入文件。

f.writelines(lines)：将字符串列表 lines 写入文件，不会自动添加换行符。

f.seek(offset)：设置文件当前的操作位置，offset 为偏移量，用于在读写操作中调整文件指针的位置。

例 6.2 向文本文件中写入内容。

```
# 以读写模式打开文件,文件不存在时会自动创建
file = open('b.txt', 'w+')
# 定义要写入文件的字符串列表内容
list1 = ['Beautiful is better than ugly.', 'Explicit is better than implicit.', 'Simple is better
than complex.']
# 将列表内容写入文件,不自动添加换行符
file.writelines(list1)
# 逐行读取文件内容并打印
for line in file:
    print(line)
# 关闭文件以释放资源
file.close()
```

执行该代码后，文件 b.txt 会被成功创建，并写入列表中的内容。然而，当代码尝试打印文件内容时，并未输出任何内容。这是因为在写入文件后，文件指针移动到了文件末尾，因此读取操作未能读取任何内容。

为解决这一问题，可以在打印操作前添加 file.seek(0)，将文件指针重置到文件的开头。这样程序就可以正确地读取并打印文件内容。改进后的代码如下：

```
file = open('b.txt', 'w+')
list1 = ['Beautiful is better than ugly.', 'Explicit is better than implicit.', 'Simple is better
than complex.']
file.writelines(list1)
file.seek(0)
for line in file:
    print(line)
file.close()
```

6.4 操作二进制文件内容

二进制文件包括图像、音频、视频、数据库文件以及可执行文件等。与文本文件不同，二进制文件包含字节数据，可以存储任意类型的信息，而不局限于纯文本内容。

1. 字符串与字节序列的转换

在处理文本文件和二进制文件时，常需要在字符串(str)和字节序列(bytes)之间进行转换。这一步尤为重要，因为文本文件通常处理字符串数据，而二进制文件则处理字节序列。

(1) 字符串转换为字节序列：在写入二进制文件之前，需将字符串数据转换为字节序列。可以使用字符串的.encode()方法，并指定字符编码(如 UTF-8)。

(2) 字节序列转换为字符串：从二进制文件读取的数据是字节序列。若需将这些数据转换为可读字符串，可使用.decode()方法，同样需指定字符编码。

例 6.3 字符串与字节序列的转换和二进制文件操作。

```
# 将字符串转换为字节序列
str_data = "Hello, Python!"
bytes_data = str_data.encode('utf-8')

# 以二进制写入模式打开文件并写入字节序列
with open('example.bin', 'wb') as file:
    file.write(bytes_data)

# 以二进制读取模式打开文件并读取字节序列
with open('example.bin', 'rb') as file:
    bytes_data_read = file.read()

# 将字节序列转换回字符串
decoded_str = bytes_data_read.decode('utf-8')
print(decoded_str)
```

运行结果：

```
Hello, Python!
```

在此代码中，首先将字符串数据编码为字节序列，并将编码后的字节序列写入一个二进制文件；接着从二进制文件中读取字节序列，再将其解码回字符串。这种转换对于处理非文本数据(如图像或音频文件)尤为关键。

需要注意如下两点。

(1) 编码一致性：处理文本文件时，默认编码通常为 UTF-8，但在不同操作系统或环境中可能会有所不同。在跨环境处理文本文件时，需确保编码一致。

(2) 二进制文件不需要编码：二进制文件以字节形式存储数据，不依赖特定的字符编码，因此编码问题通常只在文本数据处理中涉及。

【字符编码】

ASCII 编码是一种早期的字符编码标准，用于表示基本的拉丁字母、数字和控制字符。ASCII 使用 7 位(即 0～127 的编码范围)，只能表示 128 个字符，适合英语等字符较少的语言，但无法支持中文等非英语字符。

UTF-8 编码是一种基于 Unicode 字符集的现代编码标准，支持全球范围的字符。UTF-8 使用 1～4 字节来表示字符，在 ASCII 范围内的字符使用 1 字节，而中文等其他 Unicode 字符则使用 3 字节。这种编码方式使 UTF-8 不仅能够兼容 ASCII，还能高效表示多语言字符，是互联网和多语言应用中最常用的编码方式。

6.5　文件的内存管理

文件操作是内存与外存之间数据交互的重要桥梁。Python 通过 open()函数在内存中创建文件对象，并利用缓冲区实现高效的数据传输。掌握文件操作的内存机制有助于优化程序性能并减少资源浪费。

1. 打开文件的内外存状态

open()函数用于打开文件并在内存中创建文件对象，与外存的文件建立连接。文件对象包含文件描述符、文件模式和缓冲区等信息，用于管理内存与外存之间的数据传输。

```
file = open('example.txt', 'w')           # 以写入模式打开文件
```

执行上述代码后，内外存状态如图 6-1 所示。此时内存中生成了一个文件对象，外存中创建了空文件 example. txt。文件对象的主要组成部分包括以下三个。

(1) 文件描述符：由操作系统分配，用于唯一标识文件。

(2) 文件模式：指定文件的操作类型(如'w'表示写入模式)。

(3) 缓冲区：用于临时存储待传输的数据，支持高效的文件读写。

内存中的文件对象和外存文件之间通过缓冲区实现数据的高效传输，这种缓冲机制为后续的文件读写操作提供了支持。

内存

文件对象file:
文件描述符: <操作系统分配的整数>
模式: 'w'
缓冲区: [空] (等待写入数据)

外存

example.txt: [空]

图 6-1　执行 file = open('example. txt', 'w') 语句后内外存状态

2. 写文件的内外存状态

文件写入操作通过缓冲区实现高效的数据传输。数据首先写入缓冲区，只有当缓冲区满或调用 flush()方法时，数据才会被写入外存。

```
file = open('example.txt', 'w')  # 以写入模式打开文件
file.write('Hello, world!')      # 数据写入缓冲区
file.flush()                     # 数据从缓冲区写入磁盘
```

在上述代码中，write()方法将数据写入缓冲区，而 flush()方法将缓冲区内容传输到外存。执行 file. write('Hello, world!')和 file. flush()语句后内外存状态如图 6-2 所示。此时，

在调用 write()方法后,内存中的缓冲区保存数据 Hello,world!,而外存文件内容为空。执行 flush()方法后,缓冲区中的数据被写入外存文件 example. txt,缓冲区被清空,准备接收新的数据。

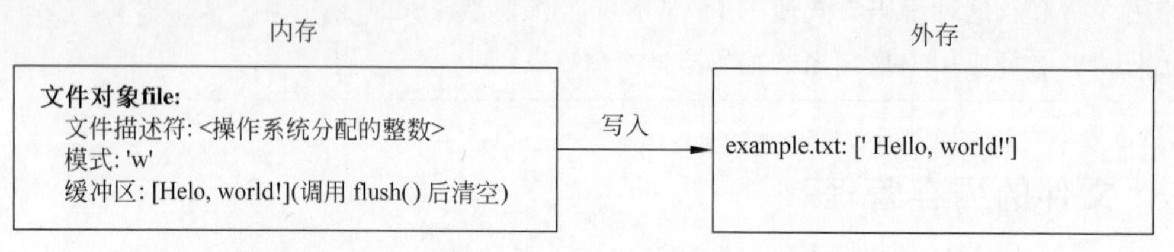

图 6-2 执行 file. write('Hello, world!')和 file. flush()语句后内外存状态

3. 读文件的内外存状态

文件读取通过缓冲区从外存加载数据到内存,并返回给程序。Python 的缓冲机制减少了磁盘 I/O 次数,提升了性能。

```
file = open('example.txt', 'r')   # 以读取模式打开文件
data = file.read()                 # 数据从磁盘加载到缓冲区,并返回给变量
print(data)                        # 输出文件内容
```

在上述代码中,read()方法将文件中的数据从外存加载到内存的缓冲区中,然后缓冲区中的数据被传递到程序变量 data。执行 data=file. read()语句后内外存状态如图 6-3 所示。此时缓冲区临时存储文件内容 Hello,world!,变量 data 最终保存该内容。这种机制有效避免了频繁的磁盘访问,同时提升了程序效率。

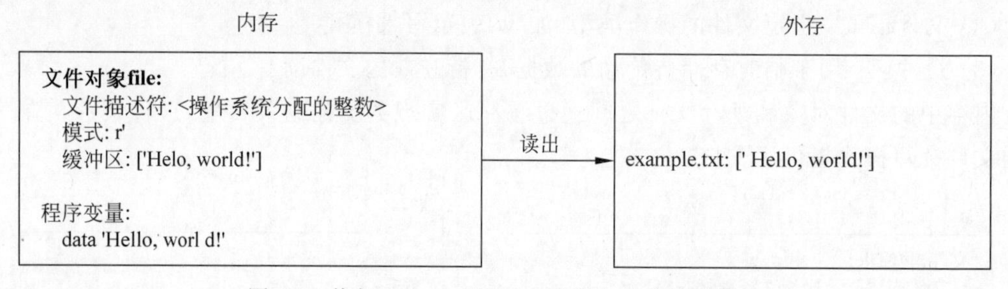

图 6-3 执行 data = file. read()语句后内外存状态

4. 关闭文件的内外存状态

文件操作完成后,应调用 close()方法以释放资源。关闭操作包括刷新缓冲区以确保所有未写入磁盘的数据被同步到外存,以及释放文件对象以归还文件描述符和释放内存占用。

```
file = open('example.txt', 'w')
file.write('Goodbye, world!')
file.close()  # 刷新缓冲区并释放资源
```

执行上述代码中的 file. close()语句前后内外存状态如图 6-4 所示。执行 write()方法后,数据暂存在缓冲区,外存文件尚未更新,如图 6-4(a)所示。执行 close()方法后,数据从缓冲区写入外存文件 example. txt,文件对象被释放,如图 6-4(b)所示。

内存

文件对象file:
文件描述符: <操作系统分配的整数>
模式: 'w'
缓冲区: ['Goodbye, world!']

外存

example.txt: [空]

(a) 执行file.write('Goodbye, world!')语句后

内存

文件对象file: 被释放

外存

exampletxt: ['Goodbye, world!"]

(b) 执行file.close()语句后

图 6-4 执行 file. write('Goodbye, world!')语句前后内外存状态

6.6 序列化与反序列化

在 Python 中,处理二进制文件时通常涉及序列化(编码)与反序列化(解码)的过程。这些过程允许我们将 Python 对象转换为二进制格式(序列化),以便将其存储在文件中,或者从文件中读取二进制数据并转换回 Python 对象(反序列化)。

Python 提供了多种序列化模块,常见的有 pickle、json 和 shelve,它们适用于不同的应用场景。

(1) pickle。

pickle 模块用于序列化和反序列化 Python 对象结构,几乎可以将任何 Python 数据类型转换成字节流,并能够从字节流中重构出原始对象。pickle 在数据持久化方面非常有用,但生成的序列化数据不适合人类阅读,且主要用于 Python 内部数据交换,不适合跨语言或跨平台的数据交换。

(2) json。

json 模块处理 JSON(JavaScript Object Notation)格式的序列化和反序列化。它能将 Python 数据结构转换为 JSON 格式的字符串,具备良好的可读性,也可以将 JSON 字符串解析回 Python 数据结构。由于其跨平台的文本性质和广泛的语言支持,JSON 格式是 Web 应用中数据交换的首选格式,适合用于多种应用程序之间的通信。

(3) shelve。

shelve 模块提供了一个简单的持久化键值存储系统,类似于字典,允许将对象存储在数据库文件中并随时检索,适合持久化结构复杂的 Python 对象。shelve 用法简单,像字典一样操作,存储方式类似于一个小型数据库。

例 6.4 使用 pickle 模块进行序列化和反序列化。

pickle 模块可以将 Python 对象存储到文件中,并从文件中读取回来。

```
import pickle

# 定义一个包含花卉名称的列表
flowerlist = ['玫瑰', '郁金香', '向日葵', '牵牛花']
filename = 'flowers.data'                # 文件扩展名可以自定义

# 以二进制写入模式打开文件
```

```
with open(filename, 'wb') as file:
    pickle.dump(flowerlist, file)          # 将列表内容写入文件

# 以二进制读取模式打开文件
with open(filename, 'rb') as file:
    storedflowerlist = pickle.load(file) # 读取文件内容并赋值给新列表

print(storedflowerlist)
```

在上述代码中，序列化使用 dump()函数将字符串列表转换为字节流并写入二进制文件，而反序列化是使用 load()函数从二进制文件读取字节流并解码为原始的 Python 对象。

运行结果：

```
['玫瑰', '郁金香', '向日葵', '牵牛花']
```

6.7 文件的操作

除了对文件内容的操作外，还可以对文件本身执行一些管理操作，如设置文件权限、删除文件、重命名文件、检查文件属性和处理文件路径等。这些操作主要通过 os 模块和 os.path 模块实现。

1. os 模块中常用的文件操作

os 模块提供了许多用于与操作系统交互的功能，包括文件和目录的操作。以下是一些常用的文件操作函数。

os.chmod(path, mode)：改变文件或目录的模式(权限)。

os.remove(path)：删除指定的文件。

os.rename(src, dst)：将文件或目录从 src 重命名为 dst。

os.stat(path)：获取文件或目录的状态信息。

os.listdir(path)：列出指定目录下的文件和目录列表。

2. os.path 模块中的常用文件路径操作

os.path 模块提供了一些处理和查询路径的函数，这些函数主要用于操作文件路径字符串，而不会直接与文件系统交互。

os.path.exists(path)：检查指定路径的文件或目录是否存在。

os.path.isabs(path)：检查指定路径是否为绝对路径。

os.path.isdir(path)：检查指定路径是否为目录。

os.path.isfile(path)：检查指定路径是否为文件。

os.path.split(path)：将路径分割为目录和文件名，返回一个元组。

os.path.join(path1, path2, ...)：将多个路径组合成一个路径并返回。

例 6.5 使用 os 和 os.path 模块进行文件操作。

```
import os

# 检查文件是否存在
```

```
if os.path.exists('example.txt'):
    print('文件存在')

# 重命名文件
if os.path.isfile('old_name.txt'):
    os.rename('old_name.txt', 'new_name.txt')

# 列出当前目录下的所有文件和目录
for item in os.listdir('.'):
    print(item)
```

在本例中，首先检查文件 example.txt 是否存在，然后尝试将文件 old_name.txt 重命名为 new_name.txt，最后列出当前目录下的所有文件和目录。

6.8 目录的操作

os 模块提供了丰富的目录操作功能，允许执行诸如创建、删除目录、列出目录内容以及遍历目录结构等操作。

以下是 os 模块中一些常用的目录操作函数。

os.mkdir(path)：创建一个名为 path 的新目录。如果目录已存在，会抛出异常。

os.rmdir(path)：删除一个名为 path 的目录。目录必须为空，否则会抛出异常。

os.listdir(path)：返回一个列表，包含 path 目录下的所有文件和子目录名称。

os.getcwd()：返回当前工作目录的路径。

os.walk(top)：生成一个目录树下的所有文件名。对于 top 目录及其子目录中的每个目录，生成一个三元组(dirpath，dirnames，filenames)，分别代表当前路径、子目录列表和文件列表。

例 6.6 列出当前目录下所有 Python 源文件。

```
import os

current_dir = os.getcwd()
python_files = [f for f in os.listdir(current_dir) if os.path.isfile(f) and f.endswith('.py')]
print(python_files)
```

在此例中，列出了当前工作目录下所有以 .py 结尾的文件。

例 6.7 遍历目录树，并打印出目录中的所有文件和目录的完整路径。

```
import os

for root, dirs, files in os.walk("d:/data"):
    for name in files:
        print(os.path.join(root, name))
    for name in dirs:
        print(os.path.join(root, name))
```

例 6.7 遍历了位于 d:/data 的目录树，打印出每个文件和目录的完整路径。通过 os.walk()，可以递归地获取目录及其所有子目录中的文件和目录结构，使得管理和操作复杂的目录树更加方便。

6.9 应用案例

6.9.1 表格数据文件的读写

表格数据通常以二维数据格式存储于文件中，每行由多个字段组成一条记录。常见的表格数据文件包括 CSV 和 Excel 文件，其中 CSV（Comma-Separated Values，逗号分隔值）是一种广泛使用的文本格式，适用于存储表格数据，每行表示一条记录，各字段通常以逗号分隔。Python 提供了内置的 csv 模块来读写 CSV 文件。

csv 模块的核心功能包括读取 CSV 文件（reader）和写入 CSV 文件（writer），通过一系列对象和方法实现高效的数据处理。

（1）使用 csv.reader()读取 CSV 文件。

从 CSV 文件中读取数据，并输出每一行内容。

```
import csv
with open('example.csv', 'r', newline = '', encoding = 'utf - 8') as file:
    reader = csv.reader(file)
    for row in reader:
        print(row)
```

在上述代码中，open()函数中的 newline=''参数用于指定新行字符的处理方式。读取 CSV 文件时设置 newline=''可以避免在 Windows 系统中多余的空行被添加，确保文件读取和写入的兼容性；encoding='utf-8'则指定文件编码格式为 UTF-8，以避免读取包含非 ASCII 字符的文件时出现错误。

（2）使用 csv.writer()写入 CSV 文件。

创建一个写入器对象，将列表编码为 CSV 格式并写入文件。

```
import csv
with open('output.csv', 'w', newline = '', encoding = 'utf - 8') as file:
    writer = csv.writer(file)
    writer.writerow(['Header1', 'Header2'])
    writer.writerows([['data1', 'data2'], ['data3', 'data4']])
```

在该示例中，writer.writerow()用于写入单行数据，接受一个列表或元组作为参数，将其内容写入 CSV 文件中的一行；writer.writerows()用于写入多行数据，接收由列表或元组组成的列表，将每个内部列表或元组作为一行写入文件。

运行上述代码后，生成的 output.csv 文件内容如下：

```
Header1,Header2
data1,data2
data3,data4
```

例 6.8 读取 CSV 文件并进行计算分析。

读取一家公司 2021—2024 年的各项财务指标文件 sales.csv，计算每个指标每年相对于前一年的增长率，并将结果保存到一个新文件中。

sales.csv 文件内容如下：

```
指标,2021 年,2022 年,2023 年,2024 年
```

```
总收入(万元),5000,5800,6700,7800
净利润(万元),800,900,1050,1250
成本费用(万元),3500,3900,4300,4800
资产总额(万元),10000,10800,11800,13100
负债总额(万元),6000,6400,6900,7600
```

(1) 读取文件内容：使用 csv. reader()读取 sales. csv 文件，将每一行数据存储到 data_list 列表中。

```
import csv

# 读取数据文件并存储内容
data_list = []
with open('sales.csv', 'r', encoding='utf-8-sig') as infile:
    csv_reader = csv.reader(infile)
    for row in csv_reader:
        data_list.append(row)
```

在此代码中，使用 csv. reader()打开并读取文件，指定编码为 utf-8-sig 以支持中文，再将每一行转换为列表并逐行添加到 data_list 列表中。

(2) 计算增长率：逐年计算各项指标的增长率，并将结果保存在 percentage_list 中，包含每个指标的增长百分比。

```
# 初始化用于存储增长率结果的列表
percentage_list = []

# 添加表头信息
header = ["指标"]
for year in range(2022, 2025):
    header.append(f"{year}年比{year-1}年增长(%)")
percentage_list.append(header)

# 计算增长率
for row in data_list[1:]:   # 跳过表头
    indicator = row[0]      # 指标名称
    growth_rates = [indicator]
    for j in range(2, len(row)):
        current_value = float(row[j])
        previous_value = float(row[j - 1])
        growth_rate = (current_value - previous_value) / previous_value * 100
        growth_rates.append(round(growth_rate, 2))
    percentage_list.append(growth_rates)
```

在此代码中，首先构建新的表头信息并添加到 percentage_list 中，用于标记每列数据的含义。然后，遍历 data_list 中的每一行，将每行的第一列(指标名称)存储为 indicator，加入 growth_rates 列表中，对每个年份的数据进行增长率计算，最终将每个指标的增长率数据追加到 percentage_list 中。

(3) 写入结果文件：将 percentage_list 中的增长率结果写入新文件 sales_growth. csv。

```
# 将计算结果写入新文件
with open('sales_growth.csv', 'w', encoding='utf-8-sig', newline='') as outfile:
    csv_writer = csv.writer(outfile)
    csv_writer.writerows(percentage_list)
```

在此代码中,使用 csv.writer()打开 sales_growth.csv 文件并准备写入,csv_writer.writerows()将 percentage_list 中所有行一次性写入新文件。最终生成的文件包含每项指标每年相对于前一年的增长率数据。

运行程序后,生成文件 sales_growth.csv,文件内容如下:

```
指标,2018 年比 2017 年增长(%),2019 年比 2018 年增长(%),2020 年比 2019 年增长(%)
总收入(万元),16.0,15.52,16.42
净利润(万元),12.5,16.67,19.05
成本费用(万元),11.43,10.26,11.63
资产总额(万元),8.0,9.26,11.02
负债总额(万元),6.67,7.81,10.14
```

该文件可以使用 Excel 等表格软件打开,显示为更清晰的表格格式,便于查看和分析数据。

【UTF-8 与 UTF-8-SIG】

UTF-8:标准的 UTF-8 编码,不包含 BOM,适用于网页和跨平台文件,广泛使用。

UTF-8-SIG:带有 BOM 的 UTF-8 编码,BOM(字节顺序标记)位于文件开头,便于一些软件(如 Microsoft Excel)识别文件编码,确保正确读取内容。

通常,若无特殊需求,使用无 BOM 的 UTF-8 更为通用。

6.9.2 JSON 数据文件处理

JSON(JavaScript Object Notation)是一种轻量级的数据交换格式,因其易读、易解析的特性,被广泛用于数据存储和网络通信,特别是在互联网应用程序间交换数据时已成为标准格式。

Python 的内置 json 模块提供了强大的工具集,支持将 Python 数据结构(如字典和列表)转换为 JSON 格式字符串,以及将 JSON 字符串解析为 Python 对象。这一功能在数据科学、Web 开发和自动化脚本中非常实用。

例 6.9 读写 JSON 文件。

假设有一个包含多名用户信息的 JSON 文件,每个用户的数据包括个人信息、联系方式和兴趣爱好等层次化结构。任务是读取该文件,更新特定信息后,将数据写回到一个新的 JSON 文件中。

JSON 数据文件(users.json)内容如下:

```
[
  {
    "name": "小明",
    "age": 22,
    "contact": {
      "email": "xiaoming@example.com",
      "phone": "123-456-7890"
    },
    "hobbies": ["阅读", "远足", "编程"]
  },
  {
    "name": "小华",
```

```
        "age": 20,
        "contact": {
            "email": "xiaohua@example.com",
            "phone": "987-654-3210"
        },
        "hobbies": ["绘画", "旅行", "跳舞"]
    }
]
```

users.json 文件涉及一些常用的 JSON 语法。

对象：用{}包含，由键值对构成，如"name"："小明"。每个键必须用双引号括起来，值可以是字符串、数字、对象、数组等。

数组：用[]表示，包含多个元素，元素可以是对象或其他数据类型，如"hobbies"：["阅读","远足","编程"]。

嵌套结构：JSON 支持嵌套，内部的 contact 是一个对象，包含"email"和"phone"的键值对。

实现步骤如下。

(1) 读取 JSON 文件：使用 Python 的 json 模块读取 users.json 文件。

```
import json

with open('users.json', 'r', encoding='utf-8') as file:
    users = json.load(file)
```

在上述代码中，通过 json.load()函数读取 JSON 文件，将其解析为 Python 数据结构。

(2) 处理数据：对读取的数据进行处理。例如，增加每个用户的年龄或添加新的兴趣爱好。

```
for user in users:
    user["age"] += 1                          # 每个用户的年龄增加 1 岁
    if "编程" not in user["hobbies"]:
        user["hobbies"].append("编程")    # 若兴趣爱好中没有 "编程",则添加它
```

(3) 写入更新后的数据到新文件：将修改后的数据写入新的 JSON 文件。

```
with open('updated_users.json', 'w', encoding='utf-8') as file:
    json.dump(users, file, indent=4, ensure_ascii=False)
```

上述代码中使用 json.dump()函数将更新后的数据写入 updated_users.json 文件，indent=4 参数设置每一层嵌套结构的内容向右缩进 4 个空格，使输出格式更具可读性。

生成的 updated_users.json 文件内容如下：

```
[
    {
        "name": "小明",
        "age": 31,
        "contact": {
            "email": "xiaoming@example.com",
            "phone": "123-456-7890"
        },
        "hobbies": ["阅读", "远足", "编程"]
    },
```

```
    {
        "name": "小华",
        "age": 26,
        "contact": {
            "email": "xiaohua@example.com",
            "phone": "987-654-3210"
        },
        "hobbies": ["绘画", "旅行", "跳舞", "编程"]
    }
]
```

6.9.3 使用 MD5 对文件进行加密

MD5(Message Digest Algorithm 5)是一种常用的哈希函数,可以将任意长度的数据转换为128位的散列值。尽管MD5已不再适用于安全加密,但在验证文件完整性和生成哈希值等非安全场景中仍然很有用。Python提供了hashlib库,可用于实现MD5哈希计算。

例 6.10 创建文件、修改文件内容并比较MD5哈希值的变化。

```
import hashlib

def generate_md5(file_path):
    # 创建一个 MD5 哈希对象
    md5_hash = hashlib.md5()
    # 以二进制方式逐块读取文件内容,计算哈希值
    with open(file_path, "rb") as f:
        for chunk in iter(lambda: f.read(4096), b""):
            md5_hash.update(chunk)
    return md5_hash.hexdigest()

def create_file(file_path, content):
    # 创建文件并写入初始内容
    with open(file_path, "w") as f:
        f.write(content)

def append_to_file(file_path, new_content):
    # 以追加模式打开文件并添加新内容
    with open(file_path, "a") as f:
        f.write(new_content)

# 示例: 首先创建文件并写入初始内容
file_path = "example.txt"
initial_content = "This is the original content of the file."
create_file(file_path, initial_content)
print(f"已创建文件 {file_path} 并写入初始内容: '{initial_content}'")

# 生成原始文件的 MD5 值
md5_original = generate_md5(file_path)
print(f"原始文件 {file_path} 的 MD5 哈希值为: {md5_original}")

# 追加一个字母到文件末尾
append_to_file(file_path, "A")
```

```
    print(f"已在文件 {file_path} 末尾追加一个字母 'A'")

    # 生成修改后的文件的 MD5 值
    md5_modified = generate_md5(file_path)
    print(f"修改后的文件 {file_path} 的 MD5 哈希值为: {md5_modified}")

    # 比较 MD5 值判断文件是否被修改
    if md5_original != md5_modified:
        print("文件已被修改,MD5 哈希值不同。")
    else:
        print("文件未被修改,MD5 哈希值相同。")
```

上述代码中,定义 generate_md5()函数,用于生成指定文件的 MD5 哈希值。hashlib.md5()创建一个 MD5 哈希对象,使用 iter(lambda: f.read(4096),b"")逐块读取文件内容,避免一次性将整个文件加载到内存中,适合较大的文件。每次读取 4096 字节的数据并更新哈希对象,直到读取到空字节串 b""为止。

在主程序中,使用 create_file()函数创建 example.txt 文件并写入初始内容,然后调用 generate_md5()生成原始文件的 MD5 哈希值并输出。接着,通过 append_to_file()在文件末尾添加一个字母'A',再次调用 generate_md5()获取修改后文件的 MD5 哈希值。最后,比较修改前后的 MD5 值来判断文件是否被修改。

程序运行结果:

```
已创建文件 example.txt 并写入初始内容: 'This is the original content of the file.'
原始文件 example.txt 的 MD5 哈希值为: 9011c013e5d9580010c9e488898f1708
已在文件 example.txt 末尾追加一个字母 'A'
修改后的文件 example.txt 的 MD5 哈希值为: b0e89e9e60b08e49f5d8c006ce503bae
文件已被修改,MD5 哈希值不同。
```

该程序有效地检测了文件内容的变化。当文件内容被修改后,MD5 哈希值发生变化,从而确认文件已被修改。

6.9.4 使用 yield from 处理多个日志文件

在处理多个日志文件时,每个文件包含多行日志条目。目标是逐行读取这些文件,并对每行日志进行解析和统计。可以使用 yield from 将多个生成器组合起来,方便地遍历多个文件的内容。

例 6.11 假设某个应用程序将日志写入多个文件,每个文件遵循相同格式,但存储在不同的文件中。任务是编写一个 Python 程序来遍历这些文件,对每一行日志进行解析和统计。

假设多个日志文件的名称及其内容如下。

log1.txt:

```
2024-01-01 10:00:00, INFO, User A logged in
2024-01-01 10:15:23, ERROR, Database connection failed
```

log2.txt:

```
2024-01-01 10:30:10, INFO, User B logged in
2024-01-01 10:42:35, WARNING, Disk space low
```

log3. txt：

```
2024 - 01 - 01 11:00:00, INFO, User A logged out
2024 - 01 - 01 11:15:23, INFO, Backup completed
```

实现步骤如下。

(1) 创建单个文件的生成器：定义一个生成器函数，用于逐行读取单个日志文件。

```
def read_file(file_name):
    with open(file_name, 'r') as file:
        for line in file:
            yield line.strip()
```

在上述代码中，line. strip()去除每行的首尾空白字符(包括换行符\n)，并通过 yield 将处理后的行内容返回，使 read_file 成为生成器函数，可按需逐行提供文件内容，而无须一次性加载整个文件。

(2) 使用 yield from 组合多个文件的生成器：定义一个主生成器函数，通过 yield from 遍历每个日志文件，形成一个统一的数据流。

```
def process_logs():
    files = ['log1.txt', 'log2.txt', 'log3.txt']
    for file_name in files:
        yield from read_file(file_name)
```

yield from 将 read_file(file_name)生成器的所有值一一传递出来，作用相当于逐行从 read_file 中获取内容并传递到 process_logs 生成器中，使其像单个连续的数据流一样逐行输出所有文件内容。

(3) 解析和处理每行日志：编写一个函数来解析每行日志，并执行所需的分析或统计操作。

```
def parse_log_line(line):
    parts = line.split(', ')
    timestamp = parts[0]
    log_level = parts[1]
    message = parts[2]
    # 根据需求进行进一步处理
    print(f"Timestamp: {timestamp}, Level: {log_level}, Message: {message}")
```

(4) 使用生成器处理所有日志：将所有生成器结合在一起，以便逐行处理所有日志文件中的数据。

```
for line in process_logs():
    parse_log_line(line)
```

在这个例子中，read_file()函数是一个简单的生成器，负责逐行读取单个文件，而 process_logs()函数则使用 yield from 将多个文件的生成器组合为一个连续的数据流，使得遍历多个日志文件的内容更加便捷。

运行结果：

```
Timestamp: 2025 - 01 - 01 10:00:00, Level: INFO, Message: User A logged in
Timestamp: 2025 - 01 - 01 10:15:23, Level: ERROR, Message: Database connection failed
Timestamp: 2025 - 01 - 01 10:30:10, Level: INFO, Message: User B logged in
```

```
Timestamp: 2025-01-01 10:42:35, Level: WARNING, Message: Disk space low
Timestamp: 2025-01-01 11:00:00, Level: INFO, Message: User A logged out
Timestamp: 2025-01-01 11:15:23, Level: INFO, Message: Backup completed
```

通过使用 yield from，程序更加模块化、清晰且内存高效，避免了一次性加载所有文件内容，特别适合处理大型日志文件。

本章小结

文件的内容如表 6-1 所示。

表 6-1 文件

类别	原理/方法/属性	说明
文件操作流程	文件的基本概念	文件分为文本文件和二进制文件，用于数据的长期存储和处理
	文件操作基本流程	打开、操作、关闭文件
	文件类型	文本文件主要用于存储人类可读字符，二进制文件适合字节级数据处理
打开和关闭文件	open()函数	打开文件，返回文件对象，支持多种模式，如'r'只读、'w'写入等
	文件路径	支持文件名、绝对路径、相对路径指定
	close()方法	关闭文件，确保资源释放
	上下文管理器(with 语句)	自动管理文件关闭
读取文本文件内容	read()，readline()，readlines()	支持读取整个文件、逐行读取、返回所有行的列表等多种方式
写入文本文件内容	write()，writelines()	支持将字符串或列表写入文件，写入列表时不自动添加换行符
二进制文件操作	encode()，decode()	将字符串编码为字节序列或解码回字符串，便于二进制文件写入和读取
序列化与反序列化	pickle 模块	将 Python 对象序列化为字节流写入文件，或反序列化为 Python 对象
	json 模块	处理 JSON 格式，适用于跨平台、跨语言的数据交换
	shelve 模块	提供键值存储系统，适合结构复杂对象的持久化
文件操作	os 模块和 os. path 模块	提供文件权限修改、删除、重命名、检查文件属性、文件路径操作等
目录操作	os. mkdir()，os. rmdir()等	支持创建、删除目录，列出目录内容，遍历目录结构等操作
表格数据读写	csv 模块的 reader()和 writer()	支持 CSV 文件的读取和写入，适合表格数据处理
JSON 数据处理	json 模块的 load()和 dump()方法	支持读取、写入 JSON 文件，常用于数据存储和网络通信
文件完整性检查	hashlib. md5()	生成 MD5 哈希值以检查文件是否被修改，适用于验证文件完整性
多文件日志处理	yield from	将多个生成器组合，用于处理多文件数据流，如多日志文件逐行读取

第7章 模块与包

模块与包是 Python 程序的基本组织单位，通过模块化编程可以提高代码的复用性、可维护性和开发效率。本章将介绍模块和包的基本概念，探讨模块的导入与使用、循环引用问题、__name__属性的作用，以及模块导入的工作原理。同时，还将讲解如何创建和使用包，并通过案例分析经典的包分层结构，展示模块与包在实际项目中的应用。

7.1 模块

7.1.1 模块的基本概念

在编程中，函数提供了细粒度的复用手段，可以通过导入函数来使用其功能。然而，当需要重复使用一组相关函数时，逐个导入显得烦琐而低效。为了解决这个问题，Python 引入了“模块”的概念。一个模块可以包含多个函数，导入模块后便可一次性使用其中的所有功能，从而实现更高层次的代码复用。模块使得代码组织更加清晰，且导入模块后，便可直接使用其中的顶层变量和函数。

模块不仅是代码组织的工具，更是构建高效、可维护程序的基础。模块可以看作一个功能封装的容器，包含函数、类或变量。通过模块划分代码逻辑，每个模块专注于特定的任务或功能，从而提高了代码的可读性与复用性。此外，模块化设计有效避免了函数名或变量名的冲突，简化了代码的复用过程。例如，将数据分析相关函数放入独立模块后，其他项目可以直接调用此模块，无须重复编写代码。

在 Python 中，每个以.py 结尾的文件即为一个模块，可供其他代码导入和使用。例如，假设有一个名为 math_operations.py 的模块，包含基本数学运算。

```
# math_operations.py
def add(x, y):
    return x + y
def subtract(x, y):
    return x - y
def multiply(x, y):
    return x * y
def divide(x, y):
    return x / y
```

在另一个文件中可以导入此模块并使用其函数。

```
# main.py
import math_operations
sum_result = math_operations.add(10, 5)
product_result = math_operations.multiply(10, 5)
```

通过这种方式,可以在不同程序中复用 math_operations 模块中的函数,无须每次重新编写。这种代码组织不仅清晰、易于管理,还提高了代码的复用性。

Python 程序通常由多个文件组成,包括主入口文件和多个模块文件。主入口文件定义了程序的主要流程,通过调用其他模块文件的函数执行特定任务。模块间可以相互调用,形成一个功能丰富的结构。同时,模块还可借助 Python 内置标准库扩展功能。

例如,一个 Python 程序由四个文件组成: a. py、b. py、c. py 和 d. py。其中 a. py 为主入口文件,负责核心逻辑的调度,通过调用模块 b. py 和 c. py 完成特定功能; c. py 可能进一步调用 d. py 执行更复杂的任务,而 d. py 也可回调 c. py。模块间的依赖关系和调用流程如图 7-1 所示。这种组织方式不仅提升了代码的复用性,还便于程序的维护和扩展。

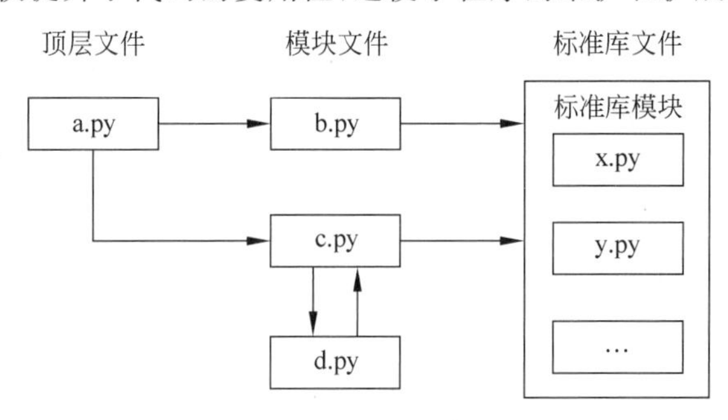

图 7-1 一个 Python 程序的架构图

7.1.2 导入和使用模块

通过导入模块,当前代码文件能够访问其他文件中定义的函数、类和变量,从而显著增强代码的复用性。Python 还提供了丰富的标准库模块,直接导入即可使用,为开发带来便利。要在程序中使用模块,首先需要进行导入。Python 提供了两种主要的导入方式: 导入整个模块或从模块中导入特定对象。

(1) 导入整个模块。

使用 import 关键字可以导入完整的模块,使当前文件能够访问该模块中定义的所有函数和类。通常,通过模块名称引用其中的内容。

导入模块的语法如下。

```
import 模块名 [as 别名]    # 导入模块并起一个别名
模块名.对象名              # 访问该模块中的对象
别名.对象名                # 使用别名访问对象
```

在导入模块时,可以选择性地使用别名(as),若未指定别名,则直接通过"模块名. 对象名"访问模块中的对象。

```
import math
print(math.sqrt(16))      # 输出: 4.0
```

也可以为模块指定别名,这在模块名较长或需要提高代码可读性时很有用。

```
import numpy as np          # 导入 NumPy 模块并定义别名 np
np.array([1, 2, 3]))        # 调用 np 中的 array 对象
```

(2) 从模块中导入特定对象。

如果仅需要模块中的特定函数或类,可以选择导入所需的部分,以节省内存并提高程序效率。从模块中导入特定对象的语法如下。

```
from 模块名 import 对象名 [as 别名]
```

示例:

```
from math import sqrt
print(sqrt(16))  # 直接使用 sqrt 而不须加模块名前缀,输出: 4.0
```

【导入模块的实践建议】

(1) 避免使用通配符导入(from module import *),以防命名冲突。

(2) 一般情况下,统一将模块导入放在文件顶部,便于代码阅读和维护。

(3) 为常用模块或名称较长的模块指定别名,使代码更简洁。

(4) 优先使用绝对导入,提高代码的清晰度和可维护性。

7.1.3 模块循环引用问题

在 Python 中,两个模块(如模块 A 和模块 B)之间的相互引用是可能的,但需谨慎处理,否则容易引发循环引用问题,特别是在模块级别的代码执行时。循环引用通常发生在多个模块相互导入的情况下,可能导致导入失败或运行时错误,因为 Python 解释器在处理导入语句时可能遇到尚未完全初始化的模块。

解决或避免循环引用的方法如下。

(1) 重新设计代码结构:循环引用通常表明模块设计存在潜在问题。可以通过重新组织模块的依赖关系来减少相互依赖,或者将相互依赖的部分提取到一个独立的模块中,以降低耦合度。

(2) 使用局部导入:将导入语句放在函数内部或具体使用该模块的位置,而不是文件顶部。这样只有在实际需要模块功能时才导入,避免在初始化阶段出现循环依赖问题。

(3) 延迟导入:对于类定义中可能引发的循环引用,可以将导入语句放在类方法内部,从而延迟导入时机,避免在模块加载时即发生循环引用。

假设有两个模块 moduleA 和 moduleB,它们需要相互引用,如下所示。

moduleA. py:

```
from moduleB import B
class A:
    def foo(self):
        print("A foo")
        b = B()
        b.bar()
```

moduleB. py:

```
from moduleA import A
class B:
```

```
    def bar(self):
        print("B bar")
        a = A()
        a.foo()
```

这种代码结构会直接导致循环引用。解决方法之一是在方法内部进行导入，如下所示。

修改后的 moduleA.py：

```
class A:
    def foo(self):
        from moduleB import B
        print("A foo")
        b = B()
        b.bar()
```

修改后的 moduleB.py：

```
class B:
    def bar(self):
        from moduleA import A
        print("B bar")
        a = A()
        a.foo()
```

通过将导入语句放在方法内部，可以避免模块加载时发生循环引用。

对于大型项目，最佳实践是设计简洁、清晰且便于管理的模块依赖关系，从根本上减少循环引用的可能性。

7.1.4 模块的__name__

在 Python 中，每个模块都包含一个内置属性__name__，其值根据模块的使用方式而变化。如果模块是直接运行的，__name__的值会被设置为"__main__"；如果模块被导入其他模块中，则__name__的值为模块的文件名(不含.py 扩展名)。利用__name__属性，可以控制模块的行为，区分模块是作为独立程序运行还是作为被导入的模块使用。

通过在模块底部添加条件判断代码，可以控制特定代码块仅在模块直接运行时执行，而在模块被导入时跳过，例如：

```
if __name__ == "__main__":
    # 该代码块仅在模块直接运行时执行
    main_function()
```

因此，__name__属性适合用于模块中的单元测试或使模块作为独立程序执行。当模块中定义了多个功能函数时，可以将测试代码放置在 if__name__=="__main__":块中，从而确保这些测试代码仅在模块被直接运行时执行，而在模块被其他模块导入时不会执行，避免干扰模块的正常功能。例如：

```
def add(a, b):
    return a + b

if __name__ == "__main__":
    # 这些测试代码仅在模块被直接运行时执行
```

```
result = add(2, 3)
if result == 5:
    print("测试通过")
else:
    print("测试未通过")
```

通过合理利用__name__属性,使模块既可以作为独立可执行脚本,又可以作为可导入的模块,从而提升代码的灵活性和重用性。

7.1.5 编写模块

一个模块是一个包含 Python 代码的文件,通常包括函数、类、变量定义以及必要的可执行代码。模块通常由以下三部分组成。

(1) 函数和类定义:模块的核心部分,用于定义可复用的函数和类。

(2) 顶层代码:模块的主体部分,可以包含函数调用、类实例化等操作,通常在模块被导入时执行。

(3) 可执行语句:通常位于模块底部,用于测试模块功能。此部分代码应置于 if __name__ == "__main__":块中,确保仅在模块被直接运行时执行。

例 7.1 编写一个简单的模块。

以下是一个名为 greetings.py 的模块。

```
# greetings.py

# 函数和类定义
def say_hello(name):
    return f"你好, {name}!"

# 顶层代码
print("Greetings 模块已加载。")

# 可执行语句
if __name__ == "__main__":
    # 测试模块功能
    print(say_hello("小明"))
```

在此示例中,say_hello()函数定义了模块的主要功能,顶层代码 print("Greetings 模块已加载。")在模块被导入时会执行,而 if __name__ == "__main__":块中的代码仅在模块直接运行时执行,用于测试模块功能。

当 greetings.py 作为独立程序直接运行时,输出结果如下:

```
Greetings 模块已加载。
你好, 小明!
```

模块的命名和组织如下所示。

命名:模块名应简洁且具描述性。通常使用小写字母,多个单词之间使用下画线分隔。

组织:将相关的函数和类放在同一个模块中。例如,所有与数学相关的函数可放入一个名为 math_utils.py 的模块中。

通过编写模块,可以显著提高代码的可重用性和清晰度,为更大型项目奠定良好的基础。

7.1.6　模块导入的工作原理

在 Python 中，导入模块的过程不同于 C 或 C++ 中的 #include 指令。import module_name 的执行包含以下三个主要步骤：搜索模块文件、编译为字节码、执行模块代码。这些步骤仅在模块首次导入时执行，后续导入将直接引用已加载到内存中的模块对象。Python 通过 sys. modules 字典存储已加载模块的信息，每次导入时首先检查该字典，若模块已加载则直接使用，否则启动加载过程。

(1) 搜索模块文件。

执行 import module_name 时，Python 首先在模块搜索路径中查找名为 module_name. py 的文件。如果无法找到该文件，Python 将报告"找不到模块 module_name"的错误。

模块搜索路径通常包括以下位置。

① 程序主目录：即程序顶层文件所在的目录，Python 优先在此位置查找。

② PYTHONPATH 目录：用户可通过设置 PYTHONPATH 环境变量来指定自定义 Python 文件目录。

③ 标准库目录：包含 Python 标准库模块的目录，此位置由 Python 自动设置。

④ . pth 文件指定的目录：. pth 文件中列出额外的搜索目录，通常位于 Python 安装目录或 site-packages 子目录。

⑤ 第三方扩展的 site-packages 目录：默认标准库 site-packages 子目录，用于存放第三方库。

这些路径汇集在 sys. path 列表中，可以通过以下代码查看：

```
import sys
print(sys.path)
```

(2) 编译成字节码。

找到模块文件后，Python 将其编译为字节码以加快执行速度。字节码通常保存在与源代码同名的. pyc 文件中。如果源代码未修改，Python 可以直接从. pyc 文件读取字节码，避免重复编译。注意，程序的顶层文件（即直接执行的文件）通常不会生成对应的. pyc 文件。顶层文件的编译过程仅在内存中进行，生成的字节码在程序结束后从内存中清除。

(3) 执行模块代码。

导入的最后一步是执行模块的字节码。模块文件中的所有语句将从头到尾依次执行，包括任何顶层的属性赋值，这些赋值会成为模块对象的属性。此时，模块文件已转换为模块对象，模块中的函数和变量名成为该对象的属性。

注意，模块中的任何顶层代码（如打印语句）将在导入时立即执行，而函数定义（def 语句）仅会创建函数对象，函数内部代码不会执行。为了避免不必要的执行，建议将复杂逻辑封装在函数中，以确保模块在导入时不会执行多余操作，这样有助于提升代码的可复用性和可维护性。

7.2　包

前文提到，多个变量和运算可以构成函数，多个函数和全局变量可以构成模块，而多个模块则可以组成包（package）。在 Python 中，包是包含多个模块的目录，通过文件夹和文件来组织模块,并创建模块的层次结构。引入包的概念符合模块化设计思想,将多个相关模块放在同一包中,便于管理和使用,同时简化了文件搜索路径的设置,使程序结构更加清晰易读。

7.2.1 创建包

包的基本结构是一个包含相关模块文件的目录。每个包目录中必须包含一个名为__init__.py 的文件,用以标识该目录为 Python 包,即使该文件为空。

除了标识包的存在,__init__.py 文件还可用于包的初始化配置,例如定义包级别的变量和函数,或导入子模块,以简化包的接口。例如,可以在__init__.py 中导入常用模块,使得用户在导入包时能直接使用这些模块的功能。

例如,在一个网上商城应用中,可以创建一个名为 ecommerce 的包,用于管理在线交易,结构如下:

```
ecommerce/
├── __init__.py
├── shopping_cart.py
├── payments.py
├── products.py
└── customers.py
```

在此结构中,每个.py 文件都是 ecommerce 包中的一个模块,提供特定功能的模块化代码组织。此外,__init__.py 文件可包含包的全局配置。例如,添加以下代码以便简化模块的使用:

```
# ecommerce/__init__.py
from .shopping_cart import add_to_cart
from .payments import process_payment
```

通过这种方式,在导入 ecommerce 包后可以直接调用 add_to_cart()和 process_payment(),无须指定子模块路径。这里的点符号(.)表示当前包目录,即从当前包导入。如果使用两个点符号(..),则表示上一级目录,可用于从父包导入模块。

7.2.2 使用包

在程序中使用包中的模块时,可以通过 import 语句导入包内的特定模块。

导入包中模块的语法如下。

```
from 包名 import 模块名
```

例如,要导入上例中的 shopping_cart 模块,可以使用以下代码:

```
from ecommerce import shopping_cart
```

如果仅需使用该模块中的特定函数或类,可以指定具体对象:

```
from ecommerce.shopping_cart import add_to_cart
```

相比直接导入模块,以包形式导入提供了更丰富的上下文信息,使代码更易于编写、调试和维护。例如,在导入数据库服务端的工具模块 utilities 时,包形式导入的路径更清晰,便于理解:

```
import utilities                     # 直接模块导入
import database.server.utilities     # 包形式导入,清晰明了
```

从导入方式上，Python 的模块导入分为绝对导入和相对导入。

(1) 绝对导入。

绝对导入使用完整路径，从项目的根目录开始引用模块。这种方式可以明确模块在项目中的位置，尤其在大型项目中有助于提高代码的可读性。

例如，假设项目结构如下：

```
my_project/
├── main.py
└── mypackage/
    ├── __init__.py
    ├── submodule1.py
    └── submodule2.py
```

如果在 main.py 中导入 mypackage 下的 submodule1，可以使用绝对导入：

```
# main.py
import mypackage.submodule1
```

上例中使用完整路径导入模块，效果上类似于直接导入模块的另一种方式：

```
from mypackage import submodule1
```

这两种导入方式在使用和适用场景上略有不同。

import mypackage.submodule1：需要使用完整路径访问模块内容，如 mypackage.submodule1.some_function()。此方式适合层级较深的模块，能清晰展示模块的层级关系。

from mypackage import submodule1：直接导入 submodule1 模块，之后可以通过 submodule1.some_function()访问其中的内容。适合频繁使用的模块或对象，使代码更简洁和易读。

(2) 相对导入。

相对导入使用当前模块的位置作为参考点，通过点符号(.)表示当前目录，以导入同一包内的其他模块。

在上述项目结构中，如果需要在 submodule2.py 中导入 submodule1，可以使用相对导入：

```
# submodule2.py
from . import submodule1   # 从当前包中导入名为 submodule1 的模块
```

相对导入适合包内部模块间的引用，但在大型项目中推荐使用绝对导入，以确保路径的清晰性和代码的可维护性。

7.3 应用案例 *

7.3.1 经典的包分层结构

在 Python 项目开发中，一个经典的包结构通常包含若干核心组件，如模块、子包、测试代码、安装脚本和文档等。这种结构有助于组织多模块和子模块的项目，适用于 Python 库或应用的开发。

例 7.2 一个经典的包分层结构。

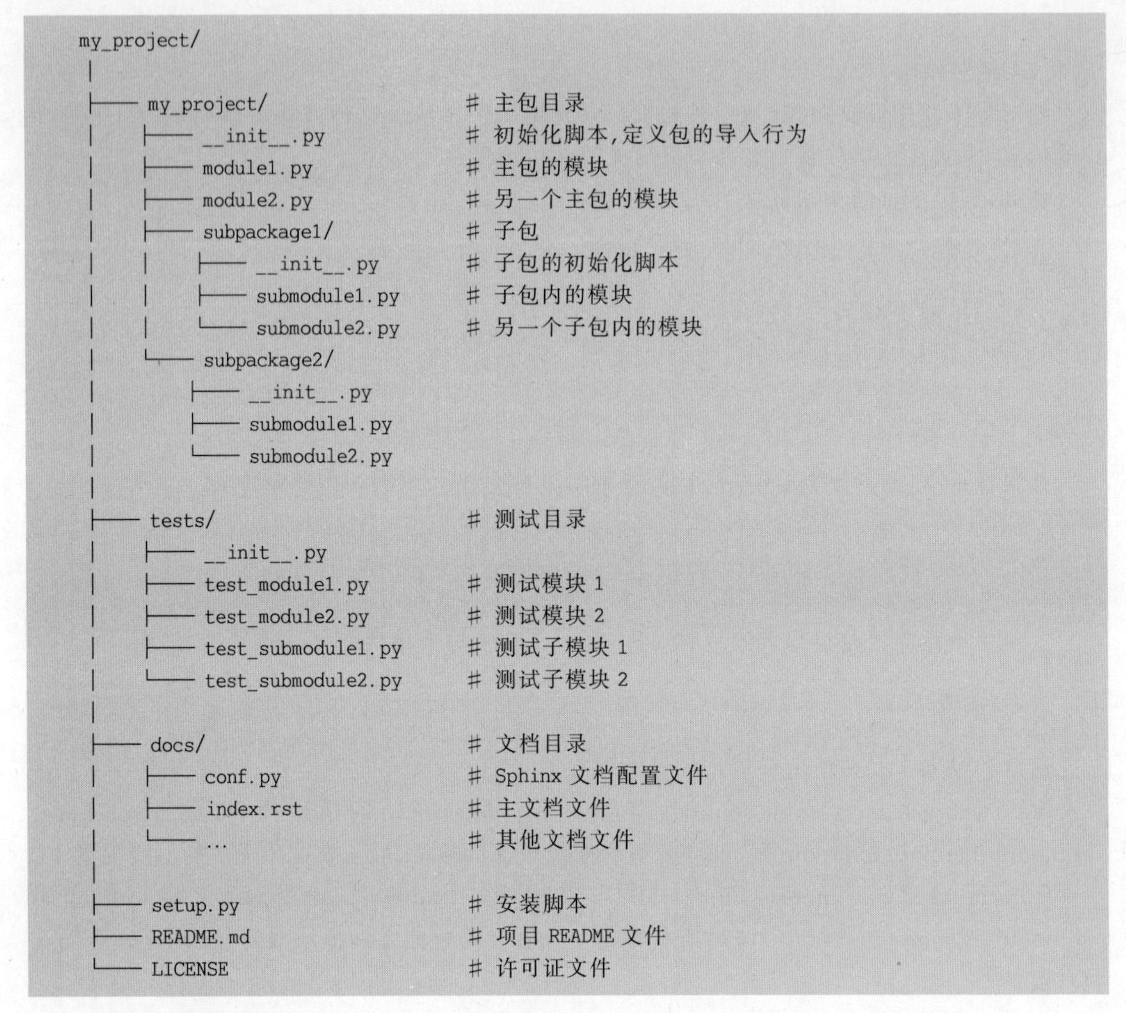

```
my_project/
│
├── my_project/                 # 主包目录
│   ├── __init__.py             # 初始化脚本,定义包的导入行为
│   ├── module1.py              # 主包的模块
│   ├── module2.py              # 另一个主包的模块
│   ├── subpackage1/            # 子包
│   │   ├── __init__.py         # 子包的初始化脚本
│   │   ├── submodule1.py       # 子包内的模块
│   │   └── submodule2.py       # 另一个子包内的模块
│   └── subpackage2/
│       ├── __init__.py
│       ├── submodule1.py
│       └── submodule2.py
│
├── tests/                      # 测试目录
│   ├── __init__.py
│   ├── test_module1.py         # 测试模块 1
│   ├── test_module2.py         # 测试模块 2
│   ├── test_submodule1.py      # 测试子模块 1
│   └── test_submodule2.py      # 测试子模块 2
│
├── docs/                       # 文档目录
│   ├── conf.py                 # Sphinx 文档配置文件
│   ├── index.rst               # 主文档文件
│   └── ...                     # 其他文档文件
│
├── setup.py                    # 安装脚本
├── README.md                   # 项目 README 文件
└── LICENSE                     # 许可证文件
```

对以上结构说明如下。

my_project/：顶层包目录，包含所有源代码。

__init__.py：使 Python 将包含它的目录视为包文件夹。文件内容可以为空，或包含包的初始化代码。

module1.py，module2.py：主包内的模块文件，提供核心功能。

subpackage1/，subpackage2/：子包目录，包含自己的模块和子包，支持分层结构。

tests/：单元测试目录，包含所有测试文件，通常以 test_开头命名。

docs/：文档目录，常使用 Sphinx 生成文档，包括配置文件和主文档文件。

setup.py：安装脚本，定义包的依赖关系和元数据，支持发布到 PyPI 等。

README.md：项目简介文件，通常包括项目说明、安装和使用指南。

LICENSE：许可证文件，说明项目的使用和分发条件。

这种结构不仅确保代码模块化和清晰，还便于其他开发者理解、使用并贡献代码。此外，它支持自动化测试和文档生成，是专业 Python 项目开发的标准结构。

7.3.2 机器学习包的分层结构

机器学习是利用数据进行学习和模式识别的研究领域，通过应用数学和统计学方法，使计算机系统通过算法模型基于输入数据进行预测或决策。机器学习主要包括以下三种类型。

(1) 分类：将数据归入预定义的标签或类别，常用于预测任务，例如判断邮件是否为垃圾邮件。

(2) 聚类：将数据集中的样本分组，使组内样本相似度较高，常用于探索性数据分析。

(3) 回归：预测连续值的输出，例如房价、温度等变量。

例 7.3　机器学习包的结构。

构建一个机器学习库需要整合不同的学习算法，使用户能方便地访问和应用这些算法。库的设计应保持结构清晰、逻辑性强，并便于未来扩展新的算法和方法。以下是机器学习包的示例结构：

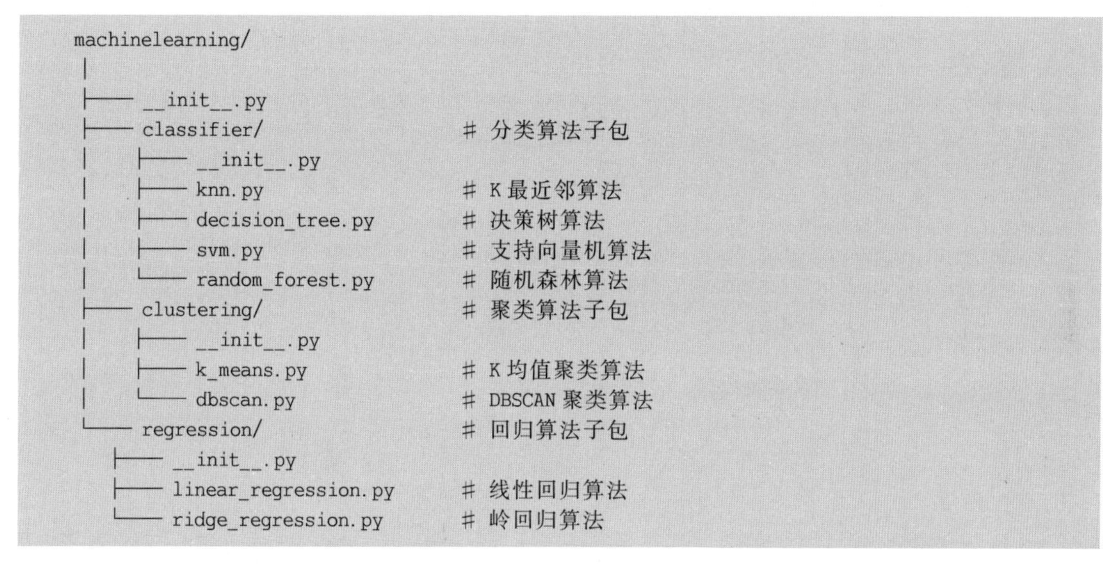

```
machinelearning/
│
├── __init__.py
├── classifier/                  # 分类算法子包
│   ├── __init__.py
│   ├── knn.py                   # K 最近邻算法
│   ├── decision_tree.py         # 决策树算法
│   ├── svm.py                   # 支持向量机算法
│   └── random_forest.py         # 随机森林算法
├── clustering/                  # 聚类算法子包
│   ├── __init__.py
│   ├── k_means.py               # K 均值聚类算法
│   └── dbscan.py                # DBSCAN 聚类算法
└── regression/                  # 回归算法子包
    ├── __init__.py
    ├── linear_regression.py     # 线性回归算法
    └── ridge_regression.py      # 岭回归算法
```

在这个结构中，machinelearning 是顶层包，包含三个子包：classifier、clustering 和 regression，每个子包实现了一组特定的机器学习算法。例如，classifier 子包包含各种分类算法，如 K 最近邻(KNN)、决策树、支持向量机(SVM)和随机森林。这种模块化组织便于开发者添加或更新算法，也方便用户按需选择合适的算法进行数据分析。

导入和使用包中的模块方法如下。

假设需要在项目中使用该机器学习库中的 K 最近邻(KNN)分类器，可以通过以下方式导入和使用：

```
from machinelearning.classifier import knn

# 使用 KNN 模块中的函数或类
```

7.3.3　网上商城的包分层结构

Django 是一个高级的 Python Web 框架，其目标在简化复杂的 Web 应用开发，强调快速开发和简洁设计，遵循“不要重复自己”(DRY)的原则。Django 基于 MTV(模型-模板-视图)架构，其设计模式包括以下三个核心部分。

(1) 模型(Model)：表示应用程序的数据结构，包含数据定义和相关的数据库操作(如查询、插入、更新和删除)。

(2) 模板(Template)：负责数据的展示。模板包含静态内容，并通过特殊语法标记动态内容。

(3) 视图(View)：作为模型和模板之间的桥梁，处理用户请求、调用模型获取数据，并将数据传递给模板进行渲染。

例 7.4 基于 Django 的网上商城包结构。

以下展示的是一个基于 Django 的网上商城包结构，典型的 Django 项目组织方式通常包含以下层次：

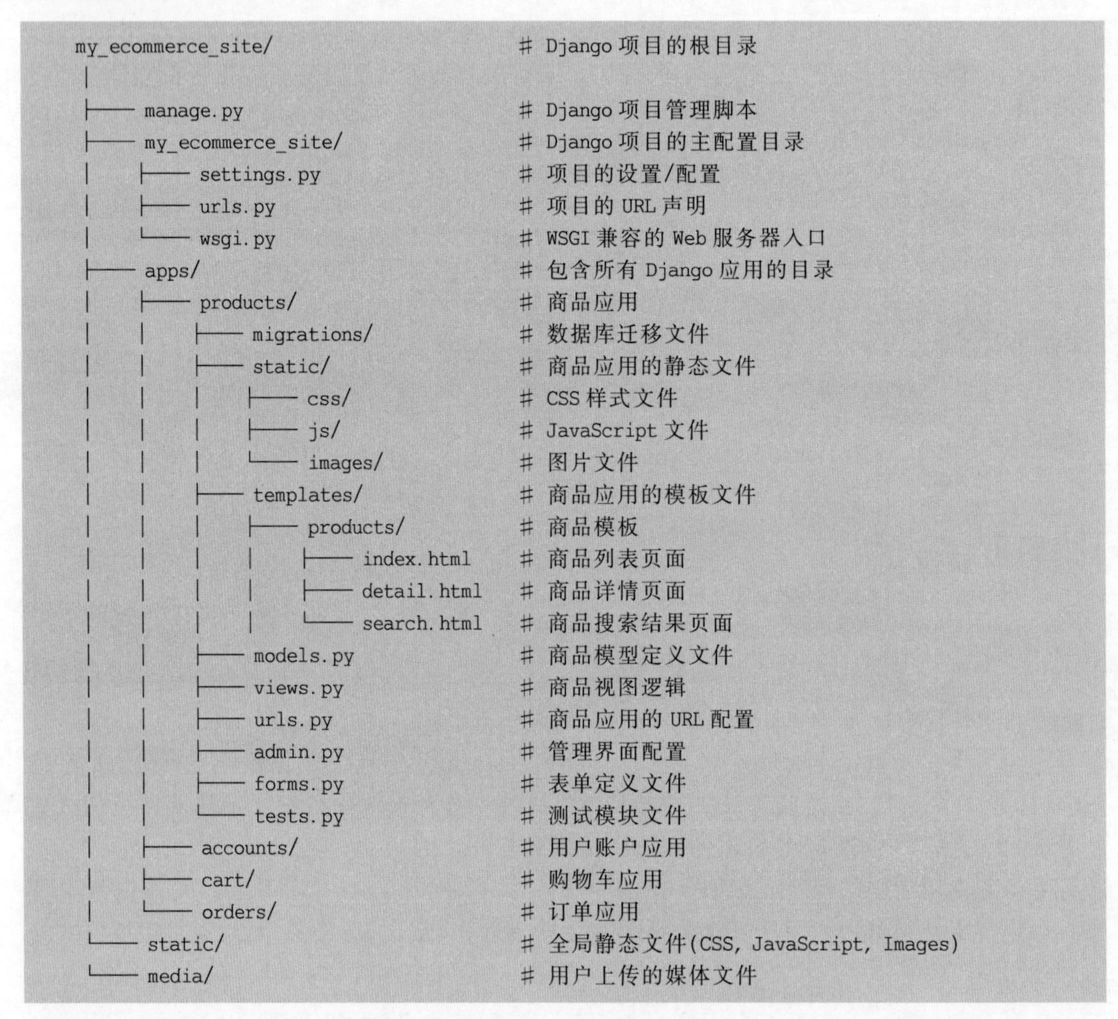

```
my_ecommerce_site/                      # Django 项目的根目录
 │
 ├── manage.py                          # Django 项目管理脚本
 ├── my_ecommerce_site/                 # Django 项目的主配置目录
 │    ├── settings.py                   # 项目的设置/配置
 │    ├── urls.py                       # 项目的 URL 声明
 │    └── wsgi.py                       # WSGI 兼容的 Web 服务器入口
 ├── apps/                              # 包含所有 Django 应用的目录
 │    ├── products/                     # 商品应用
 │    │    ├── migrations/              # 数据库迁移文件
 │    │    ├── static/                  # 商品应用的静态文件
 │    │    │    ├── css/                # CSS 样式文件
 │    │    │    ├── js/                 # JavaScript 文件
 │    │    │    └── images/             # 图片文件
 │    │    ├── templates/               # 商品应用的模板文件
 │    │    │    ├── products/           # 商品模板
 │    │    │    │    ├── index.html     # 商品列表页面
 │    │    │    │    ├── detail.html    # 商品详情页面
 │    │    │    │    └── search.html    # 商品搜索结果页面
 │    │    ├── models.py                # 商品模型定义文件
 │    │    ├── views.py                 # 商品视图逻辑
 │    │    ├── urls.py                  # 商品应用的 URL 配置
 │    │    ├── admin.py                 # 管理界面配置
 │    │    ├── forms.py                 # 表单定义文件
 │    │    └── tests.py                 # 测试模块文件
 │    ├── accounts/                     # 用户账户应用
 │    ├── cart/                         # 购物车应用
 │    └── orders/                       # 订单应用
 └── static/                            # 全局静态文件(CSS, JavaScript, Images)
 └── media/                             # 用户上传的媒体文件
```

在该结构中，products 应用被组织成包含多个必要文件，以支持商品展示、搜索和管理等功能。

migrations/：包含与 products 模块相关的数据库迁移文件。

static/：包含商品应用的 CSS、JavaScript 和图片资源，用于定义商品页面的样式和交互。

templates/products/：包含 HTML 模板文件，如 index.html、detail.html 和 search.html，分别用于商品列表、详情和搜索结果的页面。

models.py：定义与商品相关的数据模型，如类别、价格和库存。

views.py：包含处理 HTTP 请求并返回响应的逻辑。

urls.py：配置与商品相关的 URL 路径及其对应的视图函数。

admin.py：配置 Django 管理界面对商品数据的管理。

forms.py：定义表单，用于处理商品相关数据输入。

tests.py：包含单元测试，测试商品应用的各项功能。

这种分层结构确保项目清晰且模块化，便于开发和维护，符合专业 Web 应用项目的最佳实践。

本章小结

模块与包的内容总结如表 7-1 所示。

表 7-1 模块与包

类别	原理/方法/属性	说明
模块	模块的基本概念	模块用于组织代码，将相关功能封装为单独的模块文件，便于复用和管理
导入和使用模块	import 模块	导入整个模块，并可使用模块名或别名访问模块内容
	from 模块 import 对象	只导入所需对象，提升内存和性能效率
	避免通配符导入	避免命名冲突，使用显式导入
	模块循环引用问题	模块间相互引用时易导致循环引用问题，需采用重构代码结构、局部导入或延迟导入等方式解决
模块的 __name__	__name__属性	每个模块的内置属性 __name__，用于区分模块是独立运行还是被导入
	if __name__ == "__main__":	仅在模块直接运行时执行的代码块，适用于模块测试和独立程序功能
编写模块	函数和类定义	模块的核心组成，包含可复用的函数和类
	顶层代码	模块的主体部分，在模块被导入时执行
	可执行语句	在 if __name__ == "__main__": 下的测试代码，仅在模块独立运行时执行
模块导入原理	搜索模块文件	Python 按路径顺序搜索模块文件，包括程序主目录、PYTHONPATH 目录、标准库目录等
	编译成字节码	将模块文件编译为字节码 .pyc 文件，提高执行效率
	执行模块代码	模块字节码的执行，生成模块对象，模块内容可被其他模块访问
包	包的基本概念	包是包含多个模块的目录结构，通过 __init__.py 文件标识为包，便于模块层次化管理
创建包	__init__.py 文件	标识包的存在，可用于初始化配置或导入子模块
使用包	from 包名 import 模块	导入包中的特定模块或对象，提高代码清晰度和维护性
导入规范	绝对导入	使用完整路径导入模块，确保模块位置清晰，适用于大型项目
	相对导入	基于当前文件的位置导入模块，适合包内部模块间引用
应用案例	经典包分层结构	包含核心模块、子包、测试代码、安装脚本和文档等组件的项目结构，确保模块化和清晰
	机器学习包结构	机器学习包按分类、聚类、回归算法分层，每个子包实现不同算法，便于算法扩展
	网上商城包结构	基于 Django 的 MTV 架构，包含配置文件、应用模块、静态文件和模板等

第 8 章

异常处理

异常处理是编程中的重要环节，用于应对程序运行中可能出现的各种错误，确保程序的稳定性和可靠性。本章将介绍异常的基本概念，学习如何通过异常处理结构捕获和处理错误，并探讨主动抛出异常和断言的使用。通过应用案例了解如何设计更健壮的程序，以应对复杂的运行环境和潜在的问题。

8.1 异常的基本概念

程序运行过程中出现错误会产生异常（Exception）。例如，除以 0、下标越界、文件不存在、网络异常、类型错误、磁盘空间不足等。软件的发展历程表明：异常是不可避免的。因此，正视异常、允许异常的发生，并在异常发生时采取适当的处理措施，是开发过程中不可忽视的一部分。

常见的 Python 异常类型包括如下六类。

ValueError：当函数接收到正确类型但不是适当值的参数时触发。

TypeError：当操作或函数应用于不适当类型的对象时触发。

IndexError：当序列中没有指定的索引（Index）时触发。

KeyError：当字典中不存在指定的键时触发。

ZeroDivisionError：当除数为零时触发。

FileNotFoundError：当尝试访问不存在的文件时触发。

例如，尝试访问字典中不存在的键会触发 KeyError。

```
my_dict = {'a': 1, 'b': 2}
print(my_dict['c'])  # KeyError: 'c'
```

在这种情况下，访问不存在的键'c'导致了异常。通过检查键是否存在于字典中，或使用 dict.get()方法，可以避免这种错误。

类似地，不适当的类型会触发 TypeError。

```
name = 'Student NO.' + 1
# TypeError: can only concatenate str (not "int") to str
```

系统提示“类型错误”。可以将这一行修改为 name='Student No.'+str(1)，即通过 str()函数将整数 1 转换为字符串'1'，从而使程序正确执行。

以上例子在调试(debug)过程中可以及时发现并根据系统的错误提示进行改正。然而，有些错误在调试时并不易察觉，例如网络异常、磁盘空间不足或下标越界等，它们通常在某些特定条件下才会发生。在这种情况下，应该采用异常处理机制，使程序在遇到异常时自动执行预设的处理流程，从而有效管理这些异常。

8.2 异常处理结构

在 Python 编程中，异常处理的基本结构是使用 try…except 语句。此结构允许开发者捕捉并妥善处理程序执行过程中可能出现的异常，从而防止程序意外崩溃。

异常处理的语法如下。

```
try:
    # 可能引发异常的代码块
except Exception as reason:
    # 当捕获到异常时执行的代码块
    # reason 变量用于获取异常的具体信息
```

异常处理的逻辑包括以下四种情况。

(1) 如果 try 代码块中的语句运行正常，程序跳过 except 块，继续执行后续代码。

(2) 如果 try 代码块中发生异常，并且该异常被 except 子句捕获，程序将执行 except 子句中的处理代码。

(3) 如果 try 代码块中发生异常，但未被 except 捕获，异常将被向外抛出。

(4) 如果异常未被任何层次捕获并处理，程序最终将终止，并显示异常信息。

例 8.1　使用异常处理确保用户输入正确的整数值。

```
while True:
    try:
        x = int(input("请输入一个数字: "))
        break
    except ValueError:
        print("这不是一个有效的数字,请重新输入...")
```

在此代码中，程序首先进入循环，提示用户输入一个数字。如果用户输入的值不是数字，将产生 ValueError 异常，程序跳转到 except 块进行异常处理，提示用户重新输入。当用户正确输入一个数字时，int()函数将字符串转换为整数，程序执行 break 语句跳出循环。

除了基本的 try…except 结构，还可以使用 else 和 finally 语句以及多个 except 子句，形成更灵活的异常处理流程。

异常处理的扩展语法如下。

```
try:
    # 可能引发异常的代码
except Exception1 as reason1:
    # 处理第一种类型的异常
except Exception2 as reason2:
    # 处理第二种类型的异常
else:
    # 如果没有异常发生,则执行该代码块
```

```
finally:
    # 无论是否发生异常,都会执行此代码块,通常用于释放资源
```

例 8.2 使用多个 except、else 和 finally。

```
try:
    # 尝试执行的代码,可能会产生异常
    result = 10 / 0
except ZeroDivisionError:
    # 处理除零异常
    print("不能除以零。")
except TypeError:
    # 处理类型错误异常
    print("类型错误。")
else:
    # 如果没有异常发生
    print("操作成功。")
finally:
    # 无论是否发生异常
    print("操作完成。")
```

在此示例中,如果 try 块中的代码触发 ZeroDivisionError,程序执行第一个 except 块;如果触发 TypeError,程序执行第二个 except 块。如果没有发生异常,程序将执行 else 块。最后,无论是否发生异常,finally 块都会被执行。

运行结果:

```
不能除以零。
操作完成。
```

8.3 主动抛出异常

在异常处理框架中,除了捕获和处理异常,有时还需要主动抛出异常。这可以通过 raise 语句实现。raise 语句允许程序员强制触发指定的异常类型,以明确指出错误条件或执行特定的错误处理逻辑。

在 Python 中,除了使用内置异常,开发者还可以定义自定义异常类,表示程序中特定的错误情况,并使用 raise 语句主动抛出这些异常。自定义异常类通常继承自内置的 Exception 类。

主动抛出异常的语法如下。

```
raise ExceptionType("错误信息")
```

其中,ExceptionType 是要抛出的异常类型,例如 ValueError、TypeError 等,而"错误信息"是提供给异常处理器的描述信息,用于进一步调试或提示。

例 8.3 网络连接错误处理。

在网络编程和数据通信中,确保所有操作都在有效连接上执行非常重要。如果尝试在未建立或已关闭的连接上发送数据,可能会导致程序错误或数据丢失。可以通过 raise 抛出异常来提示用户错误情况。

```
def send_data(data, connection):
```

```
    if not connection.is_open():
        raise ConnectionError("连接未开启。")
    connection.send(data)

connection = NetworkConnection()
try:
    send_data("Hello", connection)
except ConnectionError as e:
    print(e)  # 输出: 连接未开启
```

在这个示例中，send_data 函数在发送数据前检查网络连接状态。如果连接未开启，则抛出 ConnectionError 异常。这样可以在连接不适合发送数据时立即提示用户，防止进一步的错误操作。这种预防性错误管理不仅保证了数据正确发送，还提升了程序的可靠性和用户体验。

1. 预检查与抛出异常的策略

为了确保程序的稳健性与可靠性，通常有两种策略来处理程序中的错误：预检查和异常处理。

（1）预检查方法：在代码中直接检查条件（如连接状态）并提供适当的错误信息，以避免使用异常。代码如下：

```
def send_data(data, connection):
    if not connection.is_open():
        print("连接未开启。")
        return
    connection.send(data)

connection = NetworkConnection()
send_data("Hello", connection)
```

在这个修改后的版本中，没有使用异常，而是通过简单的错误信息通知用户连接未开启，并停止执行发送操作。此方法提供了清晰的错误反馈，避免了在无效连接上执行操作。

预检查属于防御性编程，有助于防止错误的发生，并且可以在某些情况下优化性能，因为避免了异常处理的系统资源消耗。然而，预检查方法可能导致代码冗余，尤其在需要多次执行相同检查时，错误处理逻辑分散在代码各处，增加了维护难度。

（2）抛出异常的方法：与预检查方法相比，抛出异常可以集中管理错误处理逻辑，适用于难以预料的错误或非正常情况。此方法在程序库设计中非常重要，可以强制调用者处理潜在的错误。然而，依赖异常处理可能会导致开发者忽视防御性编程，从而未能充分考虑某些错误的预防措施。

在实际应用中，选择哪种处理错误策略取决于具体的应用场景和需求。如果错误条件预期会频繁发生，或者错误检查是程序正常流程的一部分，则使用预检查可能更合适。相反，如果错误情况较少，或者错误处理需要集中管理，则使用抛出异常可能更合适。在许多实际应用中，合理结合这两种方法往往可以达到最佳效果，不仅可以提高程序的可靠性，还可以优化开发和维护过程。

2. 定义自定义异常

在 Python 中，开发者可以定义自定义异常类，用于表示程序中特定的错误情况，并通过 raise

主动抛出这些异常。自定义异常类通常继承自内置的 Exception 类。代码如下：

```
class MyCustomError(Exception):
    def __init__(self, message):
        self.message = message
        super().__init__(message)
```

在上面的代码中，定义了一个名为 MyCustomError 的自定义异常类，继承自内置的 Exception 类。关于类的定义规范可见第 10 章。

使用 raise 可以抛出自定义异常，代码如下：

```
def check_age(age):
    if age < 18:
        raise MyCustomError("年龄不足 18 岁")
    return "年龄已确认"

try:
    user_age = check_age(16)
except MyCustomError as e:
    print("发生异常: ", e)
```

在此示例中，check_age()函数检查年龄是否满足特定条件。如果条件不满足，函数使用 raise 抛出 MyCustomError 异常。在调用该函数时，使用 try…except 结构捕获并处理此自定义异常。

8.4 断言

断言是一种快速错误识别机制，常用于程序开发和调试阶段。通过在代码中插入断言语句，可以声明某个条件必须为真，从而检查程序的内部状态或变量值的有效性。如果断言条件为假，程序将抛出一个 AssertionError，提示在该点上存在问题。

断言的语法如下。

```
assert expression[, reason]
```

其中，expression 表示要判断的条件表达式，如果条件不成立，则抛出 AssertionError，并将 reason 信息显示在错误提示中(reason 是可选项)。

断言在调试(debug)状态下执行，即__debug__被设置为 True 时生效；在发布(release)状态下(即__debug__为 False)，assert 语句被自动忽略，不影响程序运行速度。

> **【调试状态与发布状态】**
>
> 在软件开发中，程序通常存在两种主要的运行状态：调试状态和发布状态。
>
> 调试状态(Debug)：主要面向开发者，用于定位和修正程序错误。在该状态下，程序保留额外的调试信息和检查机制(如断言)。这些调试信息包括变量值、执行步骤等，有助于开发者理解程序行为并诊断问题。由于包含了额外的调试信息和检查，程序在调试状态下的执行速度可能稍微慢一点。
>
> 发布状态(Release)：发布状态提供了最终用户所需的更快、更稳定的软件版本。所有调试信息(如断言)在发布状态下被移除，以减少程序开销和提高性能。

断言与异常处理的区别如下。

一般而言，断言是一种内部检查机制，适用于程序的内部状态验证，而异常处理则用于处理外部输入或交互可能带来的错误情况。断言多用于开发和测试阶段，帮助快速识别潜在问题，而异常处理更适合在程序的生产环境中使用。

例 8.4　使用断言验证列表不为空。

```
def get_first_element(data_list):
    # 确保列表不为空
    assert len(data_list) > 0, "列表不能为空!"
    # 返回列表的第一个元素
    return data_list[0]

# 正常情况：列表非空
data = [1, 2, 3, 4, 5]
try:
    print("第一个元素:", get_first_element(data))
except AssertionError as error:
    print("错误:", error)

# 错误情况：传入空列表
try:
    empty_data = []
    print("第一个元素:", get_first_element(empty_data))
except AssertionError as error:
    print("错误:", error)
```

在该例子中，get_first_element()函数使用断言检查 data_list 是否为空。如果传入空列表，断言将失败并抛出 AssertionError，提示"列表不能为空"的错误信息。这种断言在开发阶段帮助快速识别逻辑错误或不合理的数据输入，避免在生产环境中可能出现的问题。

8.5　上下文管理

上下文管理用于简化资源管理，特别适合那些需要精确控制资源释放的场景。上下文管理使用 with 语句确保即使在代码运行中发生异常，资源也会被适当地释放和清理。with 语句广泛应用于网络通信、数据库连接、文件操作、多线程和多进程等领域。

with 语句的语法如下。

```
with context_expression [as var]:
    # with代码块
```

其中，context_expression 通常是一个上下文管理器，它管理资源的进入和退出。可选项 as var 用于将上下文管理器返回的对象赋值给变量 var，以便在 with 代码块中使用。

例 8.5　数据库连接的上下文管理。

使用 with 语句可以确保数据库会话在使用后正确关闭，即使在操作过程中发生异常。

```
import sqlite3

# 假设数据库文件为 'database.db'
try:
    with sqlite3.connect('database.db') as conn:
```

```
        cursor = conn.cursor()
        cursor.execute('SELECT * FROM some_table')
        rows = cursor.fetchall()
        if rows:
            for row in rows:
                print(row)
        else:
            print("查询结果为空。")
except sqlite3.Error as e:
    print(f"数据库错误: {e}")
except Exception as e:
    print(f"其他错误: {e}")
```

例 8.5 中,with 语句用于建立与 SQLite 数据库的连接,并将连接对象赋值给 conn。在 with 代码块中执行数据库查询,并处理查询结果。当 with 代码块结束后,无论是正常结束还是因异常而提前结束,数据库连接都会自动关闭。这种自动化资源管理方式减少了资源泄漏的风险。

8.6 应用案例

8.6.1 文件读写与用户输入异常处理

在文件读写操作中,可能遇到各种异常,如文件不存在、无法写入文件或读取失败。此外,用户输入也可能引发异常,尤其是在要求输入数字或特定格式时,用户输入无效数据可能导致程序崩溃。因此,对文件操作和用户输入异常的处理十分重要,以确保程序稳健运行并为用户提供明确反馈。

例 8.6 从文件中读取指定行数的文本内容。

首先将指定的文本内容写入文件,然后根据用户输入,从文件中读取指定行数。如果用户输入的行数大于文件中的行数,程序将读取并输出文件的所有内容。该程序还需要处理可能的异常情况,包括文件写入时的 I/O 错误、文件不存在错误,以及用户输入无效数字的情况。代码如下:

```
def write_to_file(file_path, file_content):
    try:
        with open(file_path, "w") as file:
            file.write("\n".join(file_content))
        print(f"已成功将内容写入文件 '{file_path}'。")
    except IOError as e:
        print(f"错误: 无法写入文件 '{file_path}'。发生了 I/O 错误: {e}")
    except Exception as e:
        print(f"发生了未知错误: {e}")

def read_file_lines(file_path, num_lines):
    try:
        with open(file_path, "r") as file:
            lines = file.readlines()
        if num_lines > len(lines):
            num_lines = len(lines)
            print(f"文件只有 {len(lines)} 行,显示所有内容: ")
        else:
```

```
            print(f"文件的前 {num_lines} 行内容如下：")
        for i in range(num_lines):
            print(lines[i].strip())
    except FileNotFoundError:
        print(f"错误：文件 '{file_path}' 不存在。")
    except Exception as e:
        print(f"发生了一个未知错误：{e}")

file_path = "example.txt"
file_content = [
    "空山新雨后,天气晚来秋。",
    "明月松间照,清泉石上流。",
    "竹喧归浣女,莲动下渔舟。",
    "随意春芳歇,王孙自可留。"
]

write_to_file(file_path, file_content)

try:
    num_lines = int(input("请输入要读取的行数："))
    read_file_lines(file_path, num_lines)
except ValueError:
    print("错误：请输入有效的数字。")
```

上述代码首先将文本内容写入文件，然后根据用户输入的行数读取文件内容。如果用户输入行数超过文件行数，则程序将读取文件的所有内容并给出提示。如果在写入文件时遇到I/O错误（如磁盘读写权限问题），或在读取文件时文件不存在，程序会捕获异常并提供详细错误信息，从而提高程序的健壮性和可靠性。

运行结果1（如果输入数字2）：

```
已成功将内容写入文件 'example.txt'。
请输入要读取的行数：2
文件的前 2 行内容如下：
空山新雨后,天气晚来秋。
明月松间照,清泉石上流。
```

运行结果2（如果输入单词two）：

```
已成功将内容写入文件 'example.txt'。
请输入要读取的行数：two
错误：请输入有效的数字。
```

8.6.2 银行账户操作中的异常

在金融应用中，错误和异常处理非常重要，能够帮助程序捕获并处理各种不合理的操作，从而确保数据和操作的准确性。

例8.7 银行账户的取款异常处理。

通过try/except语句模拟银行账户的取款操作，处理取款金额超过余额、无效取款金额（如负数或非数字值），以及数据库操作异常等情况。

```
class InvalidAmountError(Exception):
```

```
    """自定义异常：无效的取款金额"""
    pass

class DatabaseError(Exception):
    """自定义异常：数据库操作异常"""
    pass

class InsufficientFundsError(Exception):
    """自定义异常：余额不足"""
    pass

class BankAccount:
    def __init__(self, initial_balance):
        self.balance = initial_balance

    def withdraw(self, amount):
        # 检查是否为有效金额
        if not isinstance(amount, (int, float)) or amount <= 0:
            raise InvalidAmountError(f'无效的取款金额：{amount}')

        # 模拟数据库操作异常
        if amount == 12345:
            raise DatabaseError("数据库操作异常")

        # 检查是否余额充足
        if amount > self.balance:
            raise InsufficientFundsError(f'账户余额不足,当前余额为：{self.balance},尝试取款：{amount}')

        self.balance -= amount
        return self.balance

# 创建一个银行账户
account = BankAccount(10000)

# 尝试取款操作
def attempt_withdrawal(amount):
    try:
        print(f"尝试取款：{amount}")
        new_balance = account.withdraw(amount)
        print(f"取款成功,剩余余额：{new_balance}")
    except InsufficientFundsError as e:
        print("发生错误：", e)
    except InvalidAmountError as e:
        print("发生错误：", e)
    except DatabaseError as e:
        print("发生错误：", e)

# 测试不同的取款情况
attempt_withdrawal(15000)  # 超出余额
attempt_withdrawal(-100)   # 无效金额
attempt_withdrawal('abc')  # 无效金额
attempt_withdrawal(12345)  # 数据库异常
attempt_withdrawal(5000)   # 正常取款
```

在上例中,引入了三个自定义异常类InvalidAmountError、DatabaseError和InsufficientFundsError,分别用于处理无效的取款请求(如负数或非数字值)、模拟数据库操作中的异常以及处理余额不足的情况。通过 attempt_withdrawal()函数,程序测试了不同的取款情况,包括超出余额、无效金额、数据库异常,以及一个正常的取款操作。

运行结果:

```
尝试取款: 15000
发生错误: 账户余额不足,当前余额为: 10000,尝试取款: 15000
尝试取款: -100
发生错误: 无效的取款金额: -100
尝试取款: abc
发生错误: 无效的取款金额: abc
尝试取款: 12345
发生错误: 数据库操作异常
尝试取款: 5000
取款成功,剩余余额: 5000
```

本章小结

异常处理的总结如表 8-1 所示。

表 8-1 异常处理

类 别	原理/方法/属性	说 明
异常基本概念	异常类型	常见异常类型如 ValueError、TypeError、IndexError、KeyError、ZeroDivisionError、FileNotFoundError
异常处理结构	try…except 结构	基础异常处理结构,用于捕获并处理程序中的异常
	多个 except 子句	针对不同的异常类型进行不同的处理
	else 子句	在没有异常的情况下执行,便于分离正常逻辑和异常处理逻辑
	finally 子句	无论是否发生异常都执行,常用于释放资源
主动抛出异常	raise 语句	主动触发指定的异常类型,允许程序在符合特定条件时抛出异常
	自定义异常类	通过继承 Exception 类创建自定义异常,用于表示程序中特定错误情况
	主动抛出异常示例	在网络连接中,使用 raise 语句主动抛出 ConnectionError,确保在连接不正常时触发相应的错误处理逻辑
断言	assert 语句	用于检查程序的内部状态或变量值的有效性,帮助在调试阶段识别潜在问题
	调试与发布状态	调试状态中执行断言,发布状态中断言被忽略
	断言与异常处理的区别	断言适合程序内部检查,异常处理适合处理外部输入或交互引发的错误
上下文管理	with 语句	使用上下文管理器自动管理资源释放,确保即使发生异常资源也能被正确释放
	上下文管理示例	使用 with 语句管理数据库连接,确保查询操作后连接自动关闭
应用案例	文件读写与异常处理	处理文件不存在、读取错误及用户输入错误,确保程序在异常情况下仍能提供清晰的反馈
	银行账户操作异常处理	使用自定义异常类处理取款金额无效、余额不足及数据库异常,确保账户操作的稳健性

第 9 章

程序调试

调试是软件开发中不可或缺的一部分，它帮助开发者发现并修复程序中的错误，确保代码的正确性和可靠性。本章将从调试的基本概念入手，介绍常见错误类型以及如何利用 print 语句、断点和单步执行进行基础调试，同时深入探讨 Python 错误消息的解读和调试器 pdb 的使用。此外，还将讲解如何通过日志记录和单元测试等进行高级调试。

9.1 调试的基本概念

调试是编程过程中的重要环节，贯穿于软件开发的各个阶段，其主要目的是识别、诊断和修复代码中的错误或缺陷(bug)。调试有助于确保程序按预期运行，避免出现意外结果甚至安全隐患。通过调试，程序员不仅能解决代码问题，还能深入理解程序的执行过程与逻辑，从而提升代码的健壮性、可靠性和可维护性。

调试的基本目标包括以下三个方面。

(1) 确保程序正确性：程序应按设计预期正常运行并输出正确结果。

(2) 提升程序效率：合理利用资源，借助调试发现并优化性能瓶颈。

(3) 保证程序稳定性：在各种环境和边界情况下，程序应表现稳定。

在调试过程中，程序员应遵循以下三项原则。

(1) 系统性：调试需要有条理地进行。可以从简单测试入手，逐步缩小问题范围，直至找到问题根源。系统化调试有助于节省时间并提高效率。

(2) 耐心：调试往往是一个反复的过程，尤其在面对复杂问题或大规模项目时。程序员需保持耐心和细心，仔细检查每一步操作，直至彻底解决问题。

(3) 记录：详细记录调试中的发现、假设及解决方案，不仅方便日后快速处理类似问题，也为团队成员提供有价值的参考，方便代码的长期维护。

9.2 常见的错误类型

在 Python 中，常见的错误可以分为以下四类。

(1) 语法错误：代码中的拼写或格式错误，通常会在代码执行前被编译器或解释器检测到。这类错误通常容易发现和修复。

```
print("Hello world"  # 缺少闭合括号
```

(2) 运行时错误：在程序运行时发生的错误，如除以零、访问不存在的文件等。这类错误会导致程序在执行过程中突然停止。

```
print(10 / 0)   # 尝试除以零,会引发 ZeroDivisionError
```

(3) 逻辑错误：代码逻辑上的错误，使程序无法按预期运行。逻辑错误不会导致程序崩溃，但会产生不正确的结果。

```
def average(numbers):
    return sum(numbers) / len(numbers)
    # 当 numbers 为空时,会出错,导致 ZeroDivisionError
```

(4) 语义错误：代码在语法和逻辑上均无问题，但实现的功能与预期不符。例如，代码的实际含义与编写者的意图不同。

```
def square-root(numbers):
    return [n * n for n in numbers]   # 如果目标是求平方根,这里的逻辑不正确
```

这些错误类型涵盖了编程中常见的问题，程序员可以通过调试和测试来逐步识别并修复这些错误，以确保代码的正确性和可靠性。

9.3　使用 print 语句进行基础调试

print 语句是最基础的调试工具。通过打印变量的值或程序的状态，可以帮助开发者理解程序的行为。

例 9.1　使用 print 语句进行基础调试。

假设有一个 find_max_even()函数，其目标是找出列表中偶数的最大值。

```
def find_max_even(numbers):
    max_even = None
    for number in numbers:
        if number % 2 == 0:
            max_even = number
    return max_even

numbers = [3, 1, 4, 1, 5, 9, 2, 6, 5, 3, 5]
print(find_max_even(numbers))   # 期望输出 6
```

上述代码的期望输出列表中最大的偶数 6，然而实际返回的却是 2。此时，通过 print 语句逐步调试可以帮助发现逻辑错误。

在 find_max_even()函数中的 if 语句内添加 print 语句，查看 max_even 在循环过程中的更新情况：

```
def find_max_even(numbers):
    max_even = None
    for number in numbers:
        if number % 2 == 0:
            print(f"检查数字: {number}, 当前 max_even: {max_even}")
            max_even = number
    return max_even
```

运行上述代码后，输出结果如下：

```
检查数字：4，当前 max_even：None
检查数字：2，当前 max_even：4
检查数字：6，当前 max_even：2
```

通过观察输出可以发现，每次遇到偶数时，max_even 的值都被直接替换，而没有进行比较。这就是导致函数返回错误结果的原因。

为正确实现偶数最大值查找，应在替换 max_even 时加入条件检查：仅当当前偶数大于 max_even 时，才更新 max_even 的值。修改后的代码如下：

```
def find_max_even(numbers):
    max_even = None
    for number in numbers:
        if number % 2 == 0:
            if max_even is None or number > max_even:
                max_even = number
    return max_even
```

修改后，函数会正确返回 6，即列表中的最大偶数。

9.4 理解 Python 的错误消息

在 Python 编程过程中，正确解读错误消息有助于快速定位并解决问题。Python 的错误消息提供了代码中问题的具体信息，包括错误的类型和位置。

9.4.1 解读 Python 错误消息

当 Python 代码执行遇到问题时，它会抛出一个异常，并显示以下信息。

(1) 错误类型：指明遇到的错误种类，如 TypeError、NameError、SyntaxError 等。

(2) 错误消息：提供关于错误的详细说明。例如，"name'x'is not defined"表明一个变量未定义的问题。

(3) 追踪信息：显示错误发生的位置，通常包括文件名、行号以及相关代码片段。

例如，考虑以下代码：

```
number = "5"
print(number + 5)
```

执行该代码将导致 TypeError，因为尝试将字符串与整数相加。错误消息如下：

```
TypeError: can only concatenate str (not "int") to str
```

这里的问题在于类型不匹配，导致程序无法正常执行。理解错误信息可以帮助识别错误的原因并改正。

9.4.2 常见错误类型和解决方法

常见错误类型和解决方法有以下五种。

(1) SyntaxError：语法错误。通常由于拼写或格式不正确引起。

```
def greet(name)
    print("Hello, " + name)
```

此代码会抛出 SyntaxError,因为函数定义中的冒号(:)缺失。解决方法是添加缺失的冒号,使代码正确定义函数。

(2) NameError:名称错误。尝试访问一个未定义的变量,通常由于拼写错误或变量未定义所致。

```
print(age)
```

解决方法是确保在使用变量前已经正确定义,如 age=10。

(3) TypeError:类型错误。函数或操作应用于不适当类型的对象。例如,在不兼容的数据类型之间进行操作。

```
'2' + 2
```

解决方法是确保操作符的操作数类型兼容,如将字符串转换为整数 int('2')+2 或将整数转换为字符串'2'+str(2)。

(4) IndexError:索引错误。尝试访问序列(如列表、元组或字符串)中不存在的索引。

```
my_list = [1, 2, 3]
print(my_list[3])
```

解决方法是检查索引是否在序列的实际长度范围内,如 print(my_list[2])。

(5) KeyError:键错误。在字典中尝试访问不存在的键。

```
my_dict = {'name': 'Alice'}
print(my_dict['age'])
```

解决方法是在访问字典时确保键存在。例如,可以使用 my_dict.get('age', 'Key not found')。

熟悉这些常见的错误类型及其解决方法,能够帮助开发者更快速地诊断和修复代码中的问题。错误消息是定位问题的有力工具,仔细阅读并理解错误消息可以显著提高调试效率。

9.5 断点与单步执行

9.5.1 断点和单步执行

断点和单步执行是程序调试中最常用的方法。通过在特定位置暂停程序的执行,程序员可以逐步检查代码的内部状态,有效地发现并修复问题。设置断点可以让程序在指定位置暂停执行,然后使用单步执行逐行观察代码的运行情况,分析变量的变化和函数的执行流程,从而更清晰地理解程序的执行逻辑。此方法特别适用于调试复杂的代码。

断点和单步执行通常在集成开发环境(IDE)中使用,如 PyCharm、Visual Studio Code、JupyterLab 等。

9.5.2 断点的使用

断点是调试中的一个标记点,可以设置在代码的任何行。当程序运行到断点时会暂停,使程序员能够检查该处的变量值、调用栈和执行流程。

在大多数 IDE 中,设置断点非常简单。通常只需单击编辑器旁的边栏,或者使用快捷键。例如,在 PyCharm 中,可以单击行号左侧的空白区域来设置或移除断点。

9.5.3 单步执行代码

当程序在断点处暂停后，可以使用单步执行来逐行执行代码，从而观察代码的执行顺序和变量的变化。单步执行通常包括以下三种方式。

(1) 步入(Step Into)：如果当前行包含函数调用，步入将进入该函数内部。

(2) 步过(Step Over)：执行当前行，但不会进入被调用的函数内部。

(3) 步出(Step Out)：继续执行，直到当前函数执行完毕返回到上一层。

单步执行有助于深入理解复杂代码的执行逻辑，是调试算法或逻辑密集型代码的有效方法。

9.5.4 观察变量和程序状态

在断点暂停后，IDE 通常会提供一个调试面板，允许程序员查看和修改变量的值。这帮助程序员理解程序的当前状态，并可以通过手动修改变量值来测试不同情境。

此外，调用栈窗口显示了函数的调用顺序，有助于了解程序的执行流程，尤其在递归或多层嵌套调用的情况下特别有用。

例 9.2 断点设置与程序调试。

假设有一个函数 find_first_even_greater_than_five()，它的目标是在列表中找到第一个大于 5 的偶数。如果找不到符合条件的数，则返回 None。

```
def find_first_even_greater_than_five(numbers):
    for number in numbers:
        if number > 5 and number % 2 == 0:
            return number
    return None

numbers = [1, 3, 5, 7, 8, 10, 12]
result = find_first_even_greater_than_five(numbers)
print("Result:", result)
```

在这个示例中，期望的结果是 8，因为这是列表中第一个大于 5 的偶数。

为了确保函数正确地找到符合条件的数值，可以在 for 循环内部设置断点，然后逐步检查每个数值在循环中的处理过程。图 9-1 是 PyCharm 的调试模式界面，调试步骤如下。

(1) 设置断点：在 if 语句处设置断点。这样每当程序执行到这一行时，都会暂停，可以检查当前的 number 值。当然，也可以在代码中设置多个断点。

(2) 运行调试模式：开始调试后，程序会在第一次满足断点条件的位置暂停。

(3) 单步执行：使用单步执行逐行运行代码，观察变量的变化，特别是 number 和符合条件的返回值。

当调试时，在图 9-1 右下角 Threads & Variable 窗口检查以下内容。

(4) 查看 number 的值：每次循环时，查看 number 的值是否符合条件 number > 5 and number % 2==0。

(5) 验证条件判断：在 if 语句暂停时，确认条件 number > 5 and number % 2==0 是否正确。如果条件不符合，则继续执行循环。

(6) 输出返回值：找到符合条件的数时，函数将返回该值，可以检查 return 语句的执行是否符合预期。

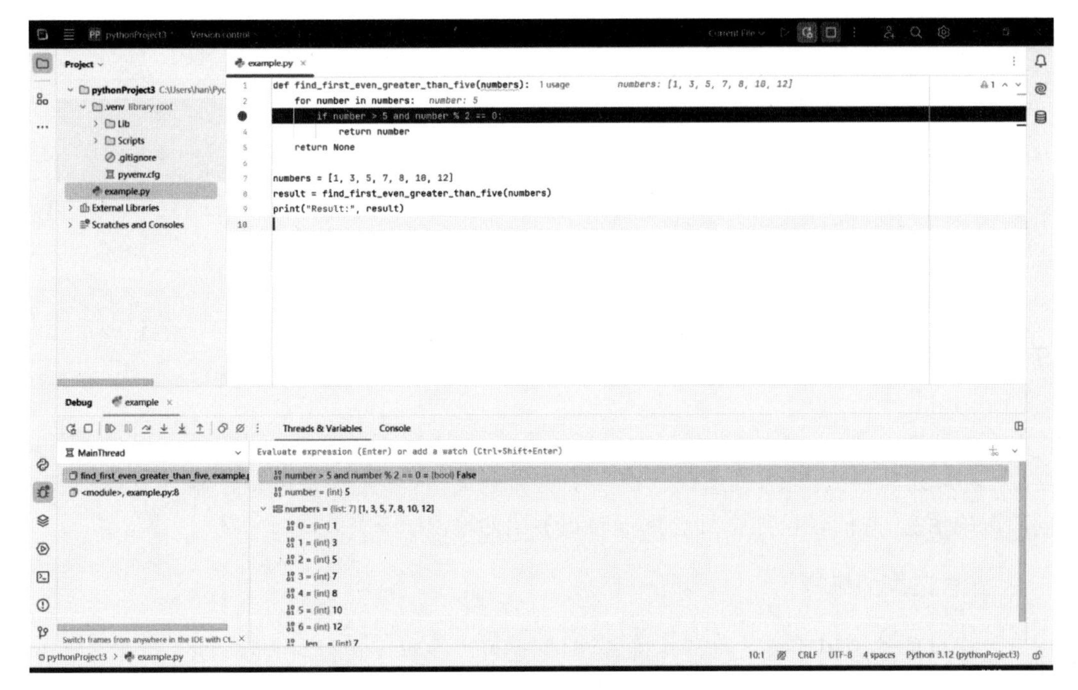

图 9-1　PyCharm 的调试模式

假如输入 numbers=[1,3,5,7],调试会发现循环结束后仍未返回值。在这种情况下,可以在 return None 行设置断点,以确保函数在未找到符合条件的数值时正确返回 None。

通过断点和单步执行,程序员可以详细观察每个步骤的执行情况,确认代码逻辑的正确与否,并在发现问题时进行有效的修复。

9.6　Python 调试器 pdb

Python Debugger(pdb)是 Python 官方提供的命令行调试器,允许开发者以交互方式调试 Python 代码。通过 pdb,可以设置断点、单步执行、检查堆栈帧、查看和修改变量等操作。pdb 尤其适用于无法使用图形界面 IDE 的场景,例如在远程服务器或终端环境中调试代码。

(1) pdb 的基本使用。

在 Python 脚本中启用 pdb 的最简单方法是导入 pdb 模块,并在希望暂停执行的地方调用 pdb.set_trace(),代码如下:

```
import pdb

def divide(x, y):
    pdb.set_trace()     # 在此处设置断点
    return x / y

print(divide(10, 0))
```

当运行该代码时,程序会在 set_trace()处暂停,并进入 pdb 调试环境,允许逐步查看程序状态和变量值。

(2) pdb 的常用命令。

在 pdb 环境中,可以使用多种命令来控制程序执行并检查状态。

b(breakpoint)：设置断点。例如，b15 会在第 15 行设置断点。

n(next)：执行下一行代码。

s(step)：步入函数或方法内部。

c(continue)：继续执行，直到遇到下一个断点。

p(print)：打印变量的值。例如，px 会打印变量 x 的当前值。

l(list)：列出当前位置的源代码。

这些命令提供了对程序执行的细粒度控制，使调试过程更加清晰。

9.7 利用日志记录进行调试 *

日志记录是一种在程序运行时记录信息的方法，对调试和长期监控程序行为非常有帮助。与使用 print 语句调试相比，日志记录提供了更高的灵活性，允许程序员控制日志级别、记录不同层次的信息，并能轻松地将日志重定向到不同的输出。

1. 日志记录的概念

日志记录能够为程序留下执行轨迹，这些信息可以在程序运行时查看，也可以在之后进行检查。日志不仅在调试时有用，对监控生产环境中的程序行为也非常有价值。日志可以记录错误、警告、信息性消息以及调试信息等内容，帮助程序员了解程序的运行情况并快速定位问题。

2. 如何在 Python 中使用日志记录

Python 提供了一个强大的日志系统，通过标准库 logging 可以便捷地实现日志记录。以下是一个基本的日志记录示例。

```
import logging

# 基础配置
logging.basicConfig(level = logging.DEBUG)

def divide(x, y):
    logging.debug("函数 divide 被调用,x 的值为: %s, y 的值为: %s", x, y)
    if y == 0:
        logging.error("尝试除以零")
        return None
    return x / y

result = divide(10, 0)
```

在这个例子中，使用了 logging 模块来记录调试和错误信息。basicConfig 函数用于设置日志级别和格式，logging.debug 和 logging.error 分别用于记录不同级别的信息。

3. 配置日志级别和格式

日志级别决定了记录哪些消息，常见的日志级别包括 DEBUG、INFO、WARNING、ERROR 和 CRITICAL，重要性依次递增。通过设置不同的日志级别，可以控制输出的详细程度。例如，将日志级别设置为 INFO，则所有 INFO 级别及以上的信息都会记录，而 DEBUG

级别的则被忽略。

日志格式化允许控制日志消息的结构和内容，可以包含时间戳、日志级别、消息等信息。以下是如何配置自定义日志格式的示例：

```
logging.basicConfig(format = '%(asctime)s - %(levelname)s - %(message)s', level = logging.
INFO)
```

这将生成类似以下格式的日志输出：

```
2025-01-01 12:34:56,789 - ERROR - 尝试除以零
```

通过合理使用日志记录，可以构建一个强大的调试和监控系统，在开发和维护过程中提供宝贵的信息。合适的日志记录策略不仅有助于调试，还能帮助程序员更好地理解和优化程序的行为。因此，日志记录是一项关键技能，不仅适用于开发调试阶段，也在生产环境监控中发挥着重要作用。

9.8 单元测试与调试*

单元测试是软件开发过程中的重要组成部分，用于对软件的最小可测试部分（通常是函数或方法）进行独立和自动化的测试。单元测试不仅能确保代码的正确性，还可以作为调试工具，帮助开发者在早期阶段发现并修复错误。

1. 单元测试的基本概念

单元测试的核心思想是将程序分解为独立的可测试单元，并为每个单元编写测试用例。每个测试用例都应在不同的环境或运行顺序下保持一致结果，以确保测试的可靠性。

一个好的单元测试应遵循以下原则。

(1) 独立性：每个测试应该独立于其他测试，以确保无论单独运行还是成组运行，测试结果都保持一致。

(2) 重复性：测试应在每次运行时得到相同的结果。

(3) 自动化：测试应能自动运行，无须手动干预。

(4) 全面性：应覆盖代码的各种可能路径和场景，包括边界条件和异常情况。

2. 编写单元测试以辅助调试

单元测试有助于调试，因为它们可以快速检查代码是否按预期工作。一旦测试失败，通常能指向问题的根源，从而简化调试过程。

编写单元测试通常包括以下步骤。

(1) 选择测试单元：确定要测试的具体函数或方法。

(2) 定义测试案例：考虑该单元的期望行为，包括正常和异常输入。

(3) 编写测试代码：使用断言检查该单元是否表现符合预期。

3. 使用 unittest 框架

Python 的 unittest 模块是一个广泛使用的单元测试框架，提供了定义测试用例、组装测试套件和运行测试的工具。

例 9.3 使用 unittest 框架进行单元测试。

```
import unittest

def add(x, y):
    return x + y

class TestMathFunctions(unittest.TestCase):

    def test_add(self):
        self.assertEqual(add(1, 2), 3)
        self.assertEqual(add(-1, -1), -2)
        self.assertEqual(add(0, 0), 0)

if __name__ == '__main__':
    unittest.main()
```

在这个例子中，为 add()函数创建了几个测试案例，以确保它在不同输入下都能正确返回结果。unittest.TestCase 类提供了一个基础框架来创建测试案例，assertEqual()方法用于断言实际结果与预期结果是否一致。

通过定期运行单元测试，可以在代码修改后快速发现引入的错误，加快调试过程。单元测试还可以确保代码更改不会破坏现有功能，以提升软件的质量和可维护性。

9.9 调试高级技巧 *

调试不仅仅是找出代码中的错误，还包括提升代码质量、性能和可维护性。以下是一些高级调试技巧，有助于编写高效、可靠的 Python 代码。

1. 代码审查

代码审查是一个团队成员间互相检查代码的过程，目的是发现和修复错误，提高代码质量。代码审查的主要优势包括如下四项。

(1) 发现错误：他人可能会发现开发者未注意到的问题。

(2) 提高代码质量：通过讨论和反馈，可以提高代码的整洁性和可读性。

(3) 知识分享：团队成员可以学习彼此的技巧和最佳实践。

(4) 提升团队合作：共同审查代码促进团队内的沟通和合作。

2. 静态代码分析工具

静态代码分析是在不运行程序的情况下对代码进行检查，能够帮助识别错误、潜在问题和不规范的编码风格。常见的 Python 静态分析工具包括如下三种。

(1) Pylint：检测代码错误并强制执行编码规范和风格指南。

(2) Flake8：结合了 PyFlakes、pycodestyle 和 McCabe 脚本，用于检查代码风格一致性和复杂度。

(3) Mypy：一个可选的静态类型检查器，用于验证类型注解的正确性和一致性。

3. 性能分析

性能分析是调试过程中的一个重要方面，尤其适用于需要高效率和低延迟的代码。Python

提供了多个工具来帮助分析和优化代码的性能。

（1）cProfile：Python 内置的强大性能分析模块，可用于分析程序的运行时间。

（2）line_profiler：第三方模块，可逐行分析代码的执行时间，帮助识别性能瓶颈。

（3）memory_profiler：用于监控 Python 代码的内存使用情况，适用于需要优化内存占用的项目。

9.10　应用案例

例 9.4　随机整数除法及异常处理代码调试。

设计程序生成一组随机整数，并对相邻的两个数字进行除法操作。程序中包含了异常处理，以防止除以零的情况，且通过打印信息展示除法过程中的各个步骤，以便更好地理解和调试代码，实现代码如下：

```
import random

def divide_numbers(a, b):
    try:
        result = a / b
    except ZeroDivisionError:
        print("Error: Division by zero is not allowed.")
        result = None
    return result

def main():
    numbers = [random.randint(0, 10) for _ in range(10)]
    print("Generated numbers:", numbers)

    for i in range(len(numbers) - 1):
        a = numbers[i]
        b = numbers[i + 1]
        print(f"Dividing {a} by {b}...")
        result = divide_numbers(a, b)
        if result is not None:
            print(f"Result: {result}\n")
        else:
            print("Skipping invalid division.\n")

if __name__ == "__main__":
    main()
```

在该程序中，首先使用 random.randint(0,10)生成 10 个随机整数，并将其存储在列表 numbers 中。随后，对相邻的两个数字进行除法操作，并通过 divide_numbers 函数计算结果。该函数加入了异常处理，以防除数为零的情况。每次除法的结果都会打印出来，以便跟踪程序执行情况。

在 Jupyter Notebook 中，切换界面到 JupyterLab 界面进行调试，如图 9-2 所示，调试步骤如下。

（1）在工具栏中单击 Enable Debugger，进入调试状态。

（2）在代码的第 12 行（即循环开始的位置）设置一个断点。

(3) 多次单击调试工具栏的 Next 按钮,逐步执行代码,直到程序运行到第 19 行。在此时,可以通过右侧的 VARIABLES 面板查看程序中的变量值,例如: a=4,b=0,i=0,以及 numbers=[4,0,2,1,3,4,4,2,3,0]。

(4) 单击 Step In 按钮进入 divide_numbers()函数内部,随后使用 Next 按钮依次执行该函数中的代码。

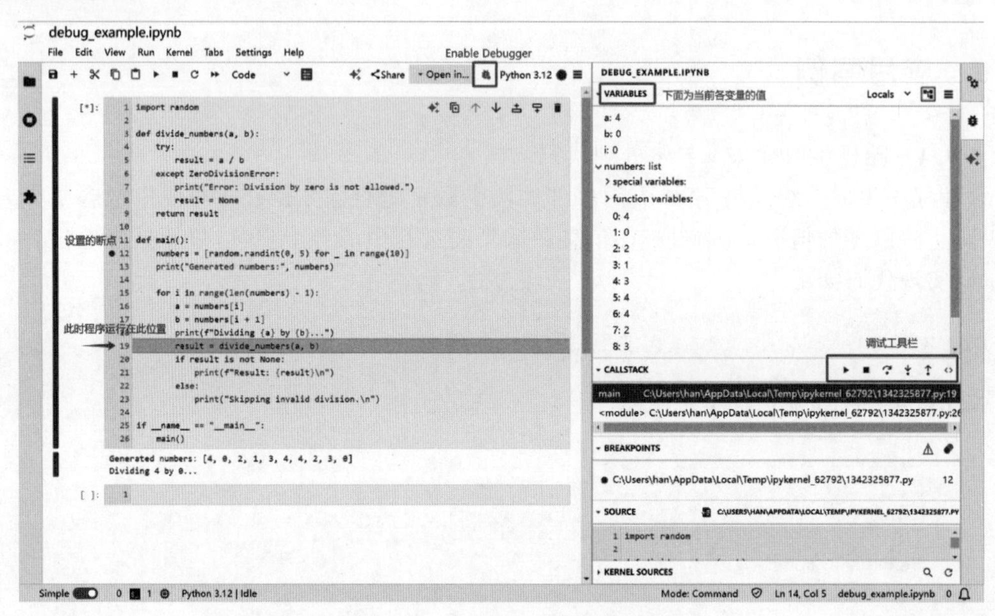

图 9-2 JupyterLab 调试界面

在 JupyterLab 的调试工具栏中,提供了一组常用的调试按钮功能。各按钮的功能如下。

(1) Continue(继续): 恢复程序执行,直到遇到下一个断点或程序结束。如果程序在某个断点暂停,单击此按钮后程序将继续运行。

(2) Terminate(终止): 立即停止程序的执行,用于中断当前正在运行或调试的程序。

(3) Next(单步跳过/逐步执行): 执行当前行代码。如果该行包含函数调用,它会跳过函数体执行并直接返回到下一行代码,适用于不进入函数内部的逐步调试。

(4) Step In(单步进入): 逐行执行代码。遇到函数调用时会进入该函数内部,逐步执行其中每一行代码,便于深入调试函数内部的实现。

(5) Step Out(单步退出): 退出当前函数,返回到调用该函数的代码行。适用于调试深层嵌套的函数时快速返回上一级上下文。

(6) Evaluate Code(评估代码): 允许在调试暂停时输入任意代码并执行,可用来检查变量值、运行表达式或修改程序状态,便于动态调试和分析程序状态。

注意,Python 的其他集成开发环境(如 PyCharm 和 VS Code)也提供了类似的图形化调试工具。与传统的命令行调试器 pdb 相比,这些图形化工具更加直观、便于操作,广泛应用于实际开发中。

本章小结

程序调试的内容小结如表 9-1 所示。

表 9-1　程序调试

类　别	原理/方法/属性	说　明
调试基本概念	调试概念	调试是识别、诊断和修复代码错误的过程,提高程序的健壮性、可靠性和可维护性
	调试目标	包括确保程序的正确性、提高效率和保证稳定性
	调试原则	调试应系统化、有耐心,并记录发现
常见的错误类型	语法错误	通常在代码执行前被编译器或解释器检测到,易于发现和修复
	运行时错误	程序运行时出现的错误,如除以零、文件访问错误等,导致程序中止
	逻辑错误	代码逻辑错误,不会导致崩溃但会产生错误结果
	语义错误	代码在语法和逻辑上无误,但功能未达预期
print 基础调试	使用 print 语句	打印变量值或程序状态,帮助理解程序行为
错误消息	错误类型	指明错误种类,如 TypeError、NameError、SyntaxError
	错误消息	提供错误的详细说明,如未定义变量或类型不匹配
	追踪信息	包含错误位置、文件名、行号和相关代码片段,帮助快速定位问题
断点与单步执行	断点	设置在代码特定行,程序暂停执行,便于查看变量值和执行流程
	单步执行	步入(进入函数)、步过(跳过函数)、步出(退出函数),便于详细观察代码执行
	调试面板	调试器中查看和修改变量值,以及观察调用栈,特别适用于复杂代码
调试器 pdb	pdb 模块的使用	在代码中插入 pdb. set_trace(),进入命令行调试模式
	常用命令	包括断点设置、步入、步过、继续执行、打印变量等
	高级功能	条件断点、临时断点、查看调用堆栈、堆栈上下移动等,适合处理复杂场景
日志记录调试	日志概念	记录程序执行信息,帮助监控和调试,尤其适用于生产环境
	使用 logging 模块	设置日志级别和格式,记录不同层次信息,如 DEBUG、ERROR 等
	日志级别和格式	设置日志详细程度和格式化信息,如包含时间戳、日志级别等
单元测试	单元测试概念	对最小可测试单元(如函数)进行独立和自动化测试,确保代码正确性
	单元测试原则	包括独立性、重复性、自动化和全面性,覆盖不同输入和场景
	使用 unittest 框架	编写测试用例和断言,确保函数在各种输入下行为符合预期
调试高级技巧	代码审查	团队成员间互相检查代码,提高代码质量和发现问题
	静态代码分析工具	如 Pylint、Flake8 和 Mypy,用于检测错误和不规范代码
	性能分析工具	cProfile、line_profiler 和 memory_profiler,用于分析代码执行时间和内存使用
应用案例	随机整数除法及异常处理	使用异常处理和日志记录,展示除法操作和错误处理的调试方法
	JupyterLab 调试	在 JupyterLab 调试界面激活调试模式,进入调试状态

第10章

面向对象编程

面向对象编程是一种强大的编程范式，通过将数据与行为封装到对象中，使程序设计更加直观、模块化和可扩展。本章将引入面向对象编程的基本概念，包括类与对象、字段、方法、继承、多态以及运算符重载等核心内容。同时，还将探索 Python 中特有的对象机制、元类、修饰器和类型注解等高级特性。通过应用案例，学习如何运用面向对象编程的理念与实践，构建高效、灵活的代码架构。

10.1 面向对象的基本概念

10.1.1 面向对象的引入

随着程序复杂度的增加，代码行数逐渐增多，函数之间的调用关系也变得愈加复杂。为简化管理，通常将完成独立功能的代码封装成函数，使程序围绕函数及其相互关系进行组织，这种编程方式称为面向过程编程。

然而，当函数数量继续增加时，函数间的调用关系变得更加难以维护和扩展。在这种情况下，我们引入了面向对象编程(Object-Oriented Programming, OOP)。通过将逻辑上相关的变量和函数封装为对象，使程序设计更加符合人类认知，即以对象及其交互为核心。OOP 的优势在于模块化、可复用性和可维护性，OOP 通过封装、继承和多态等特性，大幅提高了程序的灵活性和扩展性。

面向过程编程与面向对象编程的特点与适用场景如表 10-1 所示。

表 10-1　面向过程编程与面向对象编程比较

编程范式	特点	适用场景
面向过程编程	以函数为核心，适合结构简单的小型程序	数据与操作密集度较低的任务
面向对象编程	以对象及其关系为核心，适合复杂程序	大规模系统，便于模块化和重用

10.1.2 面向对象的基本概念

面向对象编程的两个基本概念是**类**和**对象**。

类(class)：一种用户自定义的数据类型，用于描述一类事物的属性和行为。

对象(object)：类的实例，即该类的具体表现形式。

在 Python 中，已内置了许多类，例如 list、tuple、dict 和 set 等，而这些类的实例则是对象。例如，list1 = list()中，等号右侧的 list 是类，而等号左侧的 list1 是对象。Python 是一个面向对象的解释型语言，所有的数据类型都视为对象，例如整数类型 int 是类，而整型变量则是 int 类的对象。

用户可以自定义类。类中包含字段(Field)和方法(Method)，字段是类的变量，而方法是类中的函数。根据 PEP 8 规范，类名的首字母应大写，而字段和方法的首字母则应小写。

使用类的过程包括以下两个步骤。

(1) 定义类：在类中定义字段和方法。

(2) 使用类：创建类的对象，并使用对象访问字段和方法。

类的语法如下。

```
# 定义类
class ClassName:
    variable_name = 'variable_value'

    def function_name(self, other_function_parameters):
        # 函数体
        pass                                    # pass 关键词为占位符，表示该方法目前未实现

# 使用类
my_class_name = ClassName()                     # 实例化一个对象
my_class_name.function_name('my_parameters') # 调用类中的方法
```

在类的定义中，使用关键字 class 声明一个新类，后接类名和冒号。类名通常以大写字母开头。类中可以包含类变量(如 variable_name)，用于在所有实例中共享数据；方法(如 function_name)则是类中的函数，第一个参数 self 表示调用该方法的实例，允许方法访问或修改该实例的属性。方法体可以包含具体实现，也可以使用 pass 作为占位符，表示该方法尚未实现。

定义好类之后，可以通过 ClassName()来实例化对象，随后使用点号(.)来调用对象的字段和方法。例如，my_class_name.function_name()调用类中定义的方法。

10.2　self 参数

与类外定义的普通函数不同，类方法的参数列表中会多出一个特殊参数，即 self 参数。self 表示当前对象本身，且必须是方法的第一个形参。然而，当调用类方法时，用户无须为 self 参数赋值，因为 Python 会自动将当前对象作为 self 传递。

Python 自动传递 self 的过程如下：假设有一个 MyClass 类，以及该类的对象 myobject；当调用该对象的某个方法，如 myobject.method(arg1, arg2)时，Python 实际上会将其自动转化为 MyClass.method(myobject, arg1, arg2)，其中 myobject 会自动作为第一个参数传递给 self。

此外，__init__()方法是类的构造函数，它在创建对象时自动调用，用于初始化对象的属性。构造函数的主要作用是为对象提供初始值，使对象在创建后即可使用。

例 10.1　学生类的定义与使用。

```
class Student:
    def __init__(self, name):
        self.name = name
    def hello(self):
        print('你好，我的名字叫', self.name)
stu = Student('李明')
stu.hello()      # 输出：你好，我的名字叫李明
```

在这个例子中，首先定义了一个 Student 类，该类的构造函数__init__()将形参 name 赋值给实例属性 self.name。当调用 stu.hello()时，self 会自动指向 stu 对象，因此能够访问并输出该对象的 name 属性。

10.3 字段

10.3.1 类变量和对象变量

根据所属范围的不同，字段(Attribute，也称为属性)可分为类变量(Class Variables)和对象变量(Object Variables)。

(1) 类变量：类变量由该类的所有对象共享。该变量在内存中只保留一个副本，任何对象对类变量的修改都会反映在其他对象中。类变量在类的内部、方法的外部定义。

(2) 对象变量：对象变量仅属于当前对象，每个对象都有自己独立的对象变量。一个对象对对象变量的修改不会影响其他对象的同名变量。对象变量通过 self 在构造函数中定义和赋值。

例 10.2 类的字段定义与使用。

```
class Dog:
    species = '灰狼'              # 类变量

    def __init__(self, name):
        self.name = name          # 对象变量

dog1 = Dog('巴迪')
dog2 = Dog('可可')

# 类变量的使用
print('狗的种类:', Dog.species)
print('dog1 的种类:', dog1.species)
print('dog2 的种类:', dog2.species)

Dog.species = '灰狼/灰狼改良种' # 修改类变量
print('新的 dog1 的种类:', dog1.species)
print('新的 dog2 的种类:', dog2.species)

# 对象变量的使用
print('dog1 的名字:', dog1.name)
print('dog2 的名字:', dog2.name)

dog1.name = '巴德'              # 修改对象变量
print('新的 dog1 的名字:', dog1.name)
print('dog2 的名字:', dog2.name)
```

在以上代码中，定义了一个类变量 species，用于表示狗的种类。类变量是由所有类的实例共享的，因此无论通过类名 Dog 还是通过具体对象 dog1 和 dog2 来访问，species 的值都是相同的。当通过 Dog.species = '灰狼/灰狼改良种'修改类变量的值时，所有对象的 species 值也同步改变。构造函数__init__()中定义了对象变量 name，每个对象都有自己独立的 name 变量。因此，dog1 和 dog2 分别拥有自己的名称。当修改 dog1 的 name 值为“巴德”时，仅 dog1 的名称发生了变化，而 dog2 的名称保持为“可可”。这说明了对象变量是独立于每个对象的，不同对象的同名对象变量互不影响。

运行结果：

```
狗的种类：灰狼
dog1 的种类：灰狼
dog2 的种类：灰狼
新的 dog1 的种类：灰狼/灰狼改良种
新的 dog2 的种类：灰狼/灰狼改良种
dog1 的名字：巴迪
dog2 的名字：可可
新的 dog1 的名字：巴德
dog2 的名字：可可
```

10.3.2　成员的访问权限

在 Python 中，类的成员（包括字段和方法）可以按照访问权限分为以下三种类型。

（1）公有成员（public members）：默认情况下，所有成员都是公有的，可以在类内和类外访问。

（2）保护成员（protected members）：通常以单下画线（_）开头，只建议在类及其子类内访问。虽然可以在外部访问保护成员，但这种用法不被推荐。

（3）私有成员（private members）：以双下画线（__）开头，仅限类内部访问，无法在类外直接访问，但可以通过类内部的公有方法间接访问。

例 10.3　成员的访问权限。

```
class MyClass:
    def __init__(self):
        self.public_variable = "我是公有的"
        self._protected_variable = "我是受保护的"
        self.__private_variable = "我是私有的"

    def access_private(self):
        print(self.__private_variable)

obj = MyClass()
print(obj.public_variable)              # 公有成员可直接访问
print(obj._protected_variable)          # 保护成员不推荐在外部访问
# print(obj.__private_variable)         # 直接访问私有成员会出错
obj.access_private()                    # 通过类内方法访问私有成员
```

运行结果：

```
我是公有的
我是受保护的
我是私有的
```

10.3.3　Python 内置类属性

Python 内置了一些类属性，这些属性帮助开发者了解类的内部结构。可以通过“类名.类属性”的方式来访问这些内置属性。

__dict__：包含类的所有属性和方法的字典。

__doc__：类的文档字符串。

__name__：类的名称。

__module__：类所在的模块。

__bases__：类的所有父类构成的元组。

例 10.4 使用 Python 内置类属性。

```
class Person:
    """ Base class for all persons """
    count = 0

    def __init__(self, pid, name):
        self.pid = pid
        self.name = name
        Person.count += 1

print('Person.__doc__:', Person.__doc__)
print('Person.__name__:', Person.__name__)
print('Person.__module__:', Person.__module__)
print('Person.__bases__:', Person.__bases__)
print('Person.__dict__:', Person.__dict__)
```

运行结果：

```
Person.__doc__: Base class for all persons
Person.__name__: Person
Person.__module__: __main__
Person.__bases__: (<class 'object'>,)
Person.__dict__: {'__module__': '__main__', '__doc__': 'Base class for all persons', 'count': 0,
'__init__': <function Person.__init__ at 0x000001914A3B1940>, '__dict__': <attribute '__dict__
' of 'Person' objects>, '__weakref__': <attribute '__weakref__' of 'Person' objects>}
```

10.4 方法

在 Python 中,类的方法(Methods)用于实现类的功能,可分为以下五种。

(1) 公有方法(Public Methods):可以在类的内部和外部调用,用于实现公开的功能。

(2) 保护方法(Protected Methods):通常以单下画线(_)开头,建议仅在类及其子类中使用。虽然可以在外部访问保护方法,但这种用法不被推荐。

(3) 私有方法(Private Methods):只能在类的内部调用,方法名以双下画线(__)开头。

(4) 静态方法(Static Methods):不直接关联于类的实例,可以通过类名或对象名调用,使用@staticmethod 装饰器定义。

(5) 类方法(Class Methods):第一个参数为 cls,表示类本身,可以通过类名或对象名调用,使用@classmethod 装饰器定义。

例 10.5 类的方法定义与调用。

```
class Fish:
    """鱼类"""

    fish_count = 0                # 类变量

    def __init__(self, id):
        self.id = id              # 对象变量
```

```
        Fish.fish_count += 1
        print(f'正在创建鱼 {self.id}')

    # 公有方法
    def swim(self):
        print(f'鱼 {self.id} 正在游泳')

    # 私有方法
    def __private_method(self):
        print(f'这是鱼 {self.id} 的一个私有方法')

    # 访问私有方法的公有方法
    def access_private_method(self):
        self.__private_method()        # 在类内部调用私有方法

    # 静态方法
    @staticmethod
    def static_method():
        print('这是一个静态方法,与任何特定鱼无关')

    # 类方法
    @classmethod
    def get_fish_count(cls):
        print(f'当前有 {cls.fish_count} 条鱼')

# 实例化对象并调用各种方法
school = [Fish(i) for i in range(3)]
school[0].swim()                       # 调用公有方法
school[0].access_private_method()      # 间接访问私有方法
Fish.static_method()                   # 直接调用静态方法
Fish.get_fish_count()                  # 调用类方法
```

在上述代码中,fish_count 是一个类变量,所有 Fish 对象共享此变量。每次创建一个 Fish 对象时,该变量增加 1,记录当前鱼的总数量。下面对代码中定义的各类方法分别进行解释。

(1) 公有方法 swim():既可以在类的内部调用,也可以在外部通过对象调用。例如,school[0].swim()在外部调用该公有方法。

(2) 私有方法 __private_method():以双下画短线开头,使其只能在类内部使用,不能在外部直接调用,但可以通过公有方法 access_private_method()间接调用。

(3) 静态方法 static_method():定义了一些独立于类和实例的数据逻辑,可以通过类名直接调用,例如 Fish.static_method(),因为它不涉及特定实例数据。

(4) 类方法 get_fish_count():可以通过类名或实例名调用,用于访问或操作类变量 fish_count,在示例中展示了当前 Fish 类的实例总数量。

运行结果:

```
正在创建鱼 0
正在创建鱼 1
正在创建鱼 2
鱼 0 正在游泳
```

```
这是鱼 0 的一个私有方法
这是一个静态方法,与任何特定鱼无关
当前有 3 条鱼
```

【函数与方法】

虽然方法和函数在 Python 中都用于执行代码,但它们存在一些微小差别:方法是与类关联的函数,通常用于操作和访问对象的数据;而函数是独立的代码块,用于执行特定任务,不直接关联于任何对象。有些场景下二者可能混用,读者注意理解。

10.5 类的继承

10.5.1 类继承的基本概念

类继承是面向对象编程的核心特性之一,通过继承,子类可以复用父类的属性和方法,同时扩展特有功能,从而构建具有良好扩展性和复用性的代码架构。

当一个类(子类)继承另一个类(父类)时,子类可以直接使用父类的公共或受保护属性和方法。此外,子类可以通过重写(override)父类的方法来实现新的功能,同时保留调用父类方法的能力。有时父类也称为基类,子类也称为派生类。

类继承的语法如下。

在 Python 中,可以通过 class 关键字实现继承。定义子类时,通过括号指定其父类。

```
class ChildClass(ParentClass):
    pass
```

子类自动继承父类的属性和方法,从而避免重复代码。Python 还支持以下特性:

(1) 重写父类方法:子类可以通过与父类方法同名的方法来重写功能。

(2) 调用父类方法:在子类中,可以使用 super().method_name()调用父类的同名方法。

(3) 单继承与多继承:Python 支持单继承和多继承。单继承指子类继承一个父类,多继承指子类可以继承多个父类,例如:

```
class SubClass(BaseClass1, BaseClass2):
    pass
```

10.5.2 创建父类

任何类都可以作为父类,创建父类的语法与创建其他类相同。

例 10.6 创建一个用户类 User,其中包含姓名和年龄属性,以及打印信息的方法和接收消息的方法。

```
class User:
    def __init__(self, name, age):
        self.name = name
        self.age = age

    def print_info(self):
```

```
        print(f'姓名: {self.name}, 年龄: {self.age}')

    def receive(self, msg):
        print(f'{self.name} 收到了一条消息: {msg}')

# 创建 User 类的实例并调用方法
user = User('李白', 54)
user.print_info()
```

在上述代码中,创建了一个名为 User 的类,它具有两个属性: name 和 age,并定义了两个公有方法: print_info()用于打印用户的姓名和年龄,receive()用于接收并打印消息。然后,通过实例化 User 类并调用 print_info()方法,输出用户信息。

运行结果:

```
姓名: 李白, 年龄: 54
```

10.5.3 创建子类

在 Python 中,可以通过将父类作为参数传入子类来实现继承。

(1) 创建一个空的子类。

例如,创建一个管理员用户类 Admin,继承了 User 类。

```
class Admin(User):
    pass     # 该关键词表示该类暂时没有任何属性和方法
```

此时,Admin 类自动继承了 User 类的所有属性和方法。

```
admin = Admin('李白', 54)
admin.printInfo()
```

运行结果:

```
姓名: 李白, 年龄: 54
```

(2) 在子类中添加构造函数。可以在子类中定义自己的构造函数__init__(),但这样会覆盖父类的构造函数。如果仍然需要调用父类的构造函数,可以在子类的构造函数中使用 super()函数显式调用,以获取父类的属性或行为。

(3) 在了类中添加属性和方法。可以将子类所特有的属性和方法添加到子类中。

例 10.6 续 1 Admin 类继承了 User 类,并在其中添加特有属性 year 和方法 sendMsg()。

```
class Admin(User):
    def __init__(self, name, age, year):
        super().__init__(name, age)         # 调用父类的构造函数
        self.year = year

    def send_msg(self, user, msg):
        print(f'{self.name} 正在发送消息。')
        user.receive(msg)                   # 假设 User 类中有 receive() 方法

    def print_info(self):                   # 重写父类方法
        print(f'姓名: {self.name}, 年龄: {self.age}, 年份: {self.year}')
```

在此例中，子类 Admin 新增了一个年份属性 year，以及一个用于发送消息的 send_msg()方法。send_msg()方法中的参数 user 表示接收消息的用户对象，msg 表示要发送的消息。该方法不仅输出信息，还调用接收用户的 receive()方法。此外，Admin 类还重写了 User 类的 print_info()方法，使其包含子类特有的 year 属性。

(4) 调用子类的方法。创建子类对象并调用其方法。

例 10.6 续 2 类 User 和子类 Admin 的方法调用。

```
user = User('汪伦', 33)
admin = Admin('李白', 54, 755)
admin.print_info()
admin.send_msg(user, '桃花潭水深千尺,不及汪伦送我情。')
user.print_info()
```

运行结果：

```
姓名: 李白, 年龄: 54, 年份: 755
李白 正在发送消息。
汪伦 收到了一条消息: 桃花潭水深千尺,不及汪伦送我情。
姓名: 汪伦, 年龄: 33
```

在此例中，由于 Admin 类重写了 print_info()方法，调用 admin.print_info()时，将使用 Admin 类的实现，而不是 User 类中的 print_info()方法实现。

10.6 面向对象的内存管理*

在面向对象编程中，内存管理涉及类和对象在内存中的分配、存储与释放。Python 通过动态分配内存、引用计数和垃圾回收机制，确保内存的高效利用和自动释放。理解类和对象的内存管理机制，有助于编写高效、稳定的代码。

类与对象的内存结构简介如下。

(1) 类：类是对象的模板，在内存中由 Python 解释器维护一个类对象，用于存储类变量、方法和元信息（如__dict__表示命名空间，__bases__表示基类，__name__表示类名等）。类变量共享于所有实例。

(2) 对象：对象是类的实例，每个对象在堆内存中分配独立的存储空间，用于保存实例变量。同时，实例共享类的属性和方法，方法在调用时通过动态绑定实现。

例 10.7 类和对象的内存管理。

以下代码展示了类和对象的内存分配与调用规则。

```
class Animal:
    # 类变量
    kingdom = '动物界'

    def __init__(self, name):
        # 对象变量
        self.name = name

    # 方法
    def speak(self):
```

```
        return f'{self.name} 在发出声音。'

class Dog(Animal):
    def __init__(self, name, breed):
        super().__init__(name)
        # 子类的对象变量
        self.breed = breed

    # 重载的方法
    def speak(self):
        return f'{self.name} ({self.breed}) 在汪汪叫!'

# 创建对象
dog1 = Dog('巴迪', '哈士奇')
dog2 = Dog('可可', '金毛')

# 访问类变量
print(Dog.kingdom)                  # 动物界
print(dog1.kingdom)                 # 动物界

# 访问对象变量
print(dog1.name, dog1.breed)        # 巴迪 哈士奇
print(dog2.name, dog2.breed)        # 可可 金毛

# 调用方法
print(dog1.speak())                 # 巴迪 (哈士奇) 在汪汪叫!
print(dog2.speak())                 # 可可 (金毛) 在汪汪叫!
```

基于以上代码,面向对象的内存管理如图 10-1 所示,其内存管理机制如下所示。

(1) 类内存分配:Python 为 Animal 和 Dog 创建类对象,存储类变量和方法。

① 类变量(如 kingdom)存储在类的命名空间中,由所有对象共享。

② 子类 Dog 继承了 Animal 的属性和方法,同时定义了自己的构造方法和重载方法。

(2) 对象内存分配

① 实例化 dog1 和 dog2 时,Python 在堆内存中分配独立的存储空间,用于保存对象变量(如 name 和 breed)。这些变量存储在对象的__dict__中。

② 方法定义仅存储在类中,调用时通过 self 参数动态绑定实例对象。

(3) 变量和方法的查找规则

① 对象方法:调用 dog1.speak()时,Python 首先查找 Dog 类的命名空间(Dog.__dict__),找到重载的 speak 方法并执行。如果 Dog 类中未定义该方法,则继续查找其父类 Animal 的命名空间。

② 类变量:访问 dog1.kingdom 时,Python 首先查找对象的命名空间(dog1.__dict__)。若未找到,则查找 Dog 类的命名空间,返回继承自 Animal 的 kingdom 值'动物界'。

③ 对象变量:如 dog1.name 和 dog1.breed,直接存储在 dog1.__dict__中,是实例独有的变量,确保不同实例之间互不干扰。

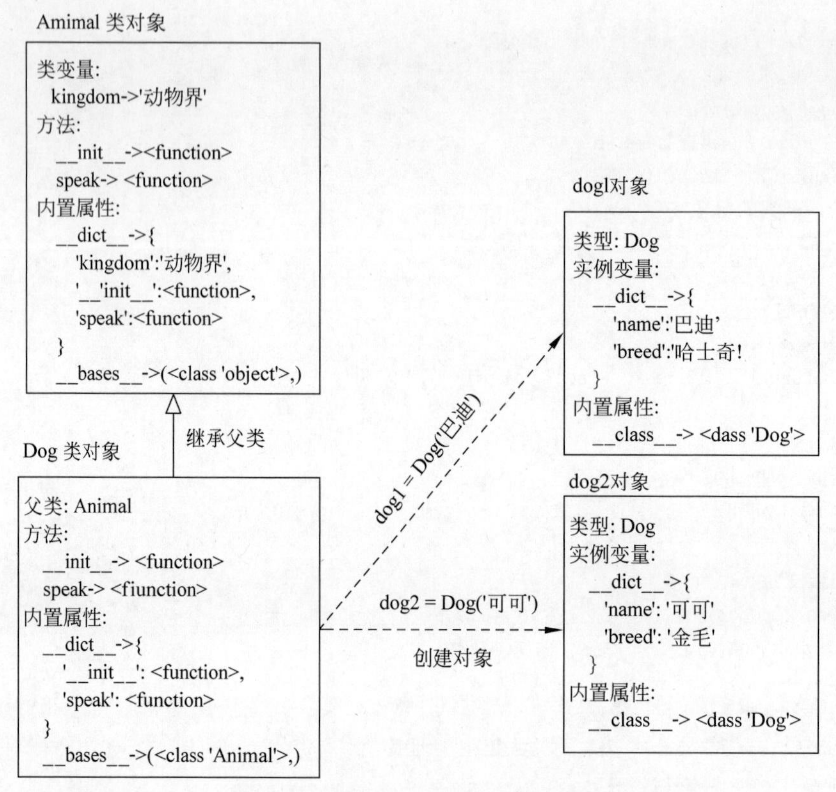

图 10-1　面向对象内存管理示意图

10.7　运算符重载 *

运算符重载是 Python 面向对象编程的特性之一。通过重载运算符,可以自定义类对象的行为,使其像内置类型一样自然。Python 支持许多内置的魔法方法(Magic Methods),这些方法的名称以双下画线(__)开头和结尾。魔法方法通常不会被直接调用,而是通过运算符和内置函数自动触发。例如,加法运算符“+”、索引操作“[]”和打印函数 print()等。

10.7.1　常见魔法方法

表 10-2 列出一些常见的魔法方法及其功能,这些方法允许类对象自定义各种操作。

表 10-2　常见的重载方法

重载方法	功　能	调用形式
__init__	构造函数	a = ClassA(args)
__add__	加法运算符+	a = b+c
__getitem__	索引和分片	a[key], a[start:stop:step]
__iter__, __next__	迭代上下文	for item in a, next(iter(a))
__repr__	对象表示	repr(a), print(a)

10.7.2　运算符重载示例

1. 加法运算符重载

例 10.8　通过重载__add__()方法自定义了加法运算符,使 Person 类的对象可以执行“加法”操作来增加工资。

```
class Person:
    def __init__(self, name, salary):
        self.name = name
        self.salary = salary

    def __add__(self, raise_amount):
        self.salary += raise_amount
        return self

# 创建实例并执行加法操作
person = Person('李雷', 5000)
person = person + 1000    # 实际调用 __add__ 方法
print('李雷的新工资:', person.salary)
```

在上述代码中,Person 类中的__add__()方法实现了将对象的 salary 属性增加传入的数值,并返回修改后的对象,使得 person+1000 等价于调用 person.__add__(1000)。

运行结果:

```
李雷的新工资: 6000
```

2. 索引和分片方法的重载

通过重载__getitem__()方法,可以实现自定义的索引和分片功能。

例 10.9 重载__getitem__()方法,以返回平方数列表中的指定元素或分片。

```
class SquaresIndex:
    def __init__(self, numbers):
        self.values = [num ** 2 for num in numbers]

    def __getitem__(self, index):
        if isinstance(index, int):
            return self.values[index]
        return self.values[index.start:index.stop:index.step]

# 创建实例并使用索引和分片
a = SquaresIndex(range(10))
print('a[6]:', a[6])                # 索引
print('a[2:5:1]:', a[2:5:1])        # 分片
```

在上例中,重载了 SquaresIndex 类的__getitem__()方法,该方法允许使用索引或分片操作访问 values 列表的内容。当传入的 index 为整数时返回单个元素,否则返回一个切片。

运行结果:

```
a[6]: 36
a[2:5:1]: [4, 9, 16]
```

3. 可迭代对象的重载

通过重载__iter__()和__next__()方法,可以使类成为可迭代对象,前者是获得一个迭代后的类的对象,后者是每次迭代,读取下一个元素。

例 10.10 在 SquaresIter 类中实现迭代功能，生成范围内的平方数。

```
class SquaresIter:
    def __init__(self, start, stop, step):
        self.value = start - step
        self.stop = stop
        self.step = step

    def __iter__(self):
        return self

    def __next__(self):
        if self.value >= self.stop:
            raise StopIteration
        self.value += self.step
        return self.value ** 2

# 迭代实例对象
for item in SquaresIter(1, 10, 2):
    print(item, end=', ')
```

在上例中，重载了__iter__()方法返回本实例对象 self，重载的__next__()在每次调用时返回下一个平方数，当超出 stop 范围时引发 StopIteration 停止迭代。

运行结果：

```
1,9,25,49,81,
```

4. 对象内容输出的重载

通过重载__repr__()方法，可以自定义对象的字符串表示，使其在 print()函数中输出更具可读性的信息。

例 10.11 自定义对象的 print()函数输出。

```
class Person:
    def __init__(self, name, birth_date):
        self.name = name
        self.birth_date = birth_date

    def __repr__(self):
        return f'{self.__class__.__name__}类 - {self.name} 出生于公元 {self.birth_date}年。'

# 创建实例并打印
person = Person('李白', 701)
print('Print person:', person)
```

在该例中，通过重载__repr__()方法，print(person)直接输出对象的关键信息。如果不重载__repr__()方法，print(person)将输出该对象 person 在内存中的地址，即类似于<__main__.Person object at 0x7f1b2c3d4e50>这样的信息，而不是人类可读的描述信息。

运行结果：

```
Print person: Person类 - 李白 出生于公元 701 年。
```

10.8　类的多态*

多态是面向对象编程中的重要特性，通过多态性，子类可以定义自己特有的行为，而父类则提供一个通用的接口。子类在重用父类的方法时，有两种方式：一是完全重用父类的方法，包括方法的名称、参数和具体实现；二是只保留父类的方法形式（即方法名称和参数），但重新实现其功能。第二种方式适用于不同子类具有相似接口但不同具体实现的情况。

这种只保留接口、而实现内容可变的机制被称为“鸭子类型”，也就是说，不必关心一个对象是不是鸭子，而是关注它是否“像鸭子那样叫”。这体现了“面向接口编程，而非面向实现编程”的设计思想。

例 10.12　模拟动物园里的动物行为。

本例实现一个动物行为模拟程序。Animal 类是基类，定义了所有动物共有的行为，如 eat()和 sleep()方法，并提供了一个抽象的 move()方法。在子类 Dog、Eagle 和 Fish 中，重写 move()方法，以分别实现奔跑、飞行和游泳的行为。

```
import random

class Animal:
    def __init__(self, id):
        self.id = id

    def eat(self):
        print(f"NO.{self.id}: {self.__class__.__name__} 正在吃东西。")

    def sleep(self):
        print(f"NO.{self.id}: {self.__class__.__name__} 正在睡觉。")

    def move(self):
        # 抽象方法，留给子类实现
        pass

class Dog(Animal):
    def move(self):
        print(f"NO.{self.id}: {self.__class__.__name__} 正在奔跑。")

class Eagle(Animal):
    def move(self):
        print(f"NO.{self.id}: {self.__class__.__name__} 正在飞行。")

class Fish(Animal):
    def move(self):
        print(f"NO.{self.id}: {self.__class__.__name__} 正在游泳。")

# 随机生成动物的函数
def generate_random_animals(num_animals):
    animals = []
    animal_classes = [Dog, Eagle, Fish]

    for i in range(1, num_animals + 1):
```

```
        animal_class = random.choice(animal_classes)   # 随机选择一个动物类
        animals.append(animal_class(i))                # 使用ID生成动物实例
    return animals

# 随机生成10只动物
zoo = generate_random_animals(10)

# 模拟动物的活动
for animal in zoo:
    animal.eat()
    animal.sleep()
    animal.move()
    print("-" * 20)                                    # 分隔符用于区分不同动物的活动
```

在上述代码中,Animal类作为基类,定义了所有动物共有的行为eat()和sleep(),并提供了抽象的move()方法,留待子类具体实现。子类Dog、Eagle和Fish分别继承了Animal类,并重写move()方法来表现出不同的行为方式。

为了随机生成动物,定义了一个generate_random_animals()方法,负责生成指定数量的动物实例。函数内animal_classes列表存储了Dog、Eagle和Fish三个类,通过random.choice()方法随机选择其中一个类生成动物实例。每个动物的id是一个递增的数字,用于唯一标识。

为了模拟动物的行为,生成的动物列表zoo通过循环调用eat()、sleep()和move()方法来模拟每只动物的活动。self.__class__.__name__用于获取当前对象的类型名称(如Dog、Eagle),在输出中显示动物类型。

运行结果:

```
NO.1: Eagle 正在吃东西。
NO.1: Eagle 正在睡觉。
NO.1: Eagle 正在飞行。
--------------------
NO.2: Fish 正在吃东西。
NO.2: Fish 正在睡觉。
NO.2: Fish 正在游泳。
--------------------
……(中间结果省略)
--------------------
NO.10: Dog 正在吃东西。
NO.10: Dog 正在睡觉。
NO.10: Dog 正在奔跑。
--------------------
```

在该例中,子类通过重写move()方法实现了多态性,即不同的子类可以表现出相同接口但不同实现的行为。

10.9 Python中一切皆为对象 *

Python从设计之初就是一门面向对象的语言,强调"一切皆为对象"的概念。无论是数字、字符串、列表,还是函数、方法、类等,Python中所有的元素都是对象。这与C++和C#等语言不同,后者的基本数据类型(如 int 和 float)并非对象。

10.9.1　Python 的对象概念

不同编程语言对对象的理解有所不同。有的语言认为对象必须有属性和方法,有的则认为对象可以被子类化(即子类继承父类)。在 Python 中,所有对象都具有一等公民(First-Class Object)的性质,即可以赋值给一个变量;可以添加到集合对象中;可以作为参数传递给函数;可以作为函数的返回值。

这种特性使 Python 支持灵活的函数式编程。

在某些编程语言中,如 Python、JavaScript 和 Ruby,函数是一等对象。这意味着函数可以像任何其他数据类型一样被赋值、传递和返回,并且可以在程序运行时动态创建和销毁。

例 10.13　函数作为对象赋值给变量。

```
def func(name = ''):
    print(f"{name} calls function: func")

test = func                    # 将函数赋值给变量
test('Test')
```

运行结果:

```
Test calls function: func
```

例 10.14　函数或类作为对象添加到列表中。

```
def func():
    print('call a function of func')

class ClassA:
    def __init__(self):
        print('create an object of ClassA')

obj_list = [func, ClassA]  # 将函数和类添加到列表中

for item in obj_list:
    item()                     # 调用函数或实例化类
```

运行结果:

```
call a function of func
create an object of ClassA
```

例 10.15　函数作为参数传递。

```
def hello_func(name):
    print('Hello', name)

def service_func(func, name):
    func(name)
    print('Serve', name)

service_func(hello_func, 'the people')
```

运行结果：

```
Hello the people
Serve the people
```

例 10.16 函数作为返回值。

```
def func(name = ''):
    print('Call func:', name)

def decorator_func():
    print('Call decorator_func')
    return func

core_func = decorator_func()
core_func('core function')
```

在例 10.16 中，func()函数接收一个参数 name 并打印内容，而 decorator_func()在执行自身的打印语句后将 func()函数作为返回值。调用 decorator_func()时，返回 func()函数并将其赋值给 core_func()。因此，调用 core_func('core function')实际上等价于调用 func('core function')，输出"Call func：core function"。

运行结果：

```
Call decorator_func
Call func: core function
```

将函数作为优先对象对于支持函数式编程风格非常重要。这允许开发者编写更灵活和更具表达性的代码，促进高阶函数的使用。这些高阶函数可以接收其他函数作为参数，或将函数作为结果返回，从而极大地增加了语言的表达能力和编程范式的多样性。

10.9.2 Python 对象的特性

每个 Python 对象，具有 ID、类型和值三个特性。

(1) ID：对象的唯一标识符。

ID 表示对象在内存中的地址，可以通过 id()函数获取。

```
i = 1
print('Address of i:',id(i))
print('Address of 1:',id(1))
```

运行结果：

```
Address of i: 140709992015664
Address of 1: 140709992015664
```

从运行结果看，变量 i 和常量 1 具有相同的 ID，即二者指向同一个内存对象(即数字 1)。这表明 Python 在处理不可变对象时，可能会复用同一内存地址以节省内存空间。

(2) 类型：对象类型是指可以保存值的类型。

对象类型指的是该对象所属的数据类型，可以通过 type()函数查看对象的类型。

```
i = 1
```

```
print(type(i))      # 输出：<class 'int'>
print(type(3.14))   # 输出：<class 'float'>
```

(3) 值：对象的内容或数据。

值是指对象内部所存储的数据。在 Python 中，对象根据是否支持修改其内容分为以下两类。

可变对象：如列表、字典等，这些对象的内容可以被修改。

不可变对象：如整数、字符串、元组等，这些对象的内容不可被修改。

在 Python 中，有以下两种方式判断对象的相等性。

is：判断两个变量是否指向同一个对象。

==：判断两个变量的值是否相等。

例 10.17 对象的相等与引用。

```
a = [1, 2, 3]
b = a
print('a is b:', a is b)
print('a == b:', a == b)
b = [1, 2, 3]
print('a is b:', a is b)
print('a == b:', a == b)
```

运行结果：

```
a is b: True
a == b: True
a is b: False
a == b: True
```

从输出结果看，当用赋值语句=时，将一个变量 a 赋给一个变量 b，二者的对象 ID 相同，二者的值也相同；当给两个变量 a 和 b 分别赋值相同可变数据(如列表和字典)，二者的值相同，但它们的 ID 不相同。

这里值得说明的是，当给两个变量 a 和 b 分别赋相同的不可变数据(如整数、字符串或元组)时，它们的 ID 可能相同。这是因为 Python 对不可变数据类型进行了内存优化，即对于相同的不可变值，Python 会在内存中复用相同的对象，以节省空间。这种机制称为“驻留机制”或“对象缓存”。

10.9.3 Python 对象回收机制

当一个对象不再被程序使用时，Python 采用自动垃圾回收机制来回收该对象，释放它所占用的内存空间。这种自动化的对象回收机制的好处是：在编写程序时，程序员只需要创建对象，不需要担心对象的回收，从而大大减少了编程的工作量，并降低了出错的机会。

1. 引用计数

Python 通过引用计数来识别一个对象是否不再被程序使用。每个对象都有一个引用计数器，记录当前指向该对象的引用数量。每当创建一个新的指向该对象的引用时，引用计数器增加 1。每当删除一个指向该对象的引用时，引用计数器减少 1。

一旦某个对象的引用计数器为 0，意味着没有任何变量指向该对象，系统就会自动回收该对象，释放其占用的内存空间。

2. 垃圾回收的时机

回收过程并非即时进行，而是由 Python 的解释器在合适的时机触发。具体的回收时机依赖于 Python 的内存管理机制，通常在以下情况触发。

(1) 解释器检测到内存中没有更多的引用指向某个对象时。

(2) 当系统内存不足时，Python 解释器可能会主动进行垃圾回收来释放内存。

3. 循环引用的处理

尽管引用计数能够很好地解决大部分对象回收问题，但它不能处理循环引用的情况。例如，当两个对象相互引用时，尽管它们的引用计数都不为 0，但如果没有外部引用指向它们，它们应该被回收。Python 的垃圾回收机制中使用了循环垃圾回收器来解决这个问题。

循环垃圾回收器定期扫描内存中所有的对象，并查找出可能形成循环引用的对象群体。一旦发现这样的循环引用，垃圾回收器就会将这些对象的内存空间释放掉，从而避免内存泄漏。

10.9.4 class、object 和 type 的关系

在 Python 中，一切都是对象，包括类(class)本身。类是用来创建对象(object)的模板。那么类是如何被创建的呢？在 Python 中，type 是一个特殊的对象，它不仅可以用来获取一个对象的类型，还可以用来创建类。

1. type 的作用

利用 Python 中的内置函数 type()，可以探索 object、class 和 type 之间的关系。

```
class Animal:
    pass

animal = Animal()
print('The type of an ainmal object:', type(animal))
print('The type of an Animal class:', type(Animal))
print('The type of an type:', type(type))
```

运行结果：

```
The type of an ainmal object: <class '__main__.Animal'>
The type of an Animal class: <class 'type'>
The type of an type: <class 'type'>
```

从输出中可以看到，对象(如 animal)是由它们的类(如 Animal)创建的，类(如 Animal)是由 type 创建的，而 type 类本身也是由 type 创建的。

2. 类和对象的区别

对象和类是两个不同的概念：对象是特定实例的具体化，是数据和方法的封装；而类是创建这些实例的模板。在 Python 中，类本身也是一种对象，因此既具有对象的属性，又具有类的属性。对象的属性(如 animal)来自于它的类(如 Animal)，而类(如 Animal)的属性来自于 type。

3. 类的继承关系

进一步讲解类的继承关系。

```
class Animal:
    pass

class Dog(Animal):
    pass

print('The base class of class Dog:', Dog.__base__)
print('The base class of class Animal:', Animal.__base__)
print('The base class of class object:', object.__base__)
```

运行结果:

```
The base class of class Dog: <class '__main__.Animal'>
The base class of class Animal: <class 'object'>
The base class of class object: None
```

从输出结果来看,Dog 的父类是 Animal,Animal 的父类是 object,而 object 没有父类。

4. object 类与 type 类的关系

进一步考察,object 类的对象是由哪个类实例化的呢?

```
type(object)      # 输出: type
```

从输出结果看,object 是由 type 类生成的。
那么,type 类的父类是什么呢?

```
type.__base__      # 输出: object
```

从输出结果看,type 类的基类是 object。

总结:在 Python 中,object 和 type 之间的关系如图 10-2 所示。在图中,每个方框代表一个对象,左侧的 type 既是元类又是对象。作为类时,它继承自 object,而作为对象时,所有类对象都由它实例化。中间的内嵌类(如 list 和 str)作为类继承自 object,同时实例化了 type 类。右侧的 obj、mylist 和 mystr 均为纯粹的对象,它们分别实例化了 object、list 和 str 类。

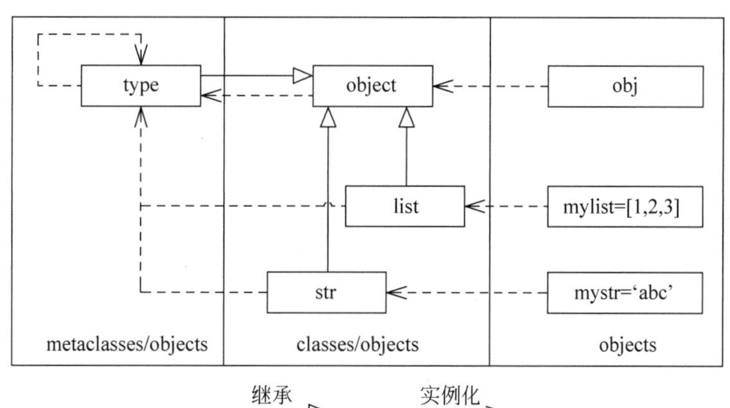

图 10-2 class、object 和 type 之间的关系图

10.10 元类*

10.10.1 使用元类创建类

在 Python 中,元类(metaclass)是一种特殊的类,它定义了其他类的行为和规则。元类的主要作用是控制类的创建过程。当定义一个新类时,Python 实际上是通过元类来创建这个类的。因此,可以说所有类都是由元类创建的,包括元类本身。

Python 中的 type 是最常见的元类。它是 Python 中大多数类的默认元类,同时也是一个函数,用于动态地创建类。

当使用关键字 class 定义一个新类时,Python 会执行以下步骤。

(1) 解析类定义: Python 读取类定义,获取类名、基类(如果有的话)和类体中定义的属性和方法。

(2) 调用元类: Python 调用元类(默认为 type)来创建该类。

调用 type 类语法如下。

```
type(class_name, bases, attrs)
```

其中 class_name 是类名,bases 是一个包含基类的元组,attrs 是包含类属性和方法的字典。

(3) 类对象的创建: type 使用名称、基类和属性创建类对象,该对象可以用于创建实例。

例 10.18 使用 type 创建类。

使用 type 显式创建一个类,与直接使用 class 语句定义类等效。

```
# 使用 type 明确地创建 MyClass 类
MyClass = type('MyClass', (object,), {'class_var': 10, 'show_var': lambda self: self.class_var})

# 创建 MyClass 的一个实例
my_instance = MyClass()

# 使用类的实例
print(my_instance.class_var)      # 输出: 10
print(my_instance.show_var())     # 输出: 10
```

例 10.18 中,使用 type 创建 MyClass 类,其中 MyClass 是类名,(object,)指定了基类为 object,{'class_var': 10, 'show_var': lambda self: self.class_var}定义了类的一个属性和一个方法。最后,创建 MyClass 的实例并调用属性和方法。

10.10.2 元类的高级应用

元类的常见用途是在类创建过程中自动修改类的行为。通过定义自定义元类,并将其指定为类的 metaclass,可以在类的创建过程之前或之后对类进行修改。例如,通过重写元类的 __new__或__init__方法,可以在类创建和初始化过程中执行以下自定义操作。

__new__方法: 用于在内存中创建新对象,在类对象被创建前介入。

__init__方法: 用于初始化类对象,可以在类创建后进行自定义操作。

例 10.19 在类中添加创建时间。

创建一个元类,确保所有由其创建的类都包含一个记录类创建时间的 created_at 属性。

```
import datetime

class Meta(type):
    def __new__(cls, name, bases, dct):
        return super().__new__(cls, name, bases, dct)

    def __init__(cls, name, bases, dct):
        cls.created_at = datetime.datetime.now()  # 在类创建后添加属性
        super().__init__(name, bases, dct)

class MyClass(metaclass = Meta):
    pass

# 验证 created_at 属性
print(MyClass.created_at)                          # 输出类的创建时间
```

例 10.19 中，Meta 元类的__init__()方法在类创建后为其添加 created_at 属性，记录创建时间。当 MyClass 被定义时，Python 使用 Meta 元类创建它，因此 MyClass 类具有 created_at 属性。

运行结果：

```
2024-10-31 21:24:26.004696
```

元类与父类的区别如下。

元类和父类在 Python 中扮演不同的角色：元类操作的是类级别的结构和行为，常用于框架开发和自动化类管理；父类用于实例级别的特性和行为，主要用于代码复用。元类允许在类创建过程中定制类的定义和属性，而父类则提供供子类继承的属性和方法。

例 10.20 使用元类实现类的自动注册机制。

使用元类创建一个自动注册机制，将创建的所有类注册到一个中央注册表中。

```
class AutoRegisterMeta(type):
    registry = {}

    def __new__(cls, name, bases, dct):
        new_class = super().__new__(cls, name, bases, dct)
        cls.registry[new_class.__name__] = new_class  # 注册类
        return new_class

# 使用 AutoRegisterMeta 作为元类创建类
class MyClass(metaclass = AutoRegisterMeta):
    pass

class AnotherClass(metaclass = AutoRegisterMeta):
    pass

# 检查注册表
print(AutoRegisterMeta.registry)
```

例 10.20 中，AutoRegisterMeta 元类定义了一个 registry 字典，用于存储已注册的类。__new__()方法在每个类创建时将其名称和类对象添加到 registry 中，实现自动注册机制。通过 print(AutoRegisterMeta.registry)可以看到 MyClass 和 AnotherClass 都已被注册。

运行结果：

```
{'MyClass': <class '__main__.MyClass'>, 'AnotherClass': <class '__main__.AnotherClass'>}
```

在这个例中，元类 AutoRegisterMeta 在每个使用它的新类被创建时，可以自动执行一些额外的操作，而父类无法通过继承的方式实现之。

总之，元类是 Python 中的高级特性，通过使用元类可以在类的创建过程中加入各种自定义的逻辑。这可以用于实现各种高级编程模式，如自动注册类、强制类遵守特定规则、自动添加额外的方法或属性等。然而，由于元类增加了代码的复杂性，应在确实需要时使用，以保持代码的易读性和可维护性。

10.11 闭包 *

在 Python 中，函数也是对象，既可以作为参数传递给另一个函数，也可以在其他函数内部定义和使用。这种结构带来了很大的灵活性和兼容性。

闭包是一种特殊的嵌套函数结构，允许内部函数(闭包)在外部函数执行结束后，仍然能访问外部函数的变量。要形成闭包，需要满足以下条件：必须有嵌套函数；内部函数必须使用外部函数的变量；外部函数必须返回内部函数。

闭包的主要优势在于避免了全局变量的使用，增强了数据的封装性，提供了更灵活的编程结构。在某些场景中，闭包可以作为轻量级的替代方案，达到类似类的效果。

例 10.21 闭包计算幂次方。

```
def make_exponentiator(n):
    def exponentiator(x):
        return x ** n
    return exponentiator

square = make_exponentiator(2)
print(square(4))   # 输出 16
```

例 10.21 中，make_exponentiator 是外部函数，exponentiator 是内部函数。exponentiator 可以访问外部函数的变量 n，即使在 make_exponentiator 执行结束后，exponentiator 仍能保持对 n 的访问权，从而形成闭包。

例 10.22 闭包用于计算投资回报。

```
def investment_return(rate):
    def return_on_investment(amount):
        return amount * rate
    return return_on_investment

return_10 = investment_return(1.1)
return_20 = investment_return(1.2)

print(return_10(1000))   # 计算 1000 元投资在 10% 收益率下的回报
print(return_20(1000))   # 计算 1000 元投资在 20% 收益率下的回报
```

例 10.22 中，investment_return()函数创建并返回一个闭包 return_on_investment。该闭

包使用 rate 变量计算投资回报,形成闭包后可用于不同的投资场景。

10.12 修饰器 *

在 Python 中,一些对象实现了特殊方法__call__(),使得这些对象可以像函数一样被调用。修饰器(Decorator)是一种特殊的可调用对象,其本质也是函数,主要用于在不修改原函数代码的情况下,增强或扩展函数的功能。这种修饰器的用法与"装饰器模式"类似,但具体实现不同。

10.12.1 修饰器的基本原理

修饰器接收一个函数作为参数,并在其内部定义一个闭包(内嵌函数)来增强或修改原函数的功能。最终,修饰器返回这个闭包函数,从而实现对原函数的装饰。

例 10.23 简单的修饰器。

```
def decorate(func):
    def inner():
        func()
        print('Implement decorative functionality')
    return inner
def ordinary_1():
    print('Implement No.1 basic functionality')
def ordinary_2():
    print('Implement No.2 basic functionality')

pretty1 = decorate(ordinary_1)
pretty2 = decorate(ordinary_2)
pretty1()
pretty2()
```

运行结果:

```
Implement No.1 basic functionality
Implement decorative functionality
Implement No.2 basic functionality
Implement decorative functionality
```

例 10.23 中,decorate 是一个修饰器,它接收一个函数(如 ordinary_1 或 ordinary_2)作为参数,并返回一个闭包函数 inner。该闭包调用原函数后,再执行额外的装饰功能。

10.12.2 使用@语法简化修饰器

Python 允许使用@符号简化修饰器的调用。使用@符号将修饰器直接应用于函数定义之上,代码如下:

```
@decorator
def ordinary():
    print('Implement ordinary functionality')
```

上述代码等价于以下形式:

```
def ordinary():
    print('Implement ordinary functionality')
ordinary = decorator(ordinary)
```

10.12.3 处理带参数的内嵌函数

当需要让修饰器处理不同数量和类型的参数时，可以在闭包函数中使用 * arg 和 ** kwargs 接收任意数量的位置参数和关键词参数。

例 10.24 检查参数类型的修饰器。

```
def check_parameters_number(func):
    def inner(*args, **kwargs):
        for arg in args:
            if not isinstance(arg, (int, float)):
                print(f"'{arg}' is not a number")
                return
        return func(*args, **kwargs)
    return inner

@check_parameters_number
def add(a, b):
    return a + b

print(add(1, 2))
print(add('1', 2))
```

例 10.24 中，check_parameters_number 修饰器检查 add()函数的参数类型。如果参数不是数字类型，则打印错误信息并终止函数调用。

运行结果：

```
3
'1' is not a number
None
```

10.12.4 带参数的修饰器

为了让修饰器更具灵活性，可以为修饰器本身添加参数。这需要在修饰器外再套一层函数，用于接收修饰器的参数。

例 10.25 带参数的日志修饰器。

```
def logged(level):
    def decorate(func):
        def inner(*args, **kwargs):
            if level == 'debug':
                print(f'Invoke function: {func.__name__} with args {args} and kwargs {kwargs}')
            return func(*args, **kwargs)
        return inner
    return decorate

@logged('debug')
```

```
def add(a, b):
    return a + b

print(add(5, 10))
```

在上述代码中,logged 修饰器通过参数 level 控制日志输出,如果 level 为'debug',则输出调用信息。

运行结果:

```
Invoke function: add with args (5, 10) and kwargs {}
15
```

10.12.5 类的修饰器

修饰器不仅可以应用于函数,也可以用于类。例如,以下修饰器实现了一个单例模式,即确保一个类只会创建一个实例。

例 10.26 单例模式的类修饰器。

单例模式是一种设计模式,确保一个类在程序中仅有一个实例。

```
def singleton(aClass):
    instances = {}
    def onCall(*args, **kwargs):
        if aClass not in instances:
            instances[aClass] = aClass(*args, **kwargs)
        return instances[aClass]
    return onCall

@singleton
class Home:
    def __init__(self, location):
        self.location = location

home1 = Home('Location1')
home2 = Home('Location2')
print(home1 is home2)
```

例 10.26 中,singleton 修饰器确保每次创建 Home 类实例时都返回同一个对象,使得 home1 和 home2 指向同一个对象。

运行结果:

```
True
```

10.12.6 内置修饰器

Python 中提供了一些内置修饰器,例如@property、@classmethod 和@staticmethod,用于属性和方法的修饰。除此之外,functools 模块中提供了几个常用修饰器,如 functools. wraps、functools. lru_cache 和 functools. singledispatch。functools. lru_cache 的缓存功能如下所述。

在某些情况下,函数会多次调用相同的输入参数,导致重复计算。为了提高性能,Python 提供了@functools. lru_cache 修饰器,利用缓存机制存储曾经计算过的结果,避免重复调用。

其中 lru 表示“最近最少使用”(Least Recently Used)。

例 10.27 使用@functools. lru_cache 计算斐波那契数。

生成斐波拉契数时，由于使用了迭代方法，频繁地递归进行相同参数的函数调用。

(1) 传统方法计算斐波那契数，计算其用时。

首先，为了方便测量函数运行时间，定义一个简单的 clock 装饰器，记录函数执行时间：

```
import time

# 使用高精度计时器
def clock(func):
    def wrapper(*args, **kwargs):
        start_time = time.perf_counter()  # 高精度计时
        result = func(*args, **kwargs)
        end_time = time.perf_counter()
        print(f"Elapsed time: {end_time - start_time:.8f}s, {func.__name__}{args} = {result}")
        return result
    return wrapper
```

这里调用 time. perf_counter()方法提供了更高精度的时间测量，适合捕捉极短的时间差。

然后，使用传统的递归方法计算斐波那契数。

```
@clock
def fibonacci(n):
    if n < 2:
        return n
    return fibonacci(n-2) + fibonacci(n-1)
print(fibonacci(5))
```

运行结果：

```
Elapsed time:0.0000004s, fibonacci(1) = 1
Elapsed time:0.0000006s, fibonacci(0) = 0
Elapsed time:0.0000004s, fibonacci(1) = 1
Elapsed time:0.0000384s, fibonacci(2) = 1
Elapsed time:0.0001112s, fibonacci(3) = 2
Elapsed time:0.0000004s, fibonacci(0) = 0
Elapsed time:0.0000002s, fibonacci(1) = 1
Elapsed time:0.0000256s, fibonacci(2) = 1
Elapsed time:0.0000002s, fibonacci(1) = 1
Elapsed time:0.0000002s, fibonacci(0) = 0
Elapsed time:0.0000002s, fibonacci(1) = 1
Elapsed time:0.0000306s, fibonacci(2) = 1
Elapsed time:0.0000674s, fibonacci(3) = 2
Elapsed time:0.0001227s, fibonacci(4) = 3
Elapsed time:0.0002678s, fibonacci(5) = 5
5
```

从输出结果可知，多次调用具有相同输入参数值的函数，如参数为 0、1、2 和 3 的函数 fibonacci()，分别被调用 2 次、5 次、3 次和 2 次，这些重复计算浪费了大量的时间。

(2) 使用@functools. lru_cache 计算斐波那契数。

为了避免这种重复计算，在函数之前使用修饰器 functools. lru_cache，用来保存曾经计算过的具有相同输入参数的函数值。

```
import functools

@functools.lru_cache()
@clock
def fibonacci(n):
    if n < 2:
        return n
    return fibonacci(n - 2) + fibonacci(n - 1)
print(fibonacci(5))
```

在上述代码中，@functools.lru_cache()为 fibonacci 函数添加缓存功能，避免重复计算相同参数的结果，从而提升性能。

运行结果：

```
Elapsed time:0.0000004s, fibonacci(1) = 1
Elapsed time:0.0000003s, fibonacci(0) = 0
Elapsed time:0.0000151s, fibonacci(2) = 1
Elapsed time:0.0000844s, fibonacci(3) = 2
Elapsed time:0.0000008s, fibonacci(4) = 3
Elapsed time:0.0001144s, fibonacci(5) = 5
5
```

从输出结果可以看出，使用@functools.lru_cache 后，相同参数值的 fibonacci()函数只会调用一次，大大减少了重复计算的时间。

【时间与空间互换原理】

计算机科学中有一个时间与空间互换原理，有两个互换方向：

(1) 时间换空间：如果希望节约空间，提高空间的利用率，可以存储较少数据，通过按需计算(on-demand)，这将导致花费更多时间或 CPU 计算资源。

(2) 空间换时间：如果希望提高计算速度，提高时间的利用率，可以存储较多数据，需要 CPU 计算时，则尽可能从存储的数据中检索结果，缓存机制即属于该类型。

10.13　属性 *

在 Python 中，属性(Property)提供了一种便捷的方式来访问和修改对象的状态，同时允许添加合法性验证或类型检查等附加操作。通过属性，开发者可以在不改变外部接口的情况下控制对象的内部实现，使得对象的内部实现细节对外界透明。

通常，可以为对象的某个变量(变量名称一般以下画线(_)开头)定义一个与其同名的函数，并用@property 修饰，成为该变量的 getter。可以进一步通过@setter 和@deleter 修饰器为同名函数设置不同的操作，如赋值和删除。

10.13.1　类的属性设置

使用@property 修饰器时，类的属性可以通过 getter 和 setter 进行控制。getter 用于获取属性值，setter 用于修改属性值，deleter 用于删除属性值。下面是一个属性设置的示例。

例 10.28 类的属性设置。

```
class Person:
    def __init__(self, name):
        self._name = name

    @property
    def name(self):
        # Getter: 返回_name 属性
        return self._name

    @name.setter
    def name(self, value):
        # Setter: 设置_name 属性,并进行类型检查
        if not isinstance(value, str):
            raise TypeError(f"Expected a string, got {type(value).__name__}")
        self._name = value

    @name.deleter
    def name(self):
        # Deleter: 阻止删除操作
        raise AttributeError('Cannot delete attribute')

# 使用示例
person = Person('李白')
print('人名:', person.name)          # 调用 getter,输出: 人名: 李白
person.name = '杜甫'                 # 调用 setter
# person.name = 10                   # 尝试使用非法类型,将触发 TypeError
# del person.name                    # 尝试删除,将触发 AttributeError
```

在上述代码中,name 属性通过@property、@name.setter 和@name.deleter 修饰器实现封装和验证。访问 name 时会调用 getter 方法,赋值时触发 setter,删除操作被 deleter 阻止。

(1) 当调用 person.name 时,实际上是调用了 name 方法的 getter。

(2) 当赋值 person.name = '杜甫' 时,触发 name 方法的 setter。

(3) 当尝试删除 person.name,则会触发 name 方法的 deleter,并抛出异常。

10.13.2 动态计算属性

除了存储固定的值,属性还可以用于动态计算。这在需要根据对象的当前状态动态生成信息时非常有用。通过 @property,可以将方法转化为属性,使得每次访问时都会根据对象的状态计算结果。

例 10.29 使用属性在圆形类中动态计算面积和周长。

```
import math


class Circle:
    def __init__(self, radius):
        self.radius = radius

    @property
    def area(self):
```

```
        # 动态计算面积
        return math.pi * self.radius ** 2

    @property
    def perimeter(self):
        # 动态计算周长
        return 2 * math.pi * self.radius

# 使用示例
c = Circle(5)
print('圆的面积:', round(c.area, 2))        # 计算面积
print('圆的周长:', round(c.perimeter, 2))  # 计算周长
```

例10.29中，area和perimeter属性通过@property修饰器动态计算圆的面积和周长。每当访问这些属性时，都会重新计算并返回结果。area属性根据当前半径动态计算圆的面积。perimeter属性动态计算圆的周长。这使得可以高效且直观地获取这些随半径变化的数据，同时保持了数据的准确性和一致性。

10.13.3 两种属性的区别：Attribute与Property

在Python中，Attribute和Property都可以翻译为"属性"，但它们的含义有所不同。

Attribute：指对象的"数据属性"，即类或实例对象直接存储的数据，如普通变量。例如self.name或self.age就是对象的属性(Attribute)。该属性通常通过直接访问变量进行获取。在本书中将这类属性也称为"字段"，以示区分。

Property：是一种特殊的属性，通过@property修饰器定义，使得方法能够像访问数据一样被调用。property的作用是为数据属性添加控制逻辑，如类型检查、合法性验证或动态计算。通过property，可以在不改变外部接口的情况下，控制属性的读取和写入行为，从而实现更强的封装性和安全性。

在中文环境下，"类的属性"一词的具体含义通常需要根据上下文来判断。

10.14 从namedtuple到类*

namedtuple是Python中一种轻量数据结构，属于collections模块。与普通元组不同，namedtuple允许通过名称而非索引来访问其元素，从而使代码更清晰易读。namedtuple的主要特点包括以下三点。

(1) 不可变性：创建后内容无法更改。

(2) 轻量级：适合简单数据存储。

(3) 属性访问：可通过名称而非索引访问元素。

例10.30 定义二维坐标点。

使用namedtuple存储一个点的坐标。

```
from collections import namedtuple

Point = namedtuple('Point', ['x', 'y'])
p = Point(10, 20)
print(p.x)    # 输出: 10
```

在这个例子中,Point 是一个 namedtuple,用于存储二维坐标。可以通过名称(p.x、p.y)或者像普通元组那样通过索引(p[0]、p[1])来访问这些数据。

namedtuple 转换为普通类如下。

如果需求变得更加复杂,namedtuple 可以作为类的起点,逐步扩展。例如,在 Point 基础上添加一个计算距离的方法,代码如下:

```
class PointClass(Point):
    def distance(self, other):
        return ((self.x - other.x) ** 2 + (self.y - other.y) ** 2) ** 0.5
```

总之,namedtuple 和普通类的使用场景有所不同。

(1) namedtuple:当需要一个不可变的数据容器来存储数据,且不需要太多方法或仅需少量方法时,或者在数据量较大且性能要求较高时,namedtuple 通常比普通类更有效率。

(2) 普通类:当对象需要更复杂的行为或可变属性时,使用普通类更加合适。

【Python 语言中的 namedtuple 与 C 语言中的 struct】

Python 中的 namedtuple 与 C 语言中的 struct 非常相似,二者都用于存储不同类型的数据集合。它们的共同特点包括以下三点。

(1) 数据存储:namedtuple 和 struct 都能将多个相关的数据项打包成一个对象。

(2) 字段访问:namedtuple 通过字段名访问元素,类似于 C 中使用点运算符(.)访问 struct 的成员。

(3) 轻量性:namedtuple 和 C 中的 struct 都设计为轻量级的数据存储结构,适用于高效存储和传递数据。

当然,它们主要的不同点在于:namedtuple 是不可变的,一旦创建后不能更改其元素的值,而 C 中的 struct 则是可变的,可以随时修改其中的字段值。

10.15 类型注解 *

类型注解用于显式指定变量、函数参数和返回值的数据类型。Python 从 3.5 版本开始引入了函数类型注解,并在 3.6 版本中增加了对变量类型注解的支持。类型注解不会影响运行时行为,但它能够提高代码的可读性、维护性,并帮助静态类型检查工具(如 MyPy)在运行前发现潜在错误。

10.15.1 基础类型注解

1. 变量类型注解

可以在变量名后添加类型说明。

```
number: int = 5                # 表示 number 应为整数类型
```

2. 函数参数与返回值注解

使用冒号声明参数类型,箭头“->”指定返回值类型。

```
def calculate_area(length: float, width: float) -> float:
    return length * width
```

这里 calculate_area()函数计算矩形面积，要求参数 length 和 width 为浮点数，并返回一个浮点数表示的面积。length: float 和 width: float 注解参数类型，-> float 指定返回值类型。

10.15.2　高级类型注解

Python 的 typing 模块提供了更复杂类型的注解，如列表(List)、字典(Dict)、元组(Tuple)等。

1. 复杂类型注解

```
from typing import List, Dict

names: List[str] = ["李白", "杜甫", "白居易"]                          # 字符串列表
user_data: Dict[str, int] = {"李白": 701, "杜甫": 712, "白居易": 772}  # 字符串到整数的字典
```

在此例中，names 是一个字符串列表，user_data 是一个字典，键为字符串类型，值为整数类型。使用 List 和 Dict 注解能够清晰标注这些更复杂的数据结构。

2. 泛型与自定义类型

泛型可以创建类型通用的类，使其支持多种数据类型。通过 typing 模块的 TypeVar 和 Generic 实现泛型。

例 10.31　泛型的实现。

```
from typing import Generic, TypeVar, List

T = TypeVar('T')          # 创建类型变量

class Stack(Generic[T]): # 泛型类 Stack
    def __init__(self):
        self.items: List[T] = []

    def push(self, item: T) -> None:
        self.items.append(item)

    def pop(self) -> T:
        return self.items.pop()

# 使用 Stack 类
int_stack = Stack[int]()
int_stack.push(1)
int_stack.push(2)
print(int_stack.pop())   # 输出: 2
```

上述代码定义了一个泛型 Stack 类，Stack 的元素类型为 T，可以是任何数据类型。该类通过泛型和类型注解实现了对任意类型数据的通用处理，同时保证了类型安全和代码清晰度。这种设计使得 Stack 类既灵活又健壮，适用于多种不同的编程场景。

3. 类型别名

为复杂类型创建类型别名可以提高代码可读性,减少重复。

```
from typing import Dict, List

UserID = str                                    # 为字符串类型创建别名
UserScores = Dict[UserID, List[int]]            # 为字典类型创建别名
```

在此例中,UserID 表示用户 ID(字符串类型),UserScores 是一个字典,键为 UserID(字符串类型),值为整数列表。类型别名使得复杂类型的使用更加简洁清晰。

10.16 应用案例

10.16.1 金融投资类体系

例 10.32 构建金融投资类体系。

在财经领域,可以创建一个基本的 Investment(投资)类,并根据不同的投资类型(例如股票、债券等)扩展出更具体的类。每种投资类型拥有其独特的收益计算方式,这体现了面向对象编程中的多态性。

```
class Investment:
    def __init__(self, name, amount):
        """基础投资类,包含投资名称和金额"""
        self.name = name
        self.amount = amount

    def calculate_return(self):
        """计算投资回报(在子类中实现具体逻辑)"""
        pass

class StockInvestment(Investment):
    def __init__(self, name, amount, dividend_rate):
        """股票投资类,增加分红率属性"""
        super().__init__(name, amount)
        self.dividend_rate = dividend_rate

    def calculate_return(self):
        """基于分红率计算股票投资回报"""
        return self.amount * self.dividend_rate

class BondInvestment(Investment):
    def __init__(self, name, amount, interest_rate):
        """国债投资类,增加利率属性"""
        super().__init__(name, amount)
        self.interest_rate = interest_rate

    def calculate_return(self):
        """基于利率计算国债投资回报"""
        return self.amount * self.interest_rate

# 创建投资实例
```

```
stock = StockInvestment("中国移动", 50000, 0.03)  # 假设中国移动股票分红率为 3%
bond = BondInvestment("10 年期国债", 50000, 0.04)  # 假设 10 年期国债年利率为 4%
# 计算回报
print(f"股票 {stock.name} 的回报: {stock.calculate_return()} 元。")
print(f"国债 {bond.name} 的回报: {bond.calculate_return()} 元。")
```

例 10.32 中，Investment 类作为基础类，包含两个属性：投资名称 name 和投资金额 amount，并定义了一个空的 calculate_return()方法。StockInvestment 和 BondInvestment 类分别继承了 Investment，并根据各自特性实现了 calculate_return()方法：StockInvestment 类使用分红率计算股票回报，BondInvestment 类使用利率计算国债回报。

假设您投资了“中国移动”股票 50000 元，年分红率为 3%；投资了“10 年期国债”50000 元，年利率为 4%。运行代码的输出如下：

```
股票 中国移动 的回报: 1500.0 元。
国债 10 年期国债 的回报: 2000.0 元。
```

10.16.2　支付系统模拟

例 10.33　利用对象的多态性模拟支付系统。

设计并实现一个支付系统，支持信用卡、支付宝和微信支付等多种支付方式。每种支付方式都有自己特定的支付和退款逻辑。通过继承和多态实现不同支付方式的统一调用。

```
# 父类
class Payment:
    def pay(self, amount):
        """支付方法接口"""
        pass

    def refund(self, amount):
        """退款方法接口"""
        pass

# 子类 1: 信用卡支付
class CreditCardPayment(Payment):
    def pay(self, amount):
        return f"信用卡支付成功,金额: ¥{amount:.2f}"

    def refund(self, amount):
        return f"信用卡退款成功,金额: ¥{amount:.2f}"

# 子类 2: 支付宝支付
class AlipayPayment(Payment):
    def pay(self, amount):
        return f"支付宝支付成功,金额: ¥{amount:.2f}"

    def refund(self, amount):
        return f"支付宝退款成功,金额: ¥{amount:.2f}"

# 子类 3: 微信支付
class WeChatPayment(Payment):
```

```
    def pay(self, amount):
        return f"微信支付成功,金额: ¥{amount:.2f}"

    def refund(self, amount):
        return f"微信退款成功,金额: ¥{amount:.2f}"

# 多态调用
def process_payment(payment_method, amount):
    """统一的支付处理函数"""
    print(payment_method.pay(amount))
    print(payment_method.refund(amount))

# 测试代码
if __name__ == "__main__":
    credit_card = CreditCardPayment()
    alipay = AlipayPayment()
    wechat = WeChatPayment()
    print("测试信用卡支付:")
    process_payment(credit_card, 100.50)
    print("测试支付宝支付:")
    process_payment(alipay, 200.75)
    print("测试微信支付:")
    process_payment(wechat, 300.00)
```

运行结果:

```
测试信用卡支付:
信用卡支付成功,金额: ¥100.50
信用卡退款成功,金额: ¥100.50
测试支付宝支付:
支付宝支付成功,金额: ¥200.75
支付宝退款成功,金额: ¥200.75
测试微信支付:
微信支付成功,金额: ¥300.00
微信退款成功,金额: ¥300.00
```

上述代码通过定义父类接口和子类实现多态功能。父类 Payment 定义了支付和退款的接口方法,三个子类分别实现了不同的支付和退款逻辑。通过统一的 process_payment()函数,可以针对任意支付方式对象进行调用,而无须关心具体实现细节,体现了多态的优雅和实用。

然而,这一方法存在一定不足。父类接口方法 pay()和 refund()仅通过 pass 实现,没有强制子类必须实现这些方法,这可能导致子类遗漏对某些接口方法的实现,最终引发运行时错误。

为解决上述问题,可以使用 Python 提供的 abc 模块来定义抽象类(Abstract Base Class)和抽象方法(Abstract Method)。抽象类是用来定义接口规范的类,其中至少包含一个抽象方法,并且不能直接实例化。抽象方法通过装饰器@abstractmethod 标记为必须由子类实现的方法,子类如果未实现所有抽象方法,在尝试实例化时会抛出 TypeError。

抽象类的主要作用是确保所有子类遵循统一的接口设计。它不仅能规范代码结构,还可以作为代码扩展的基础模板,帮助开发者在团队协作中避免因接口定义不一致引发的问题。

此外，在大型项目中，抽象类对于复杂逻辑的分层管理和代码的可维护性也有很大的提升。

下面是使用抽象类与抽象方法改进的代码示例。

```
from abc import ABC, abstractmethod

# 抽象基类
class Payment(ABC):
    @abstractmethod
    def pay(self, amount):
        """支付方法接口"""
        pass

    @abstractmethod
    def refund(self, amount):
        """退款方法接口"""
        pass

# 之后的 3 个子类定义，以及测试代码同前，为节约空间予以省略
```

在改进后的代码中，父类 Payment 使用了 ABC 模块定义为抽象类，并通过@abstractmethod 强制要求所有子类实现 pay()和 refund()方法。这样的设计确保了每个支付方式的子类都严格遵循父类的接口约定，避免了因接口实现不完整或不一致而导致的运行时错误。

抽象类的引入不仅提高了代码的规范性和安全性，还赋予了代码更高的通用性和扩展性。开发者可以在不修改现有代码的情况下，通过新增继承 Payment 的子类轻松支持新的支付方式，从而实现模块化和低耦合的设计思想。这种方法非常适合复杂业务逻辑的分层实现和未来扩展需求。

10.16.3　单例设计模式

在面向对象编程中，有时需要确保某个类在系统中只能有一个实例。例如，应用程序通常只需要一个日志管理器来处理所有日志记录，或只需一个数据库连接管理器来维护数据库连接池。如果每次都创建新的实例，不仅增加了内存开销，还使得管理和维护变得复杂。

为了解决这一问题，单例模式(Singleton Pattern)应运而生。单例模式是一种创建型设计模式，其目的是确保某个类只有一个实例，并提供一个全局访问点，使得所有使用该类的地方都能共享同一个实例。单例模式广泛应用于日志记录、配置管理、线程池、缓存等场景。

单例模式的核心思想如下。

(1) 唯一性：确保某个类只有一个实例，任何时候创建该类对象时，返回的始终是同一个实例。

(2) 全局访问：提供一个全局访问点，使得所有需要使用该类的地方都能获取相同的实例。

例 10.34　实现单例模式。

在 Python 中，可以通过重写__new__()方法来控制类的实例创建过程，以确保每次调用类构造函数时都返回同一个对象。

```
class Singleton:
    _instance = None                    # 用于存储单例实例

    def __new__(cls):
        # 检查是否已经存在实例
```

```
        if cls._instance is None:
            # 如果实例不存在,创建一个新的实例
            cls._instance = super(Singleton, cls).__new__(cls)
            print("创建一个新实例。")
        else:
            # 如果实例已存在,直接返回该实例
            print("使用现有的实例。")
        return cls._instance

    def __init__(self):
        self.value = 42                # 假设单例类有一个属性

# 测试单例模式
singleton1 = Singleton()             # 第一次创建实例
print(f"singleton1 的 ID: {id(singleton1)}, value: {singleton1.value}")
singleton2 = Singleton()             # 再次尝试创建实例
print(f"singleton2 的 ID: {id(singleton2)}, value: {singleton2.value}")

# 修改实例的属性
singleton1.value = 100
print(f"修改后的 singleton1 value: {singleton1.value}")
print(f"现在 singleton2 的 value: {singleton2.value}")
```

在上述代码中,单例模式通过在类中使用一个类变量_instance来存储唯一的实例,并通过__new__()方法来控制实例的创建流程。__new__()方法在实例化时调用,它负责创建对象,首先检查_instance是否已经存在,如果不存在,调用父类的__new__()方法创建一个新实例;如果已经存在,直接返回现有实例,确保类的唯一性。__init__()方法作为初始化函数,即使多次调用,返回的始终是同一个实例,因此所有的属性也会被共享。

运行结果:

```
创建一个新实例。
singleton1 的 ID: 2339091852288, value: 42
使用现有的实例。
singleton2 的 ID: 2339091852288, value: 42
修改后的 singleton1 value: 100
现在 singleton2 的 value: 100
```

从输出结果可看出,通过创建两个变量 singleton1 和 singleton2 来多次实例化 Singleton 类。使用id()函数验证了这两个变量实际上指向同一个对象。修改其中一个实例的属性会影响另一个实例,验证了单例模式的唯一性。

10.16.4 金融风控

在金融领域中,风险控制非常重要。可以使用 Python 的修饰器来实现一个简单的风险控制机制。例如,限制单笔交易的最大金额。

例 10.35 利用修饰器实现金融风险控制。

```
def risk_control(max_amount):
    def decorator(func):
        def wrapper(self, amount):
```

```
            if amount > max_amount:
                print(f"交易失败: 交易额 {amount} 超过了风险控制限制 {max_amount}。")
                return
            return func(self, amount)
        return wrapper
    return decorator

class Account:
    def __init__(self, balance = 0):
        self.balance = balance

    @risk_control(5000)
    def deposit(self, amount):
        self.balance += amount
        print(f"存款 {amount} 元成功,当前余额: {self.balance} 元。")

    @risk_control(5000)
    def withdraw(self, amount):
        if amount > self.balance:
            print("余额不足,无法取款。")
            return
        self.balance -= amount
        print(f"取款 {amount} 元成功,当前余额: {self.balance} 元。")

# 测试风险控制
account = Account(10000)
account.deposit(6000)   # 超过限制,存款失败
account.withdraw(6000)  # 超过限制,取款失败
```

例 10.35 中,risk_control 是一个修饰器工厂,它接收一个 max_amount 参数,用于设定单笔交易的最大金额。deposit()和 withdraw()方法都被 risk_control 修饰,这意味当存款或取款金额超过设定的最大金额时,风险控制机制会阻止该操作。

假设初始账户余额为 10000 元,并尝试存款和取款各 6000 元,运行结果如下:

```
交易失败: 交易额 6000 超过了风险控制限值 5000。
交易失败: 交易额 6000 超过了风险控制限值 5000。
```

由于设定的单笔交易限额为 5000 元,尝试存款和取款 6000 元的操作均被风险控制机制拦截。

这是一个简单的风险控制示例,展示了如何使用 Python 的修饰器来提高代码的扩展性和灵活性。通过使用修饰器,可以在不修改原有方法的情况下,轻松地为其添加新的功能或行为。这种方式是编程中非常强大且灵活的技巧,尤其适用于需要对现有代码进行功能扩展的场景。

10.16.5 电梯调度系统

例 10.36 实现一个电梯调度系统。

通过面向对象的设计,实现一个电梯调度系统,来管理多个电梯的状态、乘客请求以及电梯的移动。系统的主要功能包括:处理乘客的请求并分配电梯;电梯移动到乘客请求的楼层,接送乘客到达目的地;管理多个电梯的调度和运行。

（1）乘客请求类 Request。

乘客在某个楼层请求电梯，并希望到达指定的目的地楼层。Request 类用于封装乘客的请求信息，包括请求楼层和目标楼层。

```
class Request:
    def __init__(self, request_floor, destination_floor):
        """初始化乘客的请求，包含请求的楼层和目的地楼层"""
        self.request_floor = request_floor
        self.destination_floor = destination_floor
# 乘客状态，'waiting'表示等待，'in_elevator'表示已在电梯中
self.status = 'waiting'
```

这里 Request 类封装了乘客的请求数据，包括请求楼层 request_floor 和希望到达的楼层 destination_floor，每个 Request 对象代表一个请求，便于系统进行调度。

（2）电梯类 Elevator。

电梯可以上下移动并响应乘客的请求。Elevator 类用于处理电梯的状态、方向和移动逻辑。

```
class Elevator:
    def __init__(self, elevator_id, current_floor=1):
        """初始化电梯，电梯默认位于1层。"""
        self.elevator_id = elevator_id  # 电梯的唯一标识
        self.current_floor = current_floor
        self.requests = []              # 存储电梯接收到的请求
        self.direction = None           # 电梯的行进方向，可为"up"或"down"

    def add_request(self, request):
        """将乘客的请求添加到电梯系统。"""
        self.requests.append(request)
        self._update_direction()

    def _update_direction(self):
        """根据请求更新电梯的行进方向。"""
        if self.requests:
            next_floor = None
            for request in self.requests:
                if request.status == 'waiting':
                    next_floor = request.request_floor
                    break
                elif request.status == 'in_elevator':
                    next_floor = request.destination_floor
                    break
            if next_floor is not None:
                if next_floor > self.current_floor:
                    self.direction = "up"
                elif next_floor < self.current_floor:
                    self.direction = "down"
                else:
                    self.direction = None  # 电梯已在目标楼层
            else:
                self.direction = None
```

```
        else:
            self.direction = None

    def move(self):
        """移动电梯并处理请求。"""
        if self.direction == "up":
            self.current_floor += 1
            print(f"电梯 {self.elevator_id} 上升到第 {self.current_floor} 层")
        elif self.direction == "down":
            self.current_floor -= 1
            print(f"电梯 {self.elevator_id} 下降到第 {self.current_floor} 层")
        else:
            print(f"电梯 {self.elevator_id} 在第 {self.current_floor} 层")
        self._process_requests()

    def _process_requests(self):
        """检查是否到达请求楼层或目的地楼层,并完成请求。"""
        completed_requests = []
        for request in self.requests:
            if request.status == 'waiting' and self.current_floor == request.request_floor:
                print(f"电梯 {self.elevator_id} 到达请求楼层: 第 {self.current_floor} 层,接乘客")
                request.status = 'in_elevator'
            elif request.status == 'in_elevator' and self.current_floor == request.destination_floor:
                print(f"电梯 {self.elevator_id} 到达目的地: 第 {self.current_floor} 层,乘客离开")
                completed_requests.append(request)
        for request in completed_requests:
            self.requests.remove(request)
        self._update_direction()
```

在 Elevator 类中,current_floor 表示电梯的当前楼层,requests 是存储请求的列表,dircction 表示电梯的行进方向。该类的关键方法如下。

add_request():添加请求到电梯,并更新行进方向。

move():让电梯逐层移动,并检查是否到达请求楼层或目的地。

_process_requests():处理已到达的请求楼层或目的地的请求,接送乘客。

(3) 电梯调度系统类 ElevatorSystem。

ElevatorSystem 类用于管理多部电梯,负责接收乘客请求并分配最近的电梯响应请求。

```
class ElevatorSystem:
    def __init__(self, num_elevators = 1):
        """初始化电梯系统,包含指定数量的电梯。"""
        self.elevators = [Elevator(elevator_id = i + 1) for i in range(num_elevators)]

    def request_elevator(self, request_floor, destination_floor):
        """处理乘客请求并分配最近的电梯。"""
        request = Request(request_floor, destination_floor)
        best_elevator = min(self.elevators, key = lambda e: abs(e.current_floor - request_floor))
        best_elevator.add_request(request)
        print(f"分配电梯 {best_elevator.elevator_id} 到请求楼层: 第 {request_floor} 层,目的地:
第 {destination_floor} 层")

    def move_elevators(self):
```

```
        """移动系统中所有的电梯。"""
        for elevator in self.elevators:
            elevator.move()
```

ElevatorSystem 类通过 elevators 列表管理系统中的所有电梯。系统接受请求后，通过计算每部电梯与请求楼层的距离，选择合适的电梯来分配任务。主要方法如下所示。

request_elevator()：接收乘客的请求，分配合适的电梯。

move_elevators()：让系统中所有电梯移动一层，处理相应请求。

(4) 示例操作：运行电梯系统。

以下展示了如何创建电梯系统，并模拟乘客请求和电梯移动，显示系统的调度与运行效果。

```
# 示例使用
system = ElevatorSystem(num_elevators = 1)
# 乘客在 5 层请求到 2 层
system.request_elevator(4, 2)
# 模拟电梯的移动
for _ in range(5):
    system.move_elevators()
```

该示例创建了一个包含一部电梯的 ElevatorSystem，模拟一位乘客在 5 层请求前往 2 层。通过多次调用 move_elevators()，系统逐步模拟电梯的移动和接送操作，实现电梯系统的基本调度功能。

运行结果：

```
分配电梯 1 到请求楼层：第 4 层，目的地：第 2 层
电梯 1 上升到第 2 层
电梯 1 上升到第 3 层
电梯 1 上升到第 4 层
电梯 1 到达请求楼层：第 4 层，接乘客
电梯 1 下降到第 3 层
电梯 1 下降到第 2 层
电梯 1 到达目的地：第 2 层，乘客离开
```

10.16.6 修饰器的高级应用 *

Python 修饰器不仅可以应用于函数，还可应用于类，以管理实例的创建、控制执行逻辑、记录函数运行情况等。修饰器的参数控制、类修饰器以及缓存优化等高级应用，使得修饰器能够满足多样化的场景需求。

1. 修饰器带有参数

在通常情况下，修饰器为目标函数添加内嵌逻辑，但如果希望通过参数来控制修饰器的行为，可通过额外的外层函数来接收修饰器参数。这一方式能够提高修饰器的灵活性。

例 10.37 通过修饰器的参数设置日志级别。

实现一个给函数增加日志的修饰器，同时允许用户制定日志的级别。代码如下：

```
import time

def logged(level):
    def decorate(func):
```

```
        def inner( * args, ** kwargs):
            if level == 'debug':
                localtime = time.asctime(time.localtime(time.time()))
                print(f"Invoke function: {func.__name__}{args} at {localtime}")
            return func( * args, ** kwargs)
        return inner
    return decorate

@logged('debug')
def add(a, b):
    return a + b

# 测试
print(add(5, 10))
```

在上述代码中,logged(level)函数作为修饰器的最外层,接收日志级别参数 level,并将其传入内嵌函数,从而动态控制日志信息的输出。

运行结果:

```
Invoke function: add(5, 10) at Fri Nov 15 13:20:26 2024
15
```

2. 类的修饰器

类修饰器可以在实例化前对类进行管理,如实现单例模式。

例 10.38　利用类的修饰器实现单例模式。

通过修饰器限制类的实例数量,使得系统中始终只有一个实例。

```
instances = {}

def singleton(cls):
    def onCall( * args, ** kwargs):
        if cls not in instances:
            instances[cls] = cls( * args, ** kwargs)
        return instances[cls]
    return onCall

@singleton
class Home:
    def __init__(self, location):
        self.location = location

# 测试单例模式
homes = []
for i in range(3):
    loc = f"位置 #{i}"
    print(f"尝试创建一个 Home 实例在 {loc}")
    homes.append(Home(loc))

for index, home in enumerate(homes):
    print(f"Home 实例 #{index} 位置: {home.location}")
```

上述例子中,singleton 修饰器确保 Home 类的所有实例都指向首次创建的对象,从而实现了单例模式。

运行结果：

```
尝试创建一个 Home 实例在 位置 #0
尝试创建一个 Home 实例在 位置 #1
尝试创建一个 Home 实例在 位置 #2
Home 实例 #0 位置：位置 #0
Home 实例 #1 位置：位置 #0
Home 实例 #2 位置：位置 #0
```

从输出结果可知，每次创建一个 Home 的类实例，但是最后只得到第一次创建的类实例，之后的多次创建都不会真实创建类实体，而是调用第一次创建的实例，从而实现了单例模式。

本章小结

面向对象编程的内容如表 10-3 所示。

表 10-3 面向对象编程

类 别	原理/方法/属性	说 明
面向对象基本概念	面向过程编程	以函数为核心，适合简单程序
	面向对象编程	以对象为核心，适合复杂程序；模块化、复用性和维护性较高
	类(Class)	类是对象的模板，用于描述一类事物的属性和行为
	对象(Object)	对象是类的实例，Python 中的各种类型均为对象
self 参数	当前对象	self 表示调用方法的当前实例，在类方法中作为第一个形参，允许访问和修改当前实例属性
字段	类变量	由类的所有实例共享，在类内部、方法外定义
	对象变量	仅属于当前实例，通过 self 在构造函数中定义
成员访问权限	公有成员	默认公开成员，可在类内外访问
	保护成员	以单下画线开头，建议仅在类及子类内部访问，不推荐外部访问
	私有成员	以双下画线开头，仅限类内部访问，通过类内公有方法间接访问
内置类属性	__dict__	包含类的属性和方法的字典
	__doc__	类的文档字符串
	__name__	类的名称
	__module__	类所在的模块
	__bases__	类的所有父类构成的元组
方法	公有方法	可以在类的内部和外部调用，用于实现公开功能
	私有方法	只能在类的内部调用，方法名以双下画线开头
	静态方法	与类无直接关联，可通过类名或对象名调用，使用@staticmethod 定义
	类方法	第一个参数为 cls，表示类本身，可通过类名或对象名调用，使用@classmethod 定义
类的继承	继承	子类可继承父类属性和方法，复用父类代码，便于构建扩展软件架构
	方法重写	子类可重写父类方法，增强或改变其行为

续表

类　别	原理/方法/属性	说　明
运算符重载	__add__()	加法运算符重载,使对象可以执行"+"操作
	__getitem__()	索引运算符重载,允许对象执行索引和分片操作
	__repr__()	重载对象的字符串表示,便于打印输出
类的多态	接口多样性	子类共享父类接口,但可实现不同功能,通过多态性提高代码灵活性和模块化
Python 中一切皆为对象	优先对象特性	所有元素均为对象,可以赋值、添加到集合、传递给函数、作为函数返回值
对象的概念	ID	唯一标识符,通过 id()获取,表示内存地址
	类型	通过 type()查看对象的类型
	值	对象的数据内容,包括不可变对象和可变对象
对象的特性	is	判断两个变量是否指向同一个对象
	==	判断两个变量的值是否相等
对象回收机制	引用计数	当引用计数为 0 时,对象被自动回收,释放内存
class、object 和 type 的关系	三者关系相辅相成	类是对象的模板,但类本身也是一种对象,类的创建依赖于 type 元类
元类	元类	元类控制类的创建过程,影响类的行为和规则
	默认元类	大多数类的默认元类是 type,也可自定义元类
	使用元类创建类	使用 type(class_name, bases, attrs)函数可生成类
	自定义元类	元类可在类创建时执行额外操作,例如自动注册类
闭包	闭包的概念	内部函数可访问外部函数变量,即便外部函数执行完毕
修饰器	修饰器的概念	修饰器通过@语法装饰函数或类,增加功能而不改变原函数
	函数修饰器和类修饰器	函数修饰器增强函数功能,类修饰器用于类实例管理
	处理带参数的内嵌函数	使用 * args 和 ** kwargs 处理任意数量的参数
	带参数的修饰器	外层函数接收参数,用来控制修饰器行为
	内置修饰器@property、@classmethod 等	内置修饰器修饰类的属性和方法
属性	getter、setter、deleter 方法	属性封装了字段的访问、修改和删除操作,增加合法性验证
namedtuple	从 namedtuple 到类	namedtuple 是轻量不可变数据结构,允许通过名称访问数据
类型注解	基本类型注解	int、float 等类型注解提高代码可读性和维护性
	变量类型注解	在变量后添加类型注解,使变量类型更加清晰
	函数参数和返回值注解	使用参数和返回值类型注解,确保函数输入输出符合预期
	list、dict 等复杂类型	使用复杂类型注解标注列表、字典的内部元素类型
	泛型	泛型使类支持多种数据类型,通过 TypeVar 和 Generic 定义
	类型别名	类型别名简化代码结构,提高代码可读性
应用案例	金融投资类	基类包含投资名称和金额,子类实现不同类型投资的收益计算
	单例设计模式	通过控制实例化次数,确保系统中始终只有一个类的实例
	金融风控	利用修饰器限制单笔交易金额,防止超额交易
	电梯调度系统	通过面向对象设计管理电梯状态、处理乘客请求和电梯调度

第二部分 科学计算与数据处理

第11章

NumPy数值计算

在科学计算和数据分析领域，高效的数值计算是基础能力之一，而 NumPy 是 Python 生态中最重要的数值计算库。本章将系统讲解 NumPy 的核心内容，包括其基础概念、ndarray 对象的属性与操作、数组的索引与切片以及各种数组运算。此外，还将探索 NumPy 的高级功能，如通用函数、逻辑运算和排序方法。通过应用案例，学习如何使用 NumPy 处理复杂的数值计算任务，为数据分析和科学研究打下坚实基础。

11.1 NumPy 概述

在现代科学和工程计算中，处理大规模数据和执行复杂的数值计算已成为常态。Python 作为一种高效、易学的编程语言，其在数据科学领域的广泛应用部分归功于 NumPy 库。NumPy 提供了强大的多维数组对象和丰富的数值计算功能，成为 Python 科学计算的基石。

NumPy(Numerical Python)是 Python 编程语言的一个核心库，专为处理大规模的数值数据而设计，其主要功能包括如下三类。

(1) 多维数组对象(ndarray)：提供对多维数组的高效操作。

(2) 数值计算的高性能函数：支持快速的数学运算，包括线性代数、傅里叶变换等。

(3) 强大的广播机制：允许对不同形状的数组进行灵活的运算。

NumPy 的重要性体现在如下几方面。

(1) 高效的数值计算：NumPy 的核心是其多维数组对象，提供了快速、灵活的数组操作，这在处理大型数据集时尤为重要。

(2) Python 科学计算的基础：NumPy 是许多其他科学计算库(如 SciPy、Pandas、Matplotlib、TensorFlow 等)的基础，这些库广泛用于数据分析、机器学习和人工智能领域。

(3) 跨语言性能优势：NumPy 在底层使用 C 和 FORTRAN 编写，以确保性能接近于纯 C 或 Fortran 程序，同时保留了 Python 的灵活性和易用性。

11.2 NumPy 基础

11.2.1 NumPy 的安装与配置

在开始使用 NumPy 之前，需要先进行安装和配置。NumPy 可以通过 Python 包管理工具 pip 进行安装。要使用 pip 安装 NumPy，打开命令行或终端，输入以下命令：

```
pip install numpy
```

安装 NumPy 后，通过 Python 解释器导入 NumPy 来验证安装是否成功：

```
import numpy as np
print(np.__version__)
```

执行上述代码，如果输出了 NumPy 的版本号，则表示安装成功。

11.2.2 ndarray 对象

ndarray(N-dimensional array)是 NumPy 的核心数据结构，支持多维数组和矩阵运算。与 Python 的列表 list 相比，ndarray 具有更高的性能和更丰富的功能。创建 ndarray 有两种方法。

(1) 从 Python 列表或元组创建：NumPy 可以将 Python 的列表或元组转换为 ndarray 对象。

```
import numpy as np

# 从列表创建一维数组
array_1d = np.array([1, 2, 3, 4, 5])
print(array_1d)

# 从嵌套列表创建二维数组
array_2d = np.array([[1, 2, 3], [4, 5, 6]])
print(array_2d)
```

(2) 使用 NumPy 内置函数：NumPy 提供了多种内置函数用于创建特定类型的数组。

① np.zeros(shape)：创建全零数组。

```
zeros_array = np.zeros((3, 3))
print(zeros_array)
```

运行结果：

```
[[0. 0. 0.]
 [0. 0. 0.]
 [0. 0. 0.]]
```

② np.ones(shape)：创建全一数组。

```
ones_array = np.ones((2, 4))
print(ones_array)
```

运行结果：

```
[[1. 1. 1. 1.]
 [1. 1. 1. 1.]]
```

③ np.eye(N)：创建 $N \times N$ 的单位矩阵。

```
eye_array = np.eye(4)
print(eye_array)
```

运行结果：

```
[[1. 0. 0. 0.]
 [0. 1. 0. 0.]
 [0. 0. 1. 0.]
 [0. 0. 0. 1.]]
```

④ np.arange(start, stop, step)：用于创建一个等差数列的数组，从 start 开始（包含）到 stop 结束（不包含），以 step 为步长。

```
arange_array = np.arange(0, 10, 2)
print(arange_array)
```

运行结果：

```
[0 2 4 6 8]
```

⑤ np.linspace(start, stop, num)：用于创建一个等间隔数列的数组，从 start 开始到 stop 结束（包含），生成的数组具有 num 个元素。linspace 方法名称来源于 linearspace（线性空间）的缩写。

```
linspace_array = np.linspace(0, 1, 5)
print(linspace_array)
```

运行结果：

```
[0.   0.25 0.5  0.75 1.  ]
```

11.2.3 ndarray 的属性和方法

NumPy 数组对象具有丰富的属性和方法，用于获取数组的基本信息和执行常见操作。

1. ndarray 的属性

ndarray 的属性包括如下几种。

(1) ndarray.shape：数组的形状。

(2) ndarray.size：数组的元素总数。

(3) ndarray.dtype：数组元素的数据类型。

(4) ndarray.ndim：数组的维数。

```
array = np.array([[1, 2, 3], [4, 5, 6]])
print(array.shape)   # 输出：(2, 3)
print(array.size)    # 输出：6
print(array.dtype)   # 输出：int64(根据系统不同,可能不同)
print(array.ndim)    # 输出：2
```

2. ndarray 的方法

ndarray 的方法有以下几种。

(1) ndarray.reshape(shape)：改变数组形状，将一个数组的形状从一个维度变换为另一个维度，其中 shape 用一个整数元组表示。该方法是按照元素的行优先顺序（即按行主序，也叫 C-order)来重新排列数组的形状。这意味着元素在内存中的存储顺序不会改变，而是将这些元素按照新的形状进行重新解释。

```
array = np.array([[1, 2, 3], [4, 5, 6]])
reshaped_array = array.reshape((3, 2))
print(reshaped_array)
```

运行结果：

```
[[1 2]
 [3 4]
 [5 6]]
```

(2) ndarray.flatten()：将多维数组展开为一维。

```
flattened_array = array.flatten()
print(flattened_array)
```

运行结果：

```
[1 2 3 4 5 6]
```

(3) ndarray.transpose()：转置数组。

```
transposed_array = array.transpose()
print(transposed_array)
```

运行结果：

```
[[1 4]
 [2 5]
 [3 6]]
```

(4) ndarray.astype(dtype)：转换数组的数据类型，返回一个新数组，数组的数据类型为指定的类型，其中 dtype 参数指定要转换成的数据类型。

```
float_array = array.astype(float)
print(float_array)
```

运行结果：

```
[[1. 2. 3.]
 [4. 5. 6.]]
```

11.2.4 数组的索引和切片

NumPy 支持丰富的索引和切片操作，允许对数组进行灵活的访问和修改。

(1) **基本索引**：使用整数索引访问和修改数组中的单个元素。

```
array = np.array([10, 20, 30, 40, 50])
print(array[0])   # 输出：10
array[1] = 25
print(array)      # 输出：[10 25 30 40 50]
```

(2) **切片操作**：使用切片访问数组的子集，语法类似于 Python 的 list，但在 NumPy 中切片返回的是视图(view)而非副本，这意味着对切片的修改会直接影响原数组。NumPy 支持多维切片，允许在每个维度上进行灵活的切片操作。

```
array = np.array([10, 20, 30, 40, 50])
sub_array = array[1:4]
print(sub_array)    # 输出：[20 30 40]
# 二维数组切片
array_2d = np.array([[1, 2, 3], [4, 5, 6], [7, 8, 9]])
sub_array_2d = array_2d[:2, 1:]
print(sub_array_2d)  # 输出：[[2 3] [5 6]]
```

(3) **布尔索引**：根据条件表达式直接从数组中提取满足特定条件的元素。具体来说，布尔索引是利用布尔数组对原数组进行索引的一种方法。布尔数组与原数组形状相同，其中的布尔值(True 或 False)用于指示是否选择对应位置的元素。当布尔值为 True 时，选择该位置的元素；否则，忽略该元素。

```
import numpy as np
arr = np.array([1, 2, 3, 4, 5])
# 创建一个布尔索引条件，生成布尔数组
bool_index = arr > 3
print(bool_index)
```

运行结果：

```
[False False False  True  True]
```

可以使用布尔索引从数组中选择元素。

```
# 使用布尔索引从数组中选择元素
filtered_arr = arr[bool_index]
print(filtered_arr)
```

运行结果：

```
[4 5]
```

在上例中，布尔索引条件是通过布尔条件表达式来生成布尔数组，用于筛选原数组中满足特定条件的元素。这个布尔条件表达式可以是任何返回布尔值的比较操作，如等于(==)、大于(>)，以及组合多个条件的逻辑操作符(&、|、~))等。例如，布尔表达式 arr > 3 会遍历 arr 数组的每个元素，并对每个元素返回相应的布尔值 True 或 False，这与 map()函数对每个元素应用一个函数非常相似。

11.3 数组运算

NumPy 提供了丰富的数组运算功能，支持各种数学运算、统计分析和线性代数计算。高效的数组运算是 NumPy 的重要特性，能够帮助用户快速处理大规模数据。

11.3.1 基本数学运算

NumPy 中的数组运算允许用户在数组间执行各种数学操作，无须显式编写循环。这些运算支持标量与数组间的运算以及数组间的元素级运算。

1. 标量与数组运算

NumPy 支持对数组中的每个元素执行标量运算。例如，数组可以与标量相加、相减、相乘或相除，这些运算将应用于数组的每个元素。

```
import numpy as np

# 创建一个数组
array = np.array([1, 2, 3, 4])

# 标量加法
result_add = array + 10
print(result_add)        # 输出：[11 12 13 14]

# 标量乘法
result_mul = array * 2
print(result_mul)        # 输出：[2 4 6 8]
```

2. 数组间运算

对于数组间的运算，NumPy 支持逐元素的加、减、乘、除。这要求参与运算的两个数组具有相同的形状。

```
array1 = np.array([1, 2, 3])
array2 = np.array([4, 5, 6])

# 数组加法
result_sum = array1 + array2
print(result_sum)     # 输出：[5 7 9]

# 数组乘法
result_prod = array1 * array2
print(result_prod)    # 输出：[4 10 18]
```

3. 广播机制

NumPy 的广播机制允许不同形状的数组之间执行运算，前提是它们的形状在某些维度上兼容。广播机制会自动扩展较小的数组，使其与较大的数组匹配。

```
array = np.array([[1, 2, 3], [4, 5, 6]])
scalar = 10

# 广播机制将标量扩展为数组形状
result_broadcast = array + scalar
print(result_broadcast)
```

运行结果：

```
[[11 12 13]
 [14 15 16]]
```

如果两个数组的形状在最后几维相同，或者其中一个数组的维度为 1，则可以执行广播。

```
array1 = np.array([[1, 2, 3], [4, 5, 6]])  # 形状(2, 3)
array2 = np.array([10, 20, 30])             # 形状(1, 3)

result_broadcast = array1 + array2
print(result_broadcast)
```

上例中，array1 的形状是(2,3)，而 array2 的形状是(1,3)。由于它们的形状在最后一维相同，且 array2 的第一维是 1，根据广播规则，array2 可以在计算时沿第一个维度自动扩展，变成形状(2,3)，即[[10,20,30],[10,20,30]]，从而与 array1 相加得到结果。

运行结果：

```
[[11 22 33]
 [14 25 36]]
```

【NumPy 广播机制的实现原理】

NumPy 的广播机制基于 Python 的动态类型和操作符重载，采用一种隐式扩展策略，使较小的数组在逻辑上扩展为与较大数组兼容的形状，无须实际创建重复数据。这种设计不仅优化了内存使用，还显著提升了计算效率。

11.3.2 统计函数

NumPy 提供了多种统计函数，用于分析数组数据的分布特征。这些函数可以用于计算数组的均值、标准差、方差、最大值、最小值等。

1. 均值、标准差、方差

(1) 均值(mean)：数组元素的平均值。

```
array = np.array([1, 2, 3, 4, 5])
mean_value = np.mean(array)
print(mean_value)    # 输出：3.0
```

(2) 标准差(standard deviation)：描述数据的离散程度。

```
std_deviation = np.std(array)
print(std_deviation)  # 输出：1.4142135623730951
```

(3) 方差(variance)：标准差的平方，表示数据分布的离散程度。

```
variance_value = np.var(array)
print(variance_value)  # 输出：2.0
```

这些函数可以通过指定 axis 参数来沿数组的特定轴进行计算。在 NumPy 中，axis 参数用于指定数组操作的方向，它决定了在哪个方向上压缩数组。以二维数组为例。

axis=0：沿着列的方向(垂直方向)进行操作，跨行进行运算，对于 axis=0，操作会在每一列上进行，这意味着结果是对每一列的值进行聚合。

axis=1：沿着行的方向(水平方向)进行操作，跨列进行运算。对于 axis=1，操作会在每一行上进行，这意味着结果是对每一行的值进行聚合。

```
array_2d = np.array([[1, 2, 3], [4, 5, 6]])
# 沿列计算均值
mean_along_axis0 = np.mean(array_2d, axis = 0)
print(mean_along_axis0)  # 输出: [2.5 3.5 4.5]
# 沿行计算标准差
std_along_axis1 = np.std(array_2d, axis = 1)
print(std_along_axis1)    # 输出: [0.81649658 0.81649658]
```

2. 最大值、最小值

(1) 最大值(max):数组中的最大元素。

```
max_value = np.max(array)
print(max_value)            # 输出: 5
```

(2) 最小值(min):数组中的最小元素。

```
min_value = np.min(array)
print(min_value)            # 输出: 1
```

同样,axis参数可被用于在特定轴上计算最大值和最小值:

```
# 沿列计算最大值
max_along_axis0 = np.max(array_2d, axis = 0)
print(max_along_axis0)  # 输出: [4 5 6]
# 沿行计算最小值
min_along_axis1 = np.min(array_2d, axis = 1)
print(min_along_axis1)  # 输出: [1 4]
```

11.3.3 线性代数运算

NumPy提供了广泛的线性代数功能,包括矩阵乘法、逆矩阵计算和特征值求解。

1. 矩阵乘法

使用np.dot()函数或@运算符进行矩阵乘法。

```
matrix1 = np.array([[1, 2], [3, 4]])
matrix2 = np.array([[5, 6], [7, 8]])
# 矩阵乘法
product = np.dot(matrix1, matrix2)
# product = matrix1 @ matrix2   # 同理
print(product)
```

运行结果:

```
[[19 22]
 [43 50]]
```

2. 逆矩阵与特征值

矩阵A的逆矩阵是一个矩阵B,使得AB=I(单位矩阵),计算逆矩阵需要确保矩阵是方阵且可逆。NumPy库中numpy.linalg模块提供的函数inv()用于计算矩阵的逆矩阵。

```
from numpy.linalg import inv

matrix = np.array([[1, 2], [3, 4]])
inverse_matrix = inv(matrix)
print(inverse_matrix)
```

运行结果：

```
[[-2.   1. ]
 [ 1.5 -0.5]]
```

3. 特征值与特征向量

特征值是线性变换不变的标量值，特征向量是在变换下保持方向不变的向量。使用 np.linalg.eig()计算特征值和特征向量。

```
from numpy.linalg import eig

matrix = np.array([[1, 2], [2, 1]])
eigenvalues, eigenvectors = eig(matrix)
print("特征值:", eigenvalues)
print("特征向量:\n", eigenvectors)
```

运行结果：

```
特征值: [ 3. -1.]
特征向量:
[[ 0.70710678 -0.70710678]
 [ 0.70710678  0.70710678]]
```

11.4　NumPy 高级功能 *

NumPy 不仅提供了基础的数组操作功能，还包括一系列高级功能，帮助用户在复杂的数据处理和分析任务中提升效率。

11.4.1　通用函数

通用函数(universal functions, ufuncs)是 NumPy 中实现快速数组操作的核心功能，它们以逐元素的方式对数组进行处理，支持各种数学和逻辑运算。

1. 自定义 ufuncs

NumPy 允许用户定义自己的通用函数，以实现特定的计算需求。自定义 ufuncs 可以通过使用 NumPy 的 frompyfunc()函数来创建，该函数将一个普通的 Python 函数封装为 NumPy 的通用函数(ufunc)，使它可以应用于数组的主元素操作。

例 11.1　自定义 ufunc 的实现。

```
import numpy as np

# 定义一个简单的 Python 函数
```

```
def my_add(x, y):
    return x + y
# 将 Python 函数转换为 ufunc
my_add_ufunc = np.frompyfunc(my_add, 2, 1)
# 使用自定义 ufunc 进行数组运算
result = my_add_ufunc(np.array([1, 2, 3]), np.array([4, 5, 6]))
print(result)
```

运行结果：

```
[5 7 9]
```

在此例中，定义了一个普通的 Python 的 my_add()函数，它接收两个参数并返回它们的和。通过 np.frompyfunc(my_add,2,1)，将其转换为一个通用函数 my_add_ufunc，其中参数 2 表示输入参数的个数，1 表示输出值的个数。这样，my_add_ufunc 就可以用于数组的逐元素相加操作。

2. ufuncs 的性能优势

ufuncs 在 NumPy 中具有显著的性能优势，因为它们是在 C 语言层面实现的，并且利用了矢量化(Vectorization)技术，能够高效地在不使用显式 Python 循环的情况下对整个数组进行操作，这对大量数据处理性能非常有帮助。

(1) 矢量化计算：ufuncs 允许对整个数组直接进行操作，避免了显式的 Python 循环，从而显著提高了代码的执行速度，尤其是在处理大规模数据时。

(2) 内存效率：ufuncs 直接在数组上进行操作，避免了额外的临时数组创建，从而减少了内存开销，提高了内存使用效率。

(3) 并行化：在现代处理器上，ufuncs 可以自动利用 SIMD(单指令多数据)指令集，使得在硬件层面加速数组的运算，实现并行化处理，进一步提升计算效率。

例 11.2 ufunc 与普通循环的性能比较。

比较使用 ufunc 与普通循环进行元素平方运算的性能差异。

```
import numpy as np
import time

# 创建一个包含 100 万个元素的数组
array = np.arange(1e6)

# 使用 ufunc 进行元素平方，并计算执行时间
start_time_ufunc = time.time()
result_ufunc = np.square(array)
end_time_ufunc = time.time()
# 计算 ufunc 方法的执行时间
ufunc_time = end_time_ufunc - start_time_ufunc
print(f"Time taken using ufunc: {ufunc_time:.6f} seconds")

# 使用普通 Python 循环进行元素平方，并计算执行时间
result_loop = np.zeros_like(array)
start_time_loop = time.time()
for i in range(array.size):
```

```
    result_loop[i] = array[i] ** 2
end_time_loop = time.time()
# 计算普通循环方法的执行时间
loop_time = end_time_loop - start_time_loop
print(f"Time taken using loop: {loop_time:.6f} seconds")

# 比较两种方法的执行时间
print(f"ufunc is {loop_time / ufunc_time:.2f} times faster than loop.")
```

运行结果：

```
Time taken using ufunc: 0.002985 seconds
Time taken using loop: 0.335199 seconds
ufunc is 112.30 times faster than loop.
```

在此例中，np.square()作为 ufunc 实现了对数组的高效平方计算，比普通 Python 循环速度快百倍以上(在不同的计算机上测试，性能略有差别)。

11.4.2　逻辑运算与条件筛选

NumPy 支持灵活的逻辑运算与条件筛选功能，允许用户基于条件高效地过滤和操作数组数据。

1. 布尔数组

布尔数组是由布尔值(True 或 False)组成的数组，用于逻辑运算和条件筛选。布尔数组通常由比较操作生成，例如：

```
# 创建一个数组
array = np.array([1, 2, 3, 4, 5])

# 生成布尔数组
bool_array = array > 3
print(bool_array)   # 输出: [False False False  True  True]
```

布尔数组可被用于数组的元素级逻辑运算。

```
array1 = np.array([True, False, True])
array2 = np.array([False, False, True])

# 布尔与
result_and = np.logical_and(array1, array2)
print(result_and)   # 输出: [False False  True]

# 布尔或
result_or = np.logical_or(array1, array2)
print(result_or)    # 输出: [ True False  True]
```

2. 条件索引与过滤

使用布尔数组对数组进行条件索引和过滤，从数组中提取满足特定条件的元素。

```
array = np.array([10, 20, 30, 40, 50])

# 使用布尔索引过滤数组元素
filtered_array = array[array > 30]
print(filtered_array)  # 输出: [40 50]
```

在此例中,array > 30 会返回一个布尔数组[False,False,False,True,True],表示每个元素是否大于 30。使用 array[array > 30],利用布尔索引的方法只提取布尔数组中值为 True 的位置对应的元素。

条件筛选也可以结合其他操作进行更复杂的数据处理。

```
array = np.array([[1, 2, 3], [4, 5, 6]])
# 使用条件筛选替换数组中的特定值
array[array % 2 == 0] = 0
print(array)
```

运行结果:

```
[[1 0 3]
 [0 5 0]]
```

11.4.3 排序、搜索与计数

NumPy 提供了一系列函数用于对数组进行排序、搜索和计数操作,高效组织和分析数据。

1. 数组排序

NumPy 的 sort()函数用于对数组进行排序,返回排序后的数组,原数组不发生变化。

(1) 一维数组排序。

```
array = np.array([3, 1, 2, 5, 4])

# 对数组进行排序
sorted_array = np.sort(array)
print(sorted_array)  # 输出: [1 2 3 4 5]
```

上述代码中,np. sort()不会修改原数组 array,而是返回一个排序后的新数组 sorted_array。

(2) 多维数组排序。

NumPy 也支持对多维数组的特定轴进行排序。通过 axis 参数指定沿某个轴进行排序。

```
array_2d = np.array([[10, 1, 8], [9, 5, 6]])

# 沿列排序
sorted_array_along_axis0 = np.sort(array_2d, axis = 0)
print(sorted_array_along_axis0)
```

运行结果:

```
[[ 9  1  6]
 [10  5  8]]
```

2. 去重

NumPy 提供 unique()函数，用于查找数组中的唯一值，并返回一个已排序的无重复数组。

```
array = np.array([1, 2, 2, 3, 3, 3, 4])

# 查找唯一值
unique_values = np.unique(array)
print(unique_values)   # 输出: [1 2 3 4]
```

上述代码中，np.unique(array)返回的数组 unique_values 是排序后的不含重复值的数组。该函数不仅对一维数组有效，还可以处理多维数组，并根据给定的 axis 去重。

3. 搜索数组中的元素

NumPy 提供了用于搜索数组中指定值的索引的函数。

(1) 使用 where()函数搜索元素的位置，返回满足条件的元素的索引。

```
array = np.array([10, 20, 30, 40, 50])

# 查找数组中大于 30 的元素的索引
indices = np.where(array > 30)
print(indices)   # 输出: (array([3, 4], dtype = int64),)
```

在上述代码中，np.where(array > 30)返回一个包含索引的元组，表示所有满足条件的位置。

(2) 使用 searchsorted()函数查找插入位置。

np.searchsorted()函数用于在有序数组中查找指定值的插入位置，以保持数组的排序状态。

```
sorted_array = np.array([10, 20, 30, 40, 50])

# 查找 35 在数组中的插入位置
insert_position = np.searchsorted(sorted_array, 35)
print(insert_position)   # 输出: 3
```

在上述代码中，np.searchsorted(sorted_array,35)返回的值是新元素应插入的位置，以保持数组的有序性。当插入 35 时，它将被放置在索引 3 处，以保持数组的有序性。

11.5　NumPy 的向量化

向量化是 NumPy 的一个核心特性，通过批量操作替代主元素的标量运算或循环处理，以显著提升性能、减少代码复杂性，并充分利用底层硬件(如 SIMD 指令、并行计算等)。归纳和总结出向量化的主要任务和实现方法如下。

1. 消除显式循环

避免 Python 层面的 for 循环，减少解释器的开销。通过 NumPy 的批量操作，直接对数组整体进行计算。

```
import numpy as np

# 循环方式
lst = [1, 2, 3, 4, 5]
result = [x * 2 for x in lst]

# 向量化方式
arr = np.array(lst)
result = arr * 2  # [2, 4, 6, 8, 10]
```

2. 内置数学函数

NumPy 提供的数学函数(如 sin、cos、sqrt)可以直接应用于数组,这些函数本身是向量化的。

```
arr = np.array([0, np.pi / 2, np.pi])
result = np.sin(arr)  # [0.0, 1.0, 0.0]
```

3. 简化复杂运算逻辑

通过广播、内置函数和高级索引,将复杂的多步骤操作合并为单步或少量操作。

```
# 循环方式
arr = [1, 2, 3, 4]
result = sum([x ** 2 for x in arr])

# 向量化方式
arr = np.array([1, 2, 3, 4])
result = np.sum(arr ** 2)  # 更高效
```

4. 利用广播机制

广播允许形式不同的数组一起运算,NumPy 会自动扩展较小的数组以匹配较大的数组,无须实际创建副本。

```
arr1 = np.array([[1, 2, 3]])
arr2 = np.array([[1], [2], [3]])
result = arr1 + arr2
```

运行结果:

```
[[2 3 4]
 [3 4 5]
 [4 5 6]]
```

该例中使用的广播机制使得形状不同的数组可以一起运算,具体规则如下。

(1) 从后向前对齐维度:将两个数组的形状从右到左对齐

将两个数组的形状从最右侧维度开始对齐,逐对比较每一维的大小。若维度不匹配且其中一个为1,则将1扩展为与另一个维度相同的大小。对于(1,3)和(3,1),右侧维度对齐是3对1,将1扩展为3;左侧维度对齐是1对3,将1扩展为3。最终,它们的广播形状变为(3,3)。

(2) 扩展维度为1的数组,分为如下两种情况。

对于 arr1:将其沿第0维扩展为(3,3)。

```
[[1, 2, 3],
 [1, 2, 3],
 [1, 2, 3]]
```

对于 arr2：将其沿第 1 维扩展为(3,3)。

```
[[1, 1, 1],
 [2, 2, 2],
 [3, 3, 3]]
```

(3) 逐元素相加，扩展后的两个数组逐元素相加，得到最终结果。

11.6 NumPy 的内存管理

NumPy 通过高效的内存管理机制，支持大规模数组的存储与计算，以提升计算性能和内存使用效率。其 ndarray 类采用了一系列关键技术来优化内存管理。

首先，NumPy 的数组通过分配连续的内存块存储数据。数组元素按相邻的内存位置排列，这种布局利用了 CPU 缓存的局部性原理，大幅提升了访问速度。同时，连续内存的存储方式使 NumPy 能够与底层的 C 语言库高效交互，从而进一步提高计算性能。相比之下，Python 的内置列表(list)存储的是对元素的引用，这些引用在内存中通常是分散的，导致 Python 列表在访问大量数据时难以充分利用缓存局部性，性能相对较低。

其次，NumPy 的视图机制可以有效减少内存开销。当对数组进行切片或形状变换操作时，NumPy 通常返回原数组的视图，而不是创建新的数组。视图与原数组共享底层数据块，从而避免了额外的内存分配和复制操作。这不仅提高了内存使用效率，还减少了对大型数据集的冗余处理。但需注意，视图上的数据修改会影响原数组，因此使用时需格外谨慎。

最后，NumPy 的广播机制进一步优化了内存使用和计算效率。在数组运算中，广播允许形状不完全相同的数组参与计算，无须显式地创建与目标形状相同的新数组。这种机制通过动态地扩展较小数组的维度来匹配目标数组，从而避免了大量冗余数据的存储和计算。这对于处理多维数组的复杂运算尤其重要，大幅降低了内存消耗并提升了运算性能。

凭借连续内存布局、视图机制和广播机制等内存管理技术，NumPy 在科学计算和大数据处理领域展现出卓越性能与灵活性，成为 Python 数值计算的首选工具之一。

11.7 应用案例

11.7.1 马尔可夫链蒙特卡洛模拟

马尔可夫链蒙特卡洛(MCMC)模拟是一种用于近似计算多维积分的随机抽样方法，广泛应用于金融和经济领域中的复杂系统建模。它结合了蒙特卡洛模拟和马尔可夫链的思想，帮助分析师在不确定环境下进行预测和决策。在金融市场中，MCMC 可被用于模拟股票价格的未来走势，以评估投资组合的风险和收益。

例 11.3 使用 MCMC 模拟股票价格的未来走势。

通过生成大量的价格路径，可以分析股票价格的波动性和风险。这种模拟有助于评估投资组合的潜在风险和制定对冲策略。

(1) 模拟设置。

定义模拟所需的参数，包括初始股票价格、日均收益、日波动率、模拟天数和模拟次数。

```
import numpy as np

# 定义模拟参数
S0 = 100                    # 初始股票价格
mu = 0.0005                 # 日均收益
sigma = 0.01                # 日波动率
days = 252                  # 模拟天数(例如,一年交易日)
simulations = 1000          # 模拟次数
```

初始股票价格(S_0)：股票在模拟开始时的价格。

日均收益(μ)：假设的平均每日收益率。

日波动率(σ)：股票每日价格的标准差，反映价格的波动性。

模拟天数：模拟一个年度内的交易日。

模拟次数：表示进行多少次独立的模拟路径，以得到可靠的统计结果。

(2) 模拟路径生成。

使用 NumPy 生成模拟路径，模拟股票价格在未来时间段内的变化。

```
# 使用 NumPy 生成模拟路径
simulated_paths = np.zeros((simulations, days))
simulated_paths[:, 0] = S0

for t in range(1, days):
    # 生成随机价格变化
    random_shocks = np.random.normal(loc = mu, scale = sigma, size = simulations)
    simulated_paths[:, t] = simulated_paths[:, t - 1] * (1 + random_shocks)
```

在上述代码中，random_shocks 是生成的随机数数组，其元素服从均值为 μ、标准差为 σ 的正态分布，长度为 simulations。在这个循环中，使用正态分布生成每日的随机收益(random_shocks)，然后根据几何布朗运动的公式更新股票价格：

$$S_t = S_{t-1} \times (1 + \text{随机收益})$$

这种模拟假设股票价格遵循几何布朗运动，即价格变化是连续的，且对数收益服从正态分布。

(3) 模拟结果分析。

通过模拟得到大量的股票价格路径后，计算最终股票价格的平均值和标准差，以评估价格的预期走势和波动性。

```
# 计算每个模拟路径的最终价格
final_prices = simulated_paths[:, -1]

# 打印模拟的股票价格的统计数据
mean_final_price = np.mean(final_prices)
std_final_price = np.std(final_prices)
print("平均最终价格:", mean_final_price)
print("最终价格标准差:", std_final_price)
```

运行结果(每次运行输出结果可能有所差异)：

```
平均最终价格:113.80599833916602
最终价格标准差:18.33630191919804
```

平均最终价格是反映模拟股票价格的平均水平，表示股票价格的预期值。而最终价格标准差则衡量股票价格的不确定性，表示价格波动的幅度。

11.7.2 线性回归分析

国内生产总值(GDP)是衡量一个国家或地区经济活动总量的重要指标,通常以年度或季度的形式发布。为了更好地理解经济趋势,可以对GDP进行分析,计算其年度增长率,并利用线性回归模型对未来的GDP进行预测。在数据科学中,线性回归是一种常用的预测模型,通过拟合一个线性方程来描述自变量和因变量之间的线性关系。

例 11.4 使用线性回归模型分析并预测GDP。

使用线性回归模型来对模拟的GDP数据进行分析,并预测未来两年的GDP。整个过程包括数据准备、年度增长率计算、回归模型训练和未来数据的预测。

(1) 导入库并模拟GDP数据。

首先导入NumPy库,并模拟一组GDP时间序列数据作为输入。

```
import numpy as np
# 模拟 GDP 时间序列数据(单位:万亿美元)
gdp_data = np.array([18.57, 18.71, 18.83, 18.96, 19.08, 19.21, 19.33, 19.45, 19.57, 19.70])
```

这里模拟了若干年的GDP数据,存储在NumPy数组gdp_data中。这些数据表示了10年间的GDP数值,单位为万亿美元。

(2) 计算年度增长率。

年度增长率用于衡量经济增长情况。计算方法为相邻年份的GDP差值除以前一年的GDP。

```
# 计算 GDP 的年度增长率
gdp_growth_rate = np.diff(gdp_data) / gdp_data[:-1] * 100
print("GDP 年度增长率:", gdp_growth_rate)
```

np.diff()函数用于计算数组中相邻元素的差值。它会返回一个新数组,其中的每个元素是原数组中相邻元素的差值。在此例中,np.diff(gdp_data)计算了GDP数据中相邻年份之间的差值,用以衡量年度GDP的变化。

(3) 准备回归模型的数据。

线性回归模型通过拟合直线方程,描述自变量与因变量之间的关系。这里将年份数据作为自变量(X),GDP数据作为因变量(y)。为了进行回归分析,还需要为自变量增加偏置项(截距),以便模型可以更好地拟合。

```
# 准备回归模型的数据,X 为自变量(年份),y 为因变量(GDP)
X = np.arange(len(gdp_data)).reshape(-1, 1)
y = gdp_data
# 增加偏置项(截距)
X_b = np.c_[np.ones((X.shape[0], 1)), X]
```

这里,X使用np.arange()函数生成表示年份的数据,并通过reshape(-1,1)转换为列向量,表示10年的数据序列。y为前面创建的gdp_data,表示GDP的实际数值。然后通过np.ones()生成一个全是1的列向量,用作偏置项,并与X拼接在一起,生成包含偏置项的特征矩阵X_b,以确保模型中包含截距项。np.c_[]是NumPy提供的一种方便的拼接操作,可以将多个数组沿着列方向拼接在一起。

(4) 计算线性回归的系数。

在计算回归系数时,使用了下面的线性代数的公式来求解线性回归的最佳系数,这一步计算了回归方程中的截距和斜率。公式如下：

$$\theta=(\boldsymbol{X}_b^{\mathrm{T}}\boldsymbol{X}_b)^{-1}\boldsymbol{X}_b^{\mathrm{T}}y$$

其中，$\boldsymbol{X}_b$ 是带有偏置项的特征矩阵、$\boldsymbol{X}_b^{\mathrm{T}}$ 是 $\boldsymbol{X}_b$ 的转置矩阵，$(\boldsymbol{X}_b^{\mathrm{T}}\boldsymbol{X}_b)^{-1}$ 是 $\boldsymbol{X}_b^{\mathrm{T}}\boldsymbol{X}_b$ 的逆矩阵，y 是因变量（目标值）向量，θ 是回归模型的系数向量，包括截距和回归系数。

```
# 计算线性回归的系数
theta_best = np.linalg.inv(X_b.T.dot(X_b)).dot(X_b.T).dot(y)
print("回归系数:", theta_best)
```

通过矩阵运算 X_b. T. dot(X_b)计算自变量矩阵的转置与自身的乘积，再使用 np. linalg. inv()求逆矩阵，然后将结果与 X_b. T. dot(y)相乘，最终得到回归系数 theta_best。这些系数包括截距项和斜率，描述了 GDP 的增长趋势与年份的关系。

(5) 预测未来的 GDP。

通过已拟合的线性回归模型，对未来年份进行预测。只需将未来年份的数据输入回归方程，结合计算出的回归系数，即能得出未来的 GDP 预测值。

```
# 预测未来 GDP
X_new = np.array([[len(gdp_data)], [len(gdp_data) + 1]])  # 未来两年
X_new_b = np.c_[np.ones((X_new.shape[0], 1)), X_new]
gdp_predict = X_new_b.dot(theta_best)
print("未来 GDP 预测:", gdp_predict)
```

首先，创建了未来两年的年份数据 X_new，并与偏置项拼接为矩阵 X_new_b；然后，将该矩阵与回归系数 theta_best 相乘，得到了未来两年的 GDP 预测值。通过这种方式，利用线性回归模型可以预测未来的经济增长情况。

运行结果：

```
GDP 年度增长率: [0.75390415 0.64136825 0.69038768 0.63291139 0.68134172 0.62467465
0.62079669 0.61696658 0.66428206]
回归系数: [18.58109091  0.12442424]
未来 GDP 预测: [19.82533333 19.94975758]
```

本章小结

NumPy 数值计算的内容小结如表 11-1 所示。

表 11-1　NumPy 数值计算

类别	方法/属性	说　明
数组创建	np. array()	从 Python 列表或元组创建数组
	np. zeros()	创建全 0 数组，指定形状
	np. ones()	创建全 1 数组，指定形状
	np. arange()	创建等差序列数组，类似于 range()函数
	np. linspace()	在指定范围内创建等距数值数组
	np. eye()	创建单位矩阵
	np. random. rand()	创建 0～1 均匀分布的随机数数组
	np. random. randint()	创建整数随机数数组，指定范围和形状

续表

类别	方法/属性	说　明
数组属性	ndarray.shape	返回数组的形状(行数和列数)
	ndarray.size	返回数组的元素总数
	ndarray.ndim	返回数组的维数
	ndarray.dtype	返回数组元素的数据类型
	ndarray.itemsize	返回数组中每个元素的字节大小
数组索引和切片	ndarray[index]	根据索引访问数组元素，支持负索引
	ndarray[start:end:step]	进行切片操作，支持步长选择
	np.where()	根据条件返回满足条件的索引或替换值
	np.take()	从数组中提取指定位置的元素，支持多维数组
数组运算	np.add()	元素逐一相加
	np.subtract()	元素逐一相减
	np.multiply()	元素逐一相乘
	np.divide()	元素逐一相除
	np.power()	对每个元素求幂
	np.exp()	计算数组中所有元素的指数
	np.sqrt()	计算数组中所有元素的平方根
	np.log()	计算数组中所有元素的自然对数
	np.abs()	计算数组中所有元素的绝对值
统计函数	np.sum()	计算数组的总和，可以指定轴(axis)求和
	np.mean()	计算数组的均值
	np.median()	计算数组的中位数
	np.std()	计算数组的标准差
	np.var()	计算数组的方差
	np.min()	找到数组中的最小值
	np.max()	找到数组中的最大值
	np.cumsum()	计算数组的累积和
	np.cumprod()	计算数组的累积积
线性代数运算	np.dot()	计算两个数组的点积(矩阵乘法)
	np.matmul()	矩阵乘法，支持多维矩阵相乘
	np.linalg.inv()	计算矩阵的逆矩阵
	np.linalg.det()	计算矩阵的行列式
	np.linalg.eig()	计算矩阵的特征值和特征向量
	np.transpose()	转置矩阵
通用函数	np.sin()	计算数组中所有元素的正弦值
	np.cos()	计算数组中所有元素的余弦值
	np.tan()	计算数组中所有元素的正切值
	np.floor()	对数组中所有元素向下取整
	np.ceil()	对数组中所有元素向上取整
逻辑运算与条件筛选	np.all()	判断数组中是否所有元素为 True
	np.any()	判断数组中是否有任一元素为 True
	np.logical_and()	逐元素执行逻辑与操作
	np.logical_or()	逐元素执行逻辑或操作
	np.logical_not()	逐元素执行逻辑非操作
	np.where()	根据条件筛选元素，返回满足条件的位置或替换值

续表

类别	方法/属性	说　明
排序、搜索与计数	np. sort()	对数组排序
	np. argsort()	返回数组元素排序后的索引
	np. unique()	返回数组中唯一的元素，并去重
	np. count_nonzero()	计算数组中非零元素的数量
数组变形	np. reshape()	改变数组的形状
	np. ravel()	将多维数组展平成一维数组
	np. flatten()	返回一份数组的一维复制
	np. concatenate()	沿指定轴连接多个数组
	np. hstack()	水平堆叠数组
	np. vstack()	垂直堆叠数组
随机数生成	np. random. rand()	生成 0～1 之间均匀分布的随机数数组
	np. random. randint()	生成整数随机数数组，指定范围和形状
	np. random. normal()	生成服从正态分布的随机数
	np. random. choice()	从数组中随机抽取元素

第12章

Pandas数据处理与分析

在数据驱动的时代，快速、准确地处理和分析数据是解决复杂问题的关键能力，而 Pandas 是 Python 中最强大的数据分析库之一。本章将深入探讨 Pandas 的核心功能，包括其基本数据结构(Series 和 DataFrame)、数据导入与导出、数据清洗以及数据分析与操作。此外，还将探索时间序列分析、多层索引等高级功能。通过应用案例，学习如何高效地组织、操作和分析数据，为深入的数据科学和机器学习奠定坚实基础。

12.1 Pandas 概述

在现代数据科学和分析领域，Pandas 以其强大的数据处理和分析能力，成为数据科学家和分析师的首选库之一。

12.1.1 Pandas 简介

Pandas 是一个开源的 Python 库，提供高效的数据结构和分析工具，核心数据结构包括 Series(用于一维数据)和 DataFrame(用于二维数据)。借助 Pandas，可以轻松完成数据清洗、合并、重塑、统计分析等操作，从而简化结构化数据的处理过程。

Pandas 的主要应用场景有如下四类。

(1) 数据清洗：处理缺失值、重复值和异常值。

(2) 数据转换：格式转换、类型转换和数据重塑。

(3) 数据分析：统计分析、聚合操作和时间序列分析。

(4) 数据可视化：与其他可视化库(如 Matplotlib)结合，快速绘制图表。

12.1.2 安装与配置 Pandas

在使用 Pandas 之前，需要先在 Python 环境中安装 Pandas 库。通过以下命令在命令行中完成安装。

```
pip install pandas
```

安装完成后，可以通过以下命令验证 Pandas 是否安装成功并查看版本号。

```
import pandas as pd
print(pd.__version__)
```

注意，Pandas 依赖于 NumPy 库，因此在安装 Pandas 时会自动安装或更新 NumPy。

12.2 Pandas 数据结构

Pandas 库的核心在于其强大的数据结构，它们为数据的存储、操作和分析提供了灵活且高效的基础。本节将介绍 Pandas 的两个主要数据结构：Series 和 DataFrame，通过掌握它们，可以轻松处理各种形式的数据并执行复杂的数据分析任务。

12.2.1 Series 数据结构

Series 是 Pandas 中最基本的数据结构，用于表示一维、带标签的数组。它可以存储多种类型的数据，如整数、浮点数和字符串等，并通过标签（索引）与数据项相关联。相比传统的 Python 数组或列表，Series 提供了更高的灵活性和功能。

1. 创建和初始化 Series

Series 可以通过列表、字典或 NumPy 数组创建，并可自定义索引。如果未指定索引，Pandas 会自动生成从 0 开始的整数索引。

（1）从列表创建 Series。

```
import pandas as pd
data = [1, 2, 3]
series1 = pd.Series(data)
print(series1)
```

运行结果：

```
0    1
1    2
2    3
dtype: int64
```

（2）从字典创建 Series。

```
data_dict = {'a': 1, 'b': 2, 'c': 3}
series2 = pd.Series(data_dict)
print(series2)
```

运行结果：

```
a    1
b    2
c    3
dtype: int64
```

（3）从 NumPy 数组创建 Series。

```
import numpy as np
array_data = np.array([10, 20, 30])
series3 = pd.Series(array_data)
print(series3)
```

运行结果：

```
0    10
1    20
2    30
dtype: int32
```

值得说明的是，如果未指定索引，Pandas 默认生成整数索引。当然，自定义索引可以使数据的访问和操作更加直观和方便。例如，从字典创建的 Series 将自动使用字典的键作为索引。

2. Series 的基本操作与属性

Series 提供多种属性和方法，用于数据操作和信息获取。

(1) 查看数据类型：使用 dtype 属性查看 Series 中数据的类型。

```
series4 = pd.Series([5,6,7,8,9,10])
print(series4.dtype)    # 输出 int64
```

(2) 获取统计信息：使用 describe()方法快速查看数值数据的统计信息。

```
print(series4.describe())
```

运行结果：

```
count     6.000000
mean      7.500000
std       1.870829
min       5.000000
25%       6.250000
50%       7.500000
75%       8.750000
max      10.000000
dtype: float64
```

(3) 关键属性：Series 对象的 values 属性返回 Series 中的数据部分（不包括索引）；index 属性返回 Series 的索引；而 name 属性则是 Series 的名称，用于标识该 Series。

3. Series 索引和切片

Series 支持灵活的索引和切片功能，包括位置索引、标签索引、切片和布尔索引。

(1) 位置索引：使用整数位置访问数据。

```
print(series4[0])     # 输出第一个元素
```

(2) 标签索引：使用标签访问与标签对应的数据。

```
print(series2['a'])  # 输出标签为 'a' 的元素的值，如 1
```

(3) 切片操作：切片操作允许选择 Series 中的一部分数据，与 Python 列表的切片操作类似。通过指定起始和结束位置，可以获取 Series 的一个子集，但不包括结束位置的元素。

```
print(series4[1:4])  # 输出从第 1 个到第 3 个(不包含第 4 个)的元素
```

但值得注意的是，当使用标签切片时，Pandas 的行为不同于 Python 列表。标签切片会包含终止标签对应的元素。

```
print(series2['a':'c'])  # 输出从标签 'a' 到标签 'c'(包含 'c')的所有元素
```

(4) 布尔索引：使用布尔索引来筛选符合特定条件的元素。布尔索引是通过布尔表达式生成的一个与 Series 长度相同的布尔值序列(True 或 False)。根据这些布尔值来筛选出对应位置为 True 的元素。

```
print(series4[series4 > 3])  # 输出大于 3 的元素
```

12.2.2 DataFrame 数据结构

DataFrame 是 Pandas 中最重要的数据结构之一，用于表示二维、带标签的数据表，类似于 Excel 表格或 SQL 表格。DataFrame 每列可以存储不同类型的数据，并支持灵活的行列操作，使其成为处理复杂数据集的首选工具。

1. 创建和初始化 DataFrame

DataFrame 可以通过多种方式创建，包括从字典、嵌套列表、NumPy 数组等数据结构。每个 DataFrame 的行和列都有各自的索引，默认情况下 Pandas 为其生成整数索引，也可以通过参数自定义索引。

例 12.1 利用字典创建一个 DataFrame。

```
import pandas as pd

data_dict = {
   '姓名': ['张伟', '王芳', '李娜'],
   '年龄': [25, 30, 35],
   '城市': ['北京', '上海', '广州']
}
df = pd.DataFrame(data_dict)
print(df)
```

运行结果：

```
   姓名   年龄   城市
0  张伟   25    北京
1  王芳   30    上海
2  李娜   35    广州
```

此外，还可以从嵌套列表创建 DataFrame，并为其指定列名。

```
data_list = [['张伟', 25, '北京'],
             ['王芳', 30, '上海'],
             ['李娜', 35, '广州']]
df2 = pd.DataFrame(data_list, columns = ['姓名', '年龄', '城市'])
print(df2)
```

DataFrame 中的数据可以是混合类型的，不同列可以包含不同类型的数据，如字符串、整数、浮点数等。DataFrame 的列标签使得数据操作更加直观，并且可以通过标签方便访问和修改数据。

2. DataFrame 的基本属性与操作

DataFrame 支持多种常见的属性和操作，如数据选择、统计分析、数据重命名等。这些操作可以快速处理和分析数据集。常用属性和操作如下。

(1) 查看 DataFrame 的维度：使用 shape 属性查看 DataFrame 的行数和列数。

```
print(df.shape)      # 输出 (3, 3),表示 3 行 3 列
```

(2) columns 属性：返回 DataFrame 的列标签。

```
print(df.columns)  # 输出列名列表
```

(3) index 属性：返回 DataFrame 的行索引。

```
print(df.index)      # 输出行索引
```

(4) dtypes 属性：返回每列的数据类型。

```
print(df.dtypes)    # 输出列的数据类型
```

(5) 查看前几行数据：使用 head()方法查看前几行数据，默认输出前 5 行，可通过参数设置具体行数。

```
print(df.head(2))   # 查看前 2 行
```

(6) 获取数值列的统计信息：使用 describe()方法生成数值列的描述性统计信息，包括计数、均值、标准差、最小值、最大值及分位数等。

```
print(df.describe()) # 输出描述性统计信息
```

3. DataFrame 索引和切片

与 Series 类似，DataFrame 也支持基于位置或标签的索引和切片。Pandas 提供了多种灵活的索引机制，使数据访问和操作更为方便。

(1) 列标签：可以直接使用列标签访问 DataFrame 中的某一列。

```
print(df['姓名'])    # 输出姓名列的数据
```

运行结果：

```
0        张伟
1        王芳
2        李娜
Name: 姓名, dtype: object
```

(2) loc()方法：loc()方法通过行标签和列标签进行索引，适用于基于标签的精确数据访问。

```
print(df.loc[0, '姓名'])   # 输出第 1 行"姓名"列的数据,即张伟
```

(3) iloc()方法：iloc()方法通过整数位置进行索引，与传统Python列表操作类似。

```
print(df.iloc[0, 1])      # 输出第1行第2列的数据,即25
```

切片操作允许选择DataFrame中的一个子集，例如：

```
print(df.iloc[1:3, :])   # 输出第2行～第3行的所有列
```

运行结果：

```
   姓名  年龄  城市
1  王芳   30   上海
2  李娜   35   广州
```

4. DataFrame 的行列操作

DataFrame支持对行列的灵活操作，包括添加、删除和修改行列的内容。这种灵活性使得DataFrame能够在数据处理过程中动态调整其结构，以适应不同的分析需求。

(1) 添加新行：使用append()方法添加新的行。通过创建一个Series对象并将其追加到DataFrame中实现。

```
new_row = pd.Series({'姓名': '赵磊', '年龄': 40, '城市': '深圳'})
df = df.append(new_row, ignore_index = True)
print(df)
```

其中，参数ignore_index=True表示在追加新行后重新生成索引，而不使用新行原有的索引。

(2) 添加新行：使用pd.concat()方法添加新的行。通过创建一个Series对象并将其追加到DataFrame中实现。

```
# 创建一个新的行数据
new_row = pd.Series({'姓名': '赵磊', '年龄': 40, '城市': '深圳'})
df = pd.concat([df, pd.DataFrame([new_row])], ignore_index = True)
print(df)
```

其中，pd.DataFrame([new_row])将一个Series对象(new_row)转换为一个包含单行数据的DataFrame，便于与DataFrame对象df进行拼接操作；参数ignore_index=True表示在追加新行后重新生成索引，而不使用新行原有的索引。

(3) 添加新列：通过赋值语句添加一列数据，例如，以下代码添加一列表示性别的数据：

```
df['性别'] = ['男', '女',  '女']
```

(4) 删除行：使用drop()方法删除指定行的索引来删除一行数据。

```
df.drop(index = 0, inplace = True)            # 删除第一行
```

这里，参数index=0表示删除第一行。inplace=True用于指定在原DataFrame上直接删除行，不返回新对象；如果设为False，会返回一个删除指定行的新DataFrame，原对象保持不变。

(5) 删除列：使用drop()方法删除指定列名的一列数据。

```
df.drop(columns = ['年龄'], inplace = True)   # 删除年龄列
```

12.3 数据导入与导出

Pandas 支持从多种格式的文件或数据库中读取数据到 DataFrame,并将分析结果导出到外部文件。

12.3.1 读取数据文件

Pandas 支持读取多种格式的数据文件,包括 CSV、Excel、JSON 以及 SQL 数据库,可以容易地从外部数据源获取数据,并将其加载到 Pandas 的 DataFrame 中进行处理和分析。

(1) 读取 CSV 文件。

利用 read_csv()函数,方便地将 CSV 文件读入 DataFrame 中。

```
import pandas as pd

# 读取 CSV 文件
df = pd.read_csv('GDP.csv')
print(df.head(3))
```

运行结果:

```
            指标              2017 年       2018 年      2019 年       2020 年
0    国民总收入(亿元)        830945.7      915243.5     983751.2     1008782.5
1    国内生产总值(亿元)      832035.9      919281.1     986515.2     1015986.2
2    第一产业增加值(亿元)     62099.5       64745.2      70473.6       77754.1
```

在此例中,pd.read_csv('GDP.csv')将文件 GDP.csv 读取为一个 DataFrame 对象。head(3)方法用于查看前 3 行数据,以验证数据加载是否正确。read_csv()函数还支持多种参数,如指定分隔符 sep、缺失值处理 na_values、列类型转换 dtype 等,以应对不同格式和内容的 CSV 文件。

如前述章节所述,文件操作通常包括以下三个阶段。

① 文件打开:pd.read_csv('GDP.csv')会自动调用 open()函数,以"只读"模式(r 模式)打开 CSV 文件 GDP.csv。

② 文件读取:Pandas 使用高效的解析器读取文件内容,并将其转换为 DataFrame 对象,方便数据的后续处理和分析。

③ 文件关闭:在文件读取完成后,Pandas 会自动调用 close()函数释放文件资源,确保内存的有效利用和文件的安全性。

pd.read_csv()方法自动完成文件的打开、读取和关闭操作,省去了手动调用 open()函数和 close()函数的烦琐过程,从而简化了数据加载的流程,提高了代码的可读性和开发效率。

(2) 读取 Excel 文件。

利用 read_excel()函数,可以直接读取 Excel 文件中的数据。

```
df = pd.read_excel('data.xlsx', sheet_name = 'Sheet1')
print(df.head())
```

在此例中,pd.read_excel('data.xlsx', sheet_name='Sheet1')从指定的 Excel 文件中的 Sheet1 工作表读取数据,sheet_name 参数用于指定要读取的工作表名称或索引,若省略该参数，则默认读取第一个工作表。

(3) 读取 JSON。

Pandas 提供了 read_json()函数来处理 JSON 格式的数据。

```
df = pd.read_json('data.json')
print(df.head())
```

这里 pd.read_json('data.json')方法将 JSON 文件转换为 DataFrame 对象，支持处理复杂的嵌套数据结构。

(4) 读取 SQLite 数据库。

SQLite 是一种轻量级的嵌入式数据库，它是独立的、无服务器的、自包含的，并且不需要安装任何其他的数据库管理系统。Pandas 内置对 SQLite 数据库的支持，可以轻松地将 SQL 查询结果直接加载到 DataFrame 中。

例 12.2 从 SQLite 数据库读取数据。

```
import sqlite3
import pandas as pd

# 创建或连接到 SQLite 数据库
conn = sqlite3.connect('database.db')
# 使用 SQL 查询从数据库读取数据到 DataFrame
df = pd.read_sql('SELECT * FROM tablename', conn)
print(df.head())
# 关闭数据库连接
conn.close()
```

在这个例子中，首先使用 sqlite3.connect('database.db')创建或连接到一个名为 database.db 的 SQLite 数据库。如果文件 database.db 不存在，SQLite 将自动创建一个新的数据库文件。然后，使用 pd.read_sql()函数执行 SQL 查询语句，将查询结果加载为 Pandas 的 DataFrame 对象。在完成数据操作后，通过 conn.close()函数关闭数据库连接，释放资源。

12.3.2 写入数据文件

在完成数据分析后，通常需要将结果保存为文件以便共享或存档。Pandas 提供了多种导出数据的功能，支持将 DataFrame 导出为多种格式，如 CSV、Excel、JSON 和 SQL 数据库。

(1) 导出为 CSV 文件。

使用 to_csv()方法可以将 DataFrame 导出为 CSV 文件。

```
df.to_csv('output.csv', index = False)
```

这里 df.to_csv('output.csv', index=False)将 DataFrame 导出为名为 output.csv 的文件。index=False 参数确保导出时不包含行索引，这通常简化了文件结构，便于与其他系统集成。

(2) 导出为 Excel 文件。

使用 to_excel()方法可以将 DataFrame 导出为 Excel 文件。

```
df.to_excel('output.xlsx', sheet_name = 'Sheet1', index = False)
```

这里 df.to_excel('output.xlsx', sheet_name='Sheet1', index=False)将 DataFrame 导

出为 output. xlsx 文件,并将数据存储在 Sheet1 工作表中,sheet_name 参数指定工作表的名称,index=False 参数则省略行索引。

(3) 导出为 JSON 文件。

使用 to_json()方法可以将 DataFrame 导出为 JSON 格式的数据文件。

```
df.to_json('output.json')
```

(4) 导出到 SQL 数据库。

Pandas 提供了将数据直接存储到 SQL 数据库的能力,适合与数据库系统的集成。

```
import sqlite3
# 创建或连接到 SQLite 数据库
conn = sqlite3.connect('database.db')
# 导出为 SQL 数据库中的表
df.to_sql('tablename', conn, if_exists = 'replace', index = False)
# 关闭数据库连接
conn.close()
```

在该例中,df. to_sql('tablename', conn, if_exists = 'replace', index = False)将 DataFrame 的数据导出到 SQLite 数据库的 tablename 表中。如果表已经存在,if_exists='replace'参数指明替换表中的数据。导出完成后,需使用 conn. close()函数关闭数据库连接,释放资源。

12.4 数据清洗

原始数据中经常包含缺失值、冗余数据或格式不统一的问题,这些问题可能导致分析结果的误导性。因此,在进行分析之前,对数据进行清洗是必要的。Pandas 提供了丰富的工具来帮助完成数据清洗任务,常见操作包括处理缺失数据、数据过滤与选择,以及数据转换。

12.4.1 缺失数据处理

缺失数据是数据清洗中最常见的问题之一。如果处理不当,会影响分析结果的准确性。Pandas 提供了一系列方法来检测、填充或删除缺失数据。

1. 检测缺失数据 isna()方法

在清洗数据之前,首先需要了解哪些数据缺失。Pandas 提供了 isna()和 notna()方法,用于检测 DataFrame 中的缺失数据。

```
import pandas as pd

# 创建一个包含缺失值的 DataFrame
data = {'姓名': ['张伟', '李娜', '王芳', None],
        '年龄': [25, None, 30, 35],
        '城市': ['北京', '上海', None, '广州']}
df = pd.DataFrame(data)

# 检测缺失值
print(df.isna())
```

运行结果：

```
    姓名    年龄    城市
0  False  False   False
1  False  True    False
2  False  False   True
3  True   False   False
```

在该例中，df.isna()方法返回一个与原DataFrame形状相同的布尔值DataFrame，其中True表示该位置存在缺失值，False表示数据完整。

为了更直观地了解缺失数据的总体情况，可以统计每列中缺失值的数量。

```
# 统计每列的缺失值数量
print(df.isna().sum())
```

运行结果：

```
姓名    1
年龄    1
城市    1
dtype: int64
```

2. 填充缺失数据fillna()方法

在定位到缺失值后，可以使用fillna()方法填充数据。以下是常见的填充方法。

(1) 用平均值填充数值列的缺失值。

```
# 用平均值填充缺失的年龄数据
df['年龄'] = df['年龄'].fillna(value = df['年龄'].mean())
```

(2) 前向填充(ffill)和后向填充(bfill)。

① 前向填充：将缺失值替换为前一个非缺失值，适用于时间序列数据。

```
# 前向填充缺失的城市数据
df['城市'] = df['城市'].fillna(method = 'ffill')
```

② 后向填充：将缺失值替换为后一个非缺失值。

```
# 后向填充缺失的城市数据
df['城市'] = df['城市'].fillna(method = 'bfill')
```

3. 删除缺失数据dropna()方法

如果填充缺失值不合适，则可以选择删除包含缺失数据的行或列。

(1) 删除包含缺失值的行。

```
# 删除包含缺失数据的行
df_dropped = df.dropna()
```

代码中dropna()方法默认删除所有包含缺失数据的行。

(2) 删除包含缺失值的列。

```
# 删除包含缺失数据的列
df_dropped_cols = df.dropna(axis = 1)
```

代码中 dropna()方法的 axis=1 参数指定删除列而非行。

【Pandas 中的 NA 与 NaN】

在 Pandas 中,NA 和 NaN 都表示缺失值,但其含义和用法有所不同。NA 是"Not Available"(不可用数据)的缩写,NaN 是"Not a Number"(不是一个数字)的缩写。

(1) pd.NA:适用于所有数据类型,包括整数、布尔、字符串和日期类型,表示不可用或丢失的数据。Pandas 通过 pd.NA 统一了数据类型中的缺失值表示,避免了 None 和 np.nan 的不一致性,尤其在整数和布尔类型中。

(2) np.nan:适用于浮点类型的数据,属于 NumPy 的浮点特殊值。NaN 只能用于浮点类型的列,若将 np.nan 插入整数列中,Pandas 会将整数类型转换为 float64。此外,NaN 在数值运算中具有传播性,即与 NaN 进行的任何数值运算结果仍为 NaN(如 NaN+1=NaN)。

Pandas 提供了 pd.isna()方法,能够检测 pd.NA、np.nan 和 None 三种缺失值,是检测缺失值的统一方法。而 np.isnan()方法只能检测 np.nan,不支持 pd.NA 和 None。在 Pandas 数据处理中,建议使用 pd.isna()方法来确保对所有缺失值的全面检测。

12.4.2 数据过滤与选择

数据过滤与选择是数据清洗的重要步骤,可帮助从庞大的数据集中提取出符合特定条件的子集,进行更有针对性的分析。

1. 布尔索引和条件过滤

使用布尔索引和条件表达式,可以快速筛选出满足特定条件的数据行。

```
# 筛选出年龄大于 30 的人员
filtered_df = df[df['Age'] > 30]
```

在该示例中,布尔表达式 df['Age']> 30 返回一个布尔 Series,Pandas 使用这个布尔 Series 对原 DataFrame 进行过滤操作,返回符合条件的行。

2. 多条件过滤

Pandas 支持使用逻辑运算符组合多个条件,以实现多条件筛选。常见的逻辑运算符包括 &(与)、|(或)和~(非)。

```
# 筛选出年龄大于 30 且居住在 '北京' 的人员
filtered_df = df[(df['年龄'] > 30) & (df['城市'] == '北京')]
```

在该例中,使用圆括号对每个条件进行分组,确保逻辑运算符的优先级正确;逻辑运算符 & 生成一个新的布尔 Series,筛选出同时满足两个条件的行。

3. 使用 query()方法进行数据筛选

query()方法是一个简洁的查询方法,用于基于表达式筛选 DataFrame 中的数据。与布尔索引相比，query()方法使用字符串表达式指定条件，语法更接近 SQL 风格，代码可读性更高。

query()的语法如下所示。

```
DataFrame.query(expr, inplace = False, ** kwargs)
```

其中，expr 为字符串格式的查询表达式，指定筛选条件；inplace 表示是否直接在原 DataFrame 上修改数据，默认为 False；kwargs 表示查询表达式中需要用到的外部变量。

(1) 按条件筛选数据。

假设有一个包含学生成绩的 DataFrame，想筛选数学成绩大于 80 且英语成绩大于 75 的学生。

```
import pandas as pd

data = {'姓名': ['张伟', '李娜', '王芳', '赵磊'],
        '数学': [85, 78, 92, 88],
        '英语': [80, 72, 95, 89]}
df = pd.DataFrame(data)
result = df.query("数学 > 80 and 英语 > 75") # 使用 query() 方法筛选数据
print(result)
```

在 df.query()方法中，条件“数学> 80 and 英语> 75”表示筛选出数学成绩大于 80 且英语成绩大于 75 的学生，且查询语法直接使用列名，不需要引号或其他标记。

运行结果：

```
   姓名  数学  英语
0  张伟  85   80
2  王芳  92   95
3  赵磊  88   89
```

(2) 使用动态变量。

当筛选条件需要依赖外部变量时，可以使用@引入变量。

```
# 定义动态变量
math_threshold = 85
result = df.query("数学 > @math_threshold")   # 使用动态变量筛选数据
print(result)
```

运行结果：

```
   姓名  数学  英语
2  王芳  92   95
3  赵磊  88   89
```

(3) 基于字符串筛选数据。

query()方法还支持字符串操作，例如筛选姓名包含“张”的学生。

```
result = df.query("姓名.str.contains('张')", engine = 'python')
print(result)
```

在 df.query()方法中，参数 engine 的默认引擎是 numexpr，支持快速的数值计算，但不支持复杂的字符串操作。如需字符串操作，需将 engine 设置为 python。

运行结果：

```
    姓名  数学  英语
0  张伟   85    80
```

12.4.3　数据转换

数据转换是将数据从一种形式转换为另一种形式，以便于后续的分析或处理。常见操作包括数据类型转换、删除重复数据和字符串操作等。

1. 数据类型转换 astype()方法

使用 astype()方法可以转换数据类型。

```
# 将年龄列转换为整数类型
df['年龄'] = df['年龄'].astype(int)
```

在该例中，astype(int)将'年龄'列的数据类型从浮点数转换为整数。通过 dtypes 属性可以检查 DataFrame 中每一列的数据类型，以验证转换是否成功。

2. 删除重复数据 drop_duplicates()方法

数据集中重复的数据可能会影响分析的精确性，Pandas 提供了 drop_duplicates()方法快速删除重复行。

```
# 删除重复的行
df_unique = df.drop_duplicates()
```

其中，drop_duplicates()方法默认保留每组重复行中的第一行，删除其他重复行。

可以通过参数调整行为，例如保留最后一行。

```
df_unique = df.drop_duplicates(keep = 'last')
```

也可以根据特定列判断重复行：

```
df_unique = df.drop_duplicates(subset = ['列名'])
```

3. 字符串操作与处理 str

数据中常包含大量字符串数据，Pandas 提供了丰富的字符串操作方法，通过 str 属性可以完成常见任务，如大小写转换、去除空白字符、替换字符等。

```
df['城市'] = df['城市'].str.strip()                    # 去除字符串两端的空白字符
df['城市'] = df['城市'].str.replace('北京', 'Beijing') # 替换特定字符或子串
```

在该例中，str.strip()方法去除字符串两端的空白，而 str.replace('北京', 'Beijing') 方法查找原始字符串“北京”，以替换为目标字符串“Beijing”。

12.5　数据分析

数据分析主要包括数据排序、索引管理、数据分组与聚合，以及数据合并与重塑等操作。这些操作不仅能帮助更好地理解数据，还能有效地挖掘数据中的潜在信息。

12.5.1 数据排序与索引

数据排序与索引是数据处理的基础操作。排序可以使数据按特定顺序查看，而索引则提供了高效的数据访问和管理方式。

1. 排序操作

Pandas 提供了以下两种常用的排序方法。

sort_values()方法：根据指定列的值对数据排序。

sort_index()方法：根据行索引或列索引排序。

(1) 根据列值排序 sort_values()方法。

```
import pandas as pd

data = {'姓名': ['张伟', '李娜', '王芳', '赵磊'],
        '年龄': [25, 30, 20, 40],
        '城市': ['北京', '上海', '广州', '深圳']}
df = pd.DataFrame(data)
df_sorted = df.sort_values(by = '年龄')   # 根据年龄列进行升序排序
print(df_sorted)
```

运行结果：

```
   姓名  年龄  城市
2  王芳  20   广州
0  张伟  25   北京
1  李娜  30   上海
3  赵磊  40   深圳
```

在该例中，df.sort_values(by='年龄')根据"年龄"列的值对 DataFrame 进行升序排序，并设置 ascending=False 参数可实现降序排序。

多列排序：可以同时根据多个列排序，优先级按照给出的列名顺序。

```
# 先按城市列排序,再按年龄列排序
df_sorted = df.sort_values(by = ['城市', '年龄'])
```

以上操作先根据"城市"列排序，如果"城市"列有重复值，再根据"年龄"列排序。

(2) 根据索引排序 sort_index()方法。

sort_index()用于按 DataFrame 或 Series 的行索引或列索引(axis=1)进行排序。它可以选择按升序或降序排列，也可以指定按行或列进行排序。

```
df_sorted_by_columns = df.sort_index(axis = 1)   # 按列索引排序
```

2. 设置和重置索引

索引是高效管理和访问数据的关键部分。可以通过 set_index()方法设置新的索引，也可以通过 reset_index()方法恢复为默认整数索引。

(1) 设置索引 set_index()方法。

```
df_indexed = df.set_index('姓名')          # 将姓名列设置为索引
print(df_indexed)
```

在此示例中，df.set_index('姓名')将“姓名”列设为索引，以便快速通过名称访问数据。原索引列从 DataFrame 中移除。

运行结果：

```
姓名  年龄    城市
张伟   25    北京
李娜   30    上海
王芳   35    广州
赵磊   40    深圳
```

(2) 重置索引 reset_index()方法。

```
df_reset = df_indexed.reset_index()   # 重置索引
print(df_reset)
```

其中，reset_index()方法将索引重置为默认的整数索引，并将原索引列恢复为普通列。

运行结果：

```
   姓名  年龄  城市
0  张伟   25   北京
1  李娜   30   上海
2  王芳   35   广州
3  赵磊   40   深圳
```

12.5.2　数据分组与聚合

数据聚合与分组是数据分析中的核心任务之一，特别是在对不同类别的数据进行汇总和统计时非常有用。Pandas 提供的常见方法包括分组操作和聚合函数应用。

(1) 分组操作 groupby()方法。

分组操作允许根据一个或多个列的值将数据分为不同的组，然后对每个组分别进行计算。Pandas 的 groupby()方法可以实现数据分组。

```
# 创建一个包含更多数据的 DataFrame
import pandas as pd

data = {'姓名': ['张伟', '李娜', '王芳', '赵磊', '陈刚', '刘敏'],
        '年龄': [28, 30, 32, 40, 25, 35],
        '城市': ['北京', '上海', '广州', '深圳', '北京', '广州']}
df = pd.DataFrame(data)
grouped = df.groupby('城市')   # 根据城市列进行分组
```

在此示例中，df.groupby('城市')根据“城市”列的值将数据分组，返回一个分组对象(DataFrameGroupBy 对象)，而不是一个普通的 DataFrame。该分组对象可用于下一步计算每个组的统计量。

(2) 聚合函数与分析。

完成数据分组后，通常需要对每个组进行聚合操作，如求和、求平均值或计数。Pandas 提供了多种聚合函数，包括 sum()、mean()、count()等函数。

① 计算每个城市的平均年龄。

```
# 接上例，计算每个城市的平均年龄，并更改列名为 '平均年龄'
```

```
mean_age = grouped['年龄'].mean().rename('平均年龄')
print(mean_age)
```

其中,mean()函数对每个分组的“年龄”列计算平均值,并将该列改名为 “平均年龄”。

运行结果:

```
城市
上海      30.0
北京      26.5
广州      33.5
深圳      40.0
Name: 平均年龄, dtype: float64
```

② 计算每个城市的人员数量。

```
# 接上例,计算每个城市的人员数量,并更改列名为 '人数'
count_people = grouped['姓名'].count().rename('人数')
print(count_people)
```

其中,count()函数对每个分组的“姓名”列统计非缺失值的数量,并将该列改名为“人数”。

运行结果:

```
城市
上海      1
北京      2
广州      2
深圳      1
Name: 人数, dtype: int64
```

在该例中,数据分组与聚合的过程示意图如图 12-1 所示。

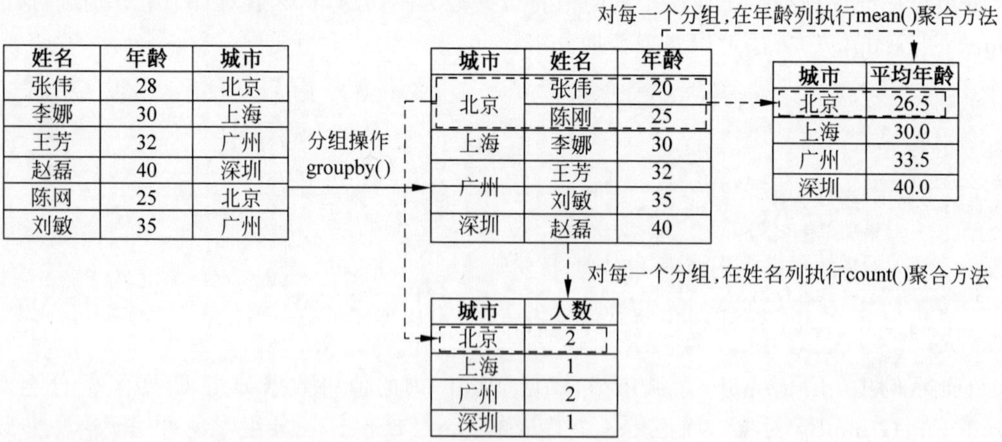

姓名	年龄	城市
张伟	28	北京
李娜	30	上海
王芳	32	广州
赵磊	40	深圳
陈网	25	北京
刘敏	35	广州

分组操作
groupby()

城市	姓名	年龄
北京	张伟	20
	陈刚	25
上海	李娜	30
广州	王芳	32
	刘敏	35
深圳	赵磊	40

对每一个分组,在年龄列执行mean()聚合方法

城市	平均年龄
北京	26.5
上海	30.0
广州	33.5
深圳	40.0

对每一个分组,在姓名列执行count()聚合方法

城市	人数
北京	2
上海	1
广州	2
深圳	1

图 12-1 数据分组与聚合过程示意图

12.5.3 数据合并

在数据处理过程中,可能需要将多个数据集合并在一起,或者调整数据结构以满足分析需求。Pandas 提供了多种方法,主要包括基于键的合并 merge()方法、基于索引的合并 join()方法和直接拼接 concat()方法。

1. 基于键的合并 merge()方法

merge()方法用于基于一个或多个键，将两个 DataFrame 按列横向合并。它类似于数据库中的 JOIN 操作，并允许根据匹配键选择连接方式，例如内连接、外连接、左连接或右连接。

```
import pandas as pd

df1 = pd.DataFrame({'姓名': ['张伟', '李娜', '王芳'], '年龄': [25, 30, 35]})
df2 = pd.DataFrame({'姓名': ['张伟', '李娜', '赵磊'], '城市': ['北京', '上海', '深圳']})
merged_df = pd.merge(df1, df2, on = '姓名', how = 'inner')            # 按姓名列进行内连接
print(merged_df)
```

运行结果：

```
   姓名  年龄  城市
0  张伟  25    北京
1  李娜  30    上海
```

在此例中，pd.merge(df1, df2, on='姓名', how='inner') 将两个 DataFrame 按"姓名"列进行合并，其中 how='inner'表示使用内连接，即只保留在两个 DataFrame 中都存在的"姓名"值的记录。

2. 基于索引的合并 join()方法

join()方法用于基于索引将两个 DataFrame 横向合并，适合索引已经对齐的数据集。与 merge()方法不同，join()方法默认使用索引进行匹配，省去了显式指定键的步骤。此外，join()方法也支持内连接、外连接、左连接或右连接等多种连接方式，类似于 SQL 语言中的 JOIN 操作。

```
import pandas as pd

df1 = pd.DataFrame({'年龄': [25, 30, 35]}, index = ['张伟', '李娜', '王芳'])
df2 = pd.DataFrame({'城市': ['北京', '上海', '深圳']}, index = ['张伟', '李娜', '赵磊'])
joined_df = df1.join(df2, how = 'left')    # 按索引进行左连接
print(joined_df)
```

在该例中，join()方法将 df1 和 df2 按索引匹配，生成一个新的 DataFrame，其中参数 how='left'指定连接方式，表示以左侧的 DataFrame(df1)为主，保留 df1 的所有索引，并将未匹配的索引值填充为 NaN。如果需要保留右侧所有索引，可以使用 how='right'。

运行结果：

```
      年龄    城市
张伟  25.0    北京
李娜  30.0    上海
王芳  35.0    NaN
```

3. 直接拼接 concat()方法

concat()方法用于直接拼接多个 DataFrame，可以按行(垂直拼接)或按列(水平拼接)堆叠数据，不要求键的匹配。

(1) 按行拼接：设置 axis=0 表示按行拼接，生成一个包含所有行的新 DataFrame。

```
# 创建两个 DataFrame
df3 = pd.DataFrame({'姓名': ['张伟', '李娜'], '年龄': [25, 30]})
df4 = pd.DataFrame({'姓名': ['王芳'], '年龄': [35]})
concatenated_df = pd.concat([df3, df4], axis = 0)          # 纵向合并两个 DataFrame
print(concatenated_df)
```

运行结果：

```
     姓名   年龄
0    张伟    25
1    李娜    30
0    王芳    35
```

在此例中，pd. concat([df3,df4],axis=0)中 axis=0 表示按行拼接。将两个 DataFrame 按行进行合并，生成了一个包含 df3 和 df4 的所有行的新 DataFrame。拼接后的行索引默认保留原索引。如果希望重新生成索引，可使用 ignore_index=True 参数，代码如下：

```
concatenated_df = pd.concat([df3, df4], axis = 0, ignore_index = True)
```

(2) 按列拼接：设置 axis=1 表示按列拼接，生成一个包含所有列的新 DataFrame。

```
# 创建两个 DataFrame
df5 = pd.DataFrame({'姓名': ['张伟', '李娜']})
df6 = pd.DataFrame({'城市': ['北京', '上海']})
concatenated_df_axis1 = pd.concat([df5, df6], axis = 1)          # 按列合并
print(concatenated_df_axis1)
```

运行结果：

```
   姓名    城市
0  张伟    北京
1  李娜    上海
```

在此例中，pd. concat([df5,df6],axis=1)中的 axis=1 表示按列拼接，生成了一个包含 df5 和 df6 列的新 DataFrame。这种方法会直接并排显示所有列，并不需要有共同的键。

12.5.4 数据重塑

数据重塑(Reshaping)是将数据从一种布局或格式转换为另一种，以便更有效地分析、展示或存储。Pandas 提供了强大的数据重塑工具(如 pivot_table()和 melt())，可以灵活调整 DataFrame 的形状，满足不同的分析需求。

1. 数据透视表 pivot_table()方法

数据透视表是一种常见的数据重塑方式，可按指定维度对数据重新组织和汇总。通过 pivot_table()方法，可以根据一个或多个键(通常是列)对数据分组，并计算分组数据的统计量(如总和、平均值等)。这种方法特别适用于多维数据的分析，使复杂的汇总信息清晰直观。

例 12.3 使用数据透视表汇总中国城市和商品类别的销售数据。

```
import pandas as pd

# 创建一个包含中国城市、商品类别和销售额的 DataFrame,增加新记录
```

```
data = {
    '城市': ['北京', '北京', '上海', '上海', '广州', '广州', '深圳', '深圳', '北京', '上海'],
    '商品类别': ['电子产品', '家具', '电子产品', '家具', '电子产品', '家具', '电子产品', '家具',
'家具', '电子产品'],
    '销售额': [500, 300, 700, 450, 400, 320, 600, 410, 200, 300]  # 新增的销售额分别是 200 和 300
}
df = pd.DataFrame(data)
print('原表格: ')
print(df)
print()

# 创建透视表,按城市和商品类别汇总销售额
pivot_table = df.pivot_table(values = '销售额', index = '城市', columns = '商品类别', aggfunc = 'sum')
print('透视表: ')
print(pivot_table)
```

运行结果：

```
原表格:
   城市  商品类别  销售额
0  北京  电子产品   500
1  北京    家具     300
2  上海  电子产品   700
3  上海    家具     450
4  广州  电子产品   400
5  广州    家具     320
6  深圳  电子产品   600
7  深圳    家具     410
8  北京    家具     200
9  上海  电子产品   300

透视表:
商品类别   家具  电子产品
城市
上海       450    1000
北京       500    500
广州       320    400
深圳       410    600
```

在此示例中，使用 pivot_table(values='销售额', index='城市', columns='商品类别', aggfunc='sum')方法，其中参数 values='销售额'指定需要聚合的列为“销售额”，index='城市'指定行索引为“城市”，columns='商品类别'指定列索引为“商品类别”，aggfunc='sum'表示汇总方法为求和。通过这种数据透视操作，可以快速查看不同城市中不同商品类别的销售总额。该例中的透视表数据重塑过程如图 12-2 所示。

2. 数据展开 melt()方法

与透视表相对的操作是数据展开(melt)，也称为反透视。数据展开是将 DataFrame 从宽格式转换为长格式。宽格式的数据通常每行表示一个个体的多项属性，而长格式的数据将每行表示为一个属性的一个值，长格式更适合绘图或逐行处理的数据分析。

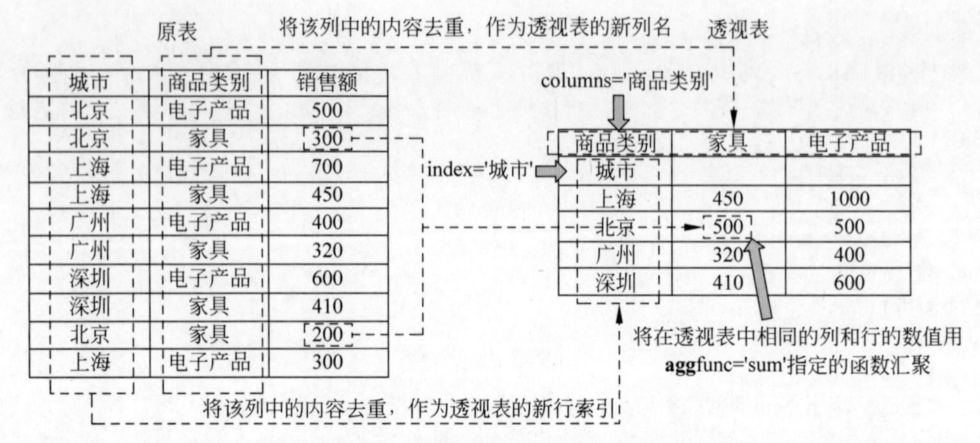

图 12-2　透视表数据重塑过程示意图

例 12.4　将宽格式的城市和商品类别销售数据展开为长格式。

```
import pandas as pd

# 原始宽格式 DataFrame
data = {
    '城市': ['北京', '上海', '广州', '深圳'],
    '电子产品': [500, 700, 400, 600],
    '家具': [300, 450, 320, 410]
}
df = pd.DataFrame(data)
print("初始宽格式 DataFrame:")
print(df)

# 数据展开
melted_df = pd.melt(df, id_vars = ['城市'], var_name = '商品类别', value_name = '销售额')
print("\n展开后的长格式 DataFrame:")
print(melted_df)
```

运行结果：

```
初始宽格式 DataFrame:
   城市  电子产品  家具
0  北京    500   300
1  上海    700   450
2  广州    400   320
3  深圳    600   410

展开后的长格式 DataFrame:
   城市  商品类别  销售额
0  北京  电子产品  500
1  上海  电子产品  700
2  广州  电子产品  400
3  深圳  电子产品  600
4  北京    家具   300
5  上海    家具   450
6  广州    家具   320
7  深圳    家具   410
```

在该例中，pd. melt(df, id_vars=['城市'], var_name='商品类别', value_name='销售额')方法的参数 id_vars 指定保持不变的列为"城市"，即标识列；var_name 指定展开后的变量列名称为"商品类别"；value_name 指定值列名称为"销售额"。

12.6 Pandas 高级功能 *

在 Pandas 中，除了基本的数据处理和分析功能外，还提供了许多高级功能，包括时间序列分析、函数应用与映射、多层索引与分层数据的相关操作。

12.6.1 时间序列分析

时间序列数据是指按时间顺序排列的数值序列，通常用于分析时间相关的趋势、季节性变化或周期性现象。Pandas 为时间序列数据的处理提供了专门的工具，使得时间序列分析更高效和方便。

例 12.5 时间序列的创建与分析。

(1) 时间序列的创建。

Pandas 中的时间序列数据通常以 DatetimeIndex 为索引，支持时间戳(Timestamp)、时间周期(Period)等多种类型。

```
import pandas as pd
import numpy as np

# 创建一个包含日期索引的时间序列 DataFrame
date_range = pd.date_range(start = '2025 - 01 - 01', periods = 10, freq = 'D')
df = pd.DataFrame({'Value': np.random.randint(1, 100, size = 10)}, index = date_range)
print(df)
```

其中，pd. date_range()函数生成了从 2025-01-01 开始、持续 10 天的日期范围，并用其作为索引来创建一个时间序列 DataFrame。

运行结果(示例)：

```
            Value
2025 - 01 - 01    50
2025 - 01 - 02    60
2025 - 01 - 03    84
2025 - 01 - 04    25
2025 - 01 - 05    71
2025 - 01 - 06     2
2025 - 01 - 07    19
2025 - 01 - 08    43
2025 - 01 - 09    26
2025 - 01 - 10    25
```

(2) 时间序列的分析与处理。

Pandas 为时间序列数据提供了重采样(Resampling)、滑动窗口运算(Rolling)、时间偏移(Shifting)等功能，有助于深入挖掘时间序列数据中的信息。

① 重采样：将时间序列数据转换为不同的时间频率。例如，将日数据转换为周或月数据，以查看更长时间范围内的趋势。

```
# 将日数据重采样为周数据,并计算每周的平均值
weekly_mean = df.resample('W').mean()
print(weekly_mean)
```

其中,df.resample('W').mean()方法将日数据重采样为周数据,并计算每周的平均值。重采样操作适用于识别长期趋势或季节性变化,是时间序列数据分析的常用手段。

运行结果:

```
            Value
2025-01-05   58.0
2025-01-12   23.0
```

② 滑动窗口运算:在时间序列数据上应用聚合函数(如平均值、总和等)来计算一段时间内的统计值。具体来说,可以将滑动窗口形象地理解为一个移动框,这个框一次性包含一定数量的数据点(窗口大小),并按照设定的步长在数据上滑动,每滑动一次,框内的数据会更新,随后对新窗口内的数据应用聚合函数,计算结果依次记录下来,最终生成一个新的统计序列。

```
# 计算3天滑动窗口的平均值
rolling_mean = df['Value'].rolling(window=3).mean()
print(rolling_mean)
```

其中,rolling(window=3).mean()方法计算了3天滑动窗口平均值,帮助平滑短期波动,从而更清晰地观察长期趋势。

运行结果:

```
2025-01-01          NaN
2025-01-02          NaN
2025-01-03    64.666667
2025-01-04    56.333333
2025-01-05    60.000000
2025-01-06    32.666667
2025-01-07    30.666667
2025-01-08    21.333333
2025-01-09    29.333333
2025-01-10    31.333333
Freq: D, Name: Value, dtype: float64
```

12.6.2 函数应用与映射

Pandas提供了函数应用和映射工具,允许用户在DataFrame或Series的元素上应用自定义函数,实现灵活的数据处理和转换。apply()和map()是Pandas中用于函数应用与映射的主要方法,常用于批量数据转换和处理。

例12.6 使用函数进行数据转换。

假设有一个包含产品销量和价格的数据表,目标是对数据进行一些批量操作,如计算价格的增幅、将销量转换为千单位并进行数据标准化。

```
import pandas as pd

data = {
    '产品': ['产品A', '产品B', '产品C', '产品D'],
```

```
    '销量': [3500, 4200, 2900, 5100],
    '价格': [20, 22, 18, 25]
}
df = pd.DataFrame(data)
print("初始 DataFrame:")
print(df)
```

运行结果：

```
初始 DataFrame:
    产品   销量  价格
0  产品 A  3500   20
1  产品 B  4200   22
2  产品 C  2900   18
3  产品 D  5100   25
```

(1) 使用 apply()方法。

apply()方法可沿着 DataFrame 的轴(行或列)应用函数,用于对一列或一行中的所有元素进行批量操作。

示例：计算每列的极差(最大值与最小值之差)。

```
# 计算每列的极差
df_range = df[['销量', '价格']].apply(lambda x: x.max() - x.min())
print("每列的极差:")
print(df_range)
```

上述代码中使用双层中括号 df [['销量', '价格']]选择“销量”和“价格”两列数据,可解释为将多个列名放在一个列表 ['销量', '价格'] 中,再传递给 df。如果写成 df['销量', '价格']时,Panda 将其解释为一个名为 ('销量', '价格') 的单列,从而引发错误。apply()方法沿着列方向应用一个匿名函数 lambda x：x. max()-x. min(),计算了每列的极差。

运行结果：

```
每列的极差:
销量    2200
价格       7
dtype: int64
```

(2) 使用 map()方法。

map()方法将一个函数或映射关系应用到 Series 或 DataFrame 的每个元素上。

① 将 map()方法应用于 Series。

示例：将“销量”列的每个值转换为千单位。

```
# 将销量转换为千单位
df['销量(千)'] = df['销量'].map(lambda x: x / 1000)
print('将销量转换为千单位:')
print(df[['产品', '销量(千)']])
```

其中,map()方法对销量列的每个值进行了转换,将单位从数量转换为千单位。

运行结果：

```
将销量转换为千单位:
     产品  销量(千)
0  产品A    3.5
1  产品B    4.2
2  产品C    2.9
3  产品D    5.1
```

② 将 map()方法应用于整个 DataFrame。

示例：将“销量”和“价格”列的所有数值加上 5。

```
# 对销量和价格的所有值加上 5
df_adjusted = df[['销量', '价格']].map(lambda x: x + 5)
print("销量和价格每个值加 5:")
print(df_adjusted)
```

其中，map()方法将 lambda x：x+5 应用于 DataFrame 中的每个元素，为销量和价格的每个值增加 5。

运行结果：

```
销量和价格每个值加 5:
     销量  价格
0  3505    25
1  4205    27
2  2905    23
3  5105    30
```

12.6.3 多层索引与分层数据

多层索引(MultiIndex)是一种允许 DataFrame 或 Series 在多个级别上进行索引的结构。每个级别的索引可以代表不同的数据维度，如时间(年、季度)、地理位置(省、市)或其他类别。通过这种分层结构，数据可以在多个维度上进行组织和访问，使得对复杂数据的分析更加简洁。

在传统的单层索引中，每行数据由一个唯一的索引值标识；而在多层索引中，每行数据由一组索引值标识，这组索引值可以跨越多个列。多层索引不仅便于管理复杂数据，还可以在不同维度上灵活操作。

例 12.7 多层索引的应用

(1) 创建多层索引：多层索引可以在创建 DataFrame 时直接指定，也可以通过现有 DataFrame 进行转换。Pandas 提供了多种方法来创建和操作多层索引，包括使用 MultiIndex.from_arrays()、MultiIndex.from_tuples()和 set_index()等方法。

示例：使用 MultiIndex.from_arrays()创建多层索引。

```
import pandas as pd

arrays = [['2024', '2024', '2025', '2025'], ['第一季度', '第二季度', '第一季度', '第二季度']]
  # 创建一个带多层索引的 DataFrame
index = pd.MultiIndex.from_arrays(arrays, names = ('年份', '季度'))
df_multi = pd.DataFrame({'收入': [100, 150, 200, 250]}, index = index)
print(df_multi)
```

在上例中，通过 MultiIndex.from_arrays()方法创建了一个两级索引的 DataFrame，其中

“年份”和“季度”构成了索引的两个层级。这样的数据结构允许在年份和季度两个维度上组织和访问数据。

运行结果：

```
                收入
年份   季度
2024   第一季度   100
       第二季度   150
2025   第一季度   200
       第二季度   250
```

(2) 多层索引的数据操作：创建了多层索引之后，可以操作和分析这些分层数据。以下是常见的多层索引操作方法。

① 数据选择。

多层索引的一个重要优势是能够灵活地选择不同层级的数据。例如，可以选择某一年或某个季度的数据。

示例：选择某一年的数据。

```
data_2024 = df_multi.loc['2024']        # 选择 2024 年的所有季度数据
print(data_2024)
```

通过 loc 索引，可选择出 2024 年的所有数据，常用于处理分层的时间序列数据。

运行结果：

```
          收入
季度
第一季度   100
第二季度   150
```

② 分组与聚合。

Pandas 的 groupby 功能与多层索引结合使用，可以对数据进行灵活的分组和聚合操作。示例：按年份聚合数据。

```
# 按 "年份" 分组并计算总收入
annual_revenue = df_multi.groupby(level = '年份').sum()
print(annual_revenue)
```

在上例中，groupby(level='年份') 按“年份”对数据进行分组，并计算每年的总收入。这种分组操作对于分析分层数据的趋势或汇总信息非常有用。

运行结果：

```
        收入
年份
2024    250
2025    450
```

12.7 应用案例

12.7.1 数据清洗与整理

在数据分析中，原始数据通常存在噪声、不完整、不一致等问题，直接使用这些数据可能导致分析结果失准。因此，数据清洗与整理是数据分析的关键步骤之一。清洗操作包括处理缺失值、重复值、不一致格式等，目的是将数据标准化、结构化，以便后续分析。

例 12.8 清洗与整理员工信息数据集。

假设有一份员工信息数据集，其中包含姓名、年龄、职位、工资等基本信息。由于数据来源复杂，可能存在缺失值、重复数据和格式不一致等问题。

以下展示如何分步骤清洗和整理这份数据。

(1) 数据准备。

首先，创建一个模拟的数据集，以展示清洗操作中的常见问题和解决方法。

```
import pandas as pd
import numpy as np

# 创建包含缺失值和重复数据的 DataFrame
data = {
    '姓名': ['张伟', '李娜', '王强', '刘洋', '张伟', None, '陈敏', '赵磊', '杨杰'],
    '年龄': [25, np.nan, 35, 45, 25, 30, np.nan, 55, 60],
    '职位': ['经理', '开发', '开发工程师', '设计', '经理', '经理', '设计师', None, '开发'],
    '工资': [70000, 80000, np.nan, 75000, 70000, 85000, 72000, 90000, np.nan]
}
df = pd.DataFrame(data)
print("原始数据集: ")
print(df)
```

输出的初始数据集：

```
     姓名     年龄         职位      工资
0    张伟     25.0         经理   70000.0
1    李娜      NaN         开发   80000.0
2    王强     35.0   开发工程师       NaN
3    刘洋     45.0         设计   75000.0
4    张伟     25.0         经理   70000.0
5    None     30.0         经理   85000.0
6    陈敏      NaN       设计师   72000.0
7    赵磊     55.0       设计师   90000.0
8    杨杰     60.0         开发       NaN
```

可以看到，行 2 和行 8 的“工资”信息缺失；行 1 和行 6 的“年龄”信息缺失；“职位”列中，职位的称呼不一致；行 4 和行 0 是重复的记录；“姓名”列中存在缺失值。

(2) 数据清洗与整理步骤。

接下来分步骤清理和整理这份数据集，确保其格式统一、内容完整，并删除冗余数据。

① 检测和处理缺失数据。

首先，检测数据集中的缺失值，对缺失的年龄和工资信息可选择填充或删除这些行。

第 1 步，检测缺失数据。

```
missing_data = df.isna().sum()   # 检测缺失数据
print("缺失数据统计:\n", missing_data)
```

运行结果：

```
缺失数据统计:
姓名        1
```

```
年龄        2
职位        1
工资        2
dtype: int64
```

第 2 步，处理缺失数据。

删除姓名和工资信息缺失的行，并使用平均值填充缺失的年龄信息。

```
df.dropna(subset = ['姓名'], inplace = True)              # 删除"姓名"列中缺失值的行
df['年龄'] = df['年龄'].fillna(df['年龄'].mean())    # 用年龄均值填充年龄列的缺失值
df.dropna(subset = ['工资'], inplace = True)              # 删除"工资"列中缺失值的行
print(df)
```

此时，数据集更新为：

```
     姓名    年龄     职位       工资
0    张伟  25.00     经理   70000.0
1    李娜  42.86     开发   80000.0
3    刘洋  45.00     设计   75000.0
4    张伟  25.00     经理   70000.0
6    陈敏  42.86   设计师   72000.0
7    赵磊  55.00   设计师   90000.0
```

② 处理重复数据。

使用 drop_duplicates()方法删除重复行。

```
df.drop_duplicates(inplace = True)    # 删除重复的行
print(df)
```

处理后的数据集为：

```
     姓名    年龄     职位       工资
0    张伟  25.00     经理   70000.0
1    李娜  42.86     开发   80000.0
3    刘洋  45.00     设计   75000.0
6    陈敏  42.86   设计师   72000.0
7    赵磊  55.00   设计师   90000.0
```

③ 规范化数据格式。

在“职位”列中，存在“经理”“设计”“设计师”等不同表述。为确保数据一致性，可以统一为全称。

```
# 使用字典映射将职位名称统一为全称
position_mapping = {
   '经理': '经理',
   '设计': '设计师',
   '设计师': '设计师',
   '开发': '开发工程师',
   '开发工程师': '开发工程师'
}
df['职位'] = df['职位'].map(position_mapping)
print(df)
```

现在的职位列格式统一为全称：

```
      姓名      年龄        职位          工资
0     张伟     25.00     经理           70000.0
1     李娜     42.86     开发工程师     80000.0
3     刘洋     45.00     设计师         75000.0
6     陈敏     42.86     设计师         72000.0
7     赵磊     55.00     设计师         90000.0
```

④ 最终数据检查。

检查清洗后的数据集，确保所有操作已成功完成。

```
print("清洗后的数据集:\n", df)       # 显示清洗后的数据集
print("数据类型:\n", df.dtypes)     # 检查数据类型,确保正确
```

运行结果：

```
清洗后的数据集:
      姓名    年龄         职位      工资
0     张伟   25.00         经理    70000.0
1     李娜   42.86    开发工程师    80000.0
3     刘洋   45.00       设计师    75000.0
6     陈敏   42.86       设计师    72000.0
7     赵磊   55.00       设计师    90000.0

数据类型:
姓名       object
年龄       float64
职位       object
工资       float64
dtype: object
```

12.7.2 时间序列数据分析

例 12.9 零售公司销售数据的时间序列分析。

分析一家零售公司过去两年的月度销售额数据，任务是识别销售趋势、检测季节性模式，并预测未来的销售额。

(1) 数据准备。

首先，创建一个模拟的时间序列数据集，包含从 2022 年 1 月到 2023 年 12 月的每月销售额。

```
import pandas as pd
import numpy as np

# 创建日期范围
date_range = pd.date_range(start = '2022 - 01 - 01', end = '2023 - 12 - 31', freq = 'M')
# 生成随机的销售数据
np.random.seed(0)  # 设置随机种子以获得可重复的结果
sales = np.random.randint(20000, 50000, size = len(date_range))
df_sales = pd.DataFrame({'销售额': sales}, index = date_range)
print(df_sales.head())
```

生成的数据集示例：

```
              销售额
2022-01-31   22732
2022-02-28   30799
2022-03-31   29845
2022-04-30   39648
2022-05-31   33123
...
```

（2）趋势分析。

趋势分析用于识别数据中的长期变化模式。通过计算滚动平均值，可以平滑短期波动，从而更清晰地观察长期趋势。计算6个月的滚动平均如下：

```
# 计算6个月的滚动平均
df_sales['滚动平均'] = df_sales['销售额'].rolling(window=6).mean()
print(df_sales[['销售额', '滚动平均']].head(10))
```

通过计算6个月的滚动平均值，能够更清晰地观察销售数据的长期趋势。

运行结果：

```
              销售额      滚动平均
2022-01-31   22732         NaN
2022-02-28   30799         NaN
2022-03-31   29845         NaN
2022-04-30   39648         NaN
2022-05-31   33123         NaN
2022-06-30   41243  32898.3333
2022-07-31   29225  33980.5000
2022-08-31   44275  36226.5000
2022-09-30   40757  38045.1667
2022-10-31   42258  38480.1667
...
```

（3）季节性分析。

季节性分析揭示数据在特定时间段内是否存在周期性波动。通过按季度或年度汇总数据，可以发现季节性模式。

示例：按季度汇总销售数据。

```
df_quarterly = df_sales['销售额'].resample('Q').sum()          # 按季度汇总销售数据
print(df_quarterly.head())
```

其中，resample('Q')是对时间序列数据按季度(Q)重新采样。通过按季度汇总数据，分析每个季度的总销售额，从而检测到季节性影响。如果某些季度的销售额显著高于其他季度，这可能表明存在季节性模式。

运行结果：

```
2022-03-31     83376
2022-06-30    114014
2022-09-30    114257
...
```

（4）时间序列分解。

时间序列分解（Time Series Decomposition）是一种将时间序列分解为趋势、季节性和残差（随机波动）三部分的方法，帮助更直观地理解数据中的长期变化和周期性波动。使用 statsmodels 进行时间序列分解如下：

```
from statsmodels.tsa.seasonal import seasonal_decompose

# 使用 Additive 模型进行时间序列分解
decomposition = seasonal_decompose(df_sales['销售额'], model = 'additive')
print("趋势部分：")
print(decomposition.trend.dropna().head(3))         # 显示趋势部分的前几行
print("\n 季节性部分：")
print(decomposition.seasonal.dropna().head(3))      # 显示季节性部分的前几行
print("\n 残差部分：")
print(decomposition.resid.dropna().head(3))         # 显示残差部分的前几行
```

通过 seasonal_decompose()函数将销售数据分解为趋势、季节性和残差三部分。分析这些组件可以帮助识别长期趋势、周期性波动以及随机波动的影响。

运行结果：

```
趋势部分：
2022-07-31    35775.4167
2022-08-31    36514.2083
2022-09-30    36594.7083

季节性部分：
2022-01-31   -1336.9201
2022-02-28   -760.3368
2022-03-31   -9177.5451

残差部分：
2022-07-31     96.7535
2022-08-31     96.7535
2022-09-30     96.7535
```

（5）预测未来销售。

最后，通过滚动平均值，进行简单的短期预测如下：

```
# 以最后一个滚动平均值作为下一月的预测值
last_rolling_mean = df_sales['滚动平均'].iloc[-1]
next_month = pd.to_datetime('2024-01-31')
df_sales.loc[next_month] = [last_rolling_mean, None]
print("添加预测值后的数据集：")
print(df_sales.tail())
```

这种方法假设未来的销售额与最近的滚动平均值接近。在实际应用中，通常会使用更复杂的模型（如 ARIMA、SARIMA）来实现更精确的预测。

运行结果：

```
                销售额        滚动平均
2023-09-30  38606.0000    36584.5000
2023-10-31  44152.0000    37301.1667
```

```
2023-11-30  22897.0000       35342.3333
2023-12-31  46277.0000       36873.6667
2024-01-31  36873.6667          NaN
```

本章小结

Pandas 数据处理与分析的内容如表 12-1 所示。

表 12-1　Pandas 数据处理与分析

分　类	方法/属性	描　　述
数据创建与导入	pd.DataFrame()	创建一个新的 DataFrame 对象
	pd.Series()	创建一个新的 Series 对象
	pd.read_csv()	从 CSV 文件读取数据到 DataFrame 中
	pd.read_excel()	从 Excel 文件读取数据到 DataFrame 中
	pd.read_sql()	从 SQL 数据库读取数据到 DataFrame 中
数据预览	df.head()	查看前几行数据(默认 5 行)
	df.tail()	查看后几行数据(默认 5 行)
	df.sample()	随机采样部分行
	df.shape	查看 DataFrame 的维度(行数和列数)
	df.columns	查看所有列的名称
	df.info()	查看 DataFrame 基本信息,如列名、非空值计数和数据类型
	df.describe()	生成描述性统计数据,适用于数值型数据
数据选择与过滤	df['column']	选择单列数据
	df[['col1', 'col2']]	选择多列数据
	df.iloc[]	通过行号和列号选择数据(基于位置)
	df.loc[]	通过行标签和列标签选择数据(基于标签)
	df.query()	使用查询字符串选择数据
数据清洗	df.dropna()	删除缺失值
	df.fillna()	填充缺失值
	df.drop()	删除行或列
	df.rename()	重命名列
	df.duplicated()	检查重复行
	df.drop_duplicates()	删除重复行
	df.replace()	替换特定值
数据转换	df.astype()	转换数据类型
	pd.to_datetime()	将数据转换为日期类型
	df.apply()	应用自定义函数到 DataFrame 的行或列上
	df. map()	对 Series 或 DataFrame 的每个元素应用指定函数
数据操作	df.sort_values()	按列或行排序数据
	df.sort_index()	按索引排序数据
	df.groupby()	对数据进行分组操作
	df.pivot_table()	创建透视表
	df.merge()	合并两个 DataFrame(类似 SQL 中的 JOIN 操作)
	df.join()	基于索引合并两个 DataFrame
	pd.concat()	沿指定轴连接多个 DataFrame
	df.append()	向 DataFrame 添加行

续表

分 类	方法/属性	描 述
数据统计与计算	df. mean()	计算均值
	df. sum()	计算总和
	df. min()	计算最小值
	df. max()	计算最大值
	df. count()	计算非 NA 值的数量
	df. median()	计算中位数
	df. corr()	计算列间的相关系数
	df. cumsum()	计算累积和
	df. cumprod()	计算累积积
导出数据	df. to_csv()	将 DataFrame 导出为 CSV 文件
	df. to_excel()	将 DataFrame 导出为 Excel 文件
	df. to_sql()	将 DataFrame 导出到 SQL 数据库
	df. to_dict()	将 DataFrame 转换为字典

第13章

Matplotlib数据可视化

数据可视化是数据分析和科学研究中不可或缺的工具，能够直观地展示数据背后的趋势与模式。本章将重点介绍 Python 中功能强大的可视化库 Matplotlib，涵盖其基本概念、工作流程以及多种常见图表的绘制方法，如折线图、散点图、条形图和直方图。同时，还将深入探讨高级可视化技巧，包括子图布局、三维绘图和极坐标图，以及如何美化和导出图形。此外，通过应用案例，学习掌握使用 Matplotlib 创建清晰和专业图表的技能，为数据分析提供有力支持。

13.1 Matplotlib 概述

Matplotlib 是 Python 中功能强大且广泛使用的二维绘图库之一，适用于数据科学、工程、金融等领域的多种数据可视化任务。它提供了一整套灵活的工具，可以生成多种类型的静态、动态和交互式图形。凭借直观的 API 设计和强大的绘图能力，Matplotlib 被视为数据可视化的标准工具，尤其在处理大规模数据时表现突出。

在现代数据分析中，数据可视化不仅能够直观呈现数据，还能揭示隐藏的模式和趋势。Matplotlib 通过丰富的图表类型和灵活的定制功能，可高效完成从基础绘图到复杂分析的多样化任务。

要使用 Matplotlib，首先需要在 Python 环境中进行安装。通过以下命令完成安装。

```
pip install matplotlib
```

安装完成后，可以在 Python 程序或交互式环境中导入 Matplotlib 库的 pyplot 模块。

```
import matplotlib.pyplot as plt
```

pyplot 是 Matplotlib 中最常用的模块，提供了一组类似 MATLAB 的简单函数接口，用于快速创建和管理图形。它简化了绘图任务，能够轻松生成各种图表并进行显示。

13.2 Matplotlib 的绘图基础

Matplotlib 的核心绘图流程包含几个重要的步骤，从创建画布到绘制和展示图形。下面介绍 Matplotlib 的基本工作流程和关键概念。

13.2.1 Matplotlib的工作流程

Matplotlib的工作流程通常包括以下五个步骤。

(1) 创建Figure对象：Figure是所有绘图的基础，代表整个绘图区域或画布。每个Figure可以包含一个或多个子图。

(2) 创建Axes对象：Axes是Figure中的一个子区域，包含实际的绘图内容。一个Figure可以包含多个Axes，每个Axes可彼此独立或共享某些属性。

(3) 绘制图形：在Axes对象上进行绘图操作，例如绘制折线图、散点图等。Matplotlib提供了丰富的绘图函数来满足不同的需求。

(4) 美化图形：通过添加标题、标签、图例，以及调整颜色、线型等来美化图形，使其更具可读性和吸引力。

(5) 显示或保存图形：绘图完成后，可以在窗口中显示图形，或者将其保存为图像文件。

13.2.2 Figure和Axes的概念

在Matplotlib中，Figure和Axes是两个核心概念。

1. Figure

Figure是整个绘图的容器，类似一张画布，所有图形元素都在Figure中绘制。创建Figure对象时可以指定画布的大小和分辨率。

```
import matplotlib.pyplot as plt
fig = plt.figure(figsize=(8, 6))  # 创建一个8×6英寸的Figure
```

一个Figure对象可以包含多个Axes对象，每个Axes对象对应一个独立的子图。

2. Axes

Axes是Figure中的子区域，实际的绘图内容都绘制在Axes对象上。Axes包含两个坐标轴(x轴和y轴)，以及标题、标签等附加信息。一个Figure可以包含多个Axes，每个Axes可对应不同的子图。

```
ax = fig.add_subplot(111)
```

上述代码中，add_subplot(111)表示在一个1行1列的网格中添加第1个子图。这种方式适合创建单一子图。

若需创建多个子图，可以使用add_subplot()或plt.subplots()函数来高效管理多个Axes。

```
fig, axes = plt.subplots(2, 2)  # 创建一个包含2×2网格子图的Figure
```

13.3 基本绘图

在掌握了Matplotlib的基础后，探讨使用Matplotlib进行各种基本的绘图操作。

13.3.1 折线图

折线图(Line Plot)是数据可视化中最常用的图表之一，用于展示数据随时间或某一变量的变化趋势。Matplotlib提供了简单灵活的折线图绘制功能。

1. 绘制简单折线图

可以使用 plt. plot()函数快速绘制折线图。以下是一个基本示例：

```
import matplotlib.pyplot as plt

x = [1, 2, 3, 4, 5]
y = [2, 3, 5, 7, 11]
plt.plot(x, y)  # 绘制折线图
plt.show()      # 显示图形
```

在该例中，首先导入了 matplotlib. pyplot 模块，然后 plt. plot(x,y)函数绘制了一条通过数据点(1,2)、(2,3)、(3,5)等连接而成的折线。plt. show()函数用于显示绘制的图形。

运行结果如图 13-1 所示。

2. 自定义折线样式、颜色与轴标签

为了使图形更加清晰直观，可以通过参数自定义折线样式、颜色，并添加标题和轴标签。

```
import matplotlib.pyplot as plt

x = [1, 2, 3, 4, 5]
y = [2, 3, 5, 7, 11]
plt.plot(x, y, color = 'red', linestyle = '--', marker = 'o')  # 自定义样式
plt.title('Numbers Line Plot')                                  # 设置标题
plt.xlabel('X - axis: Numbers')                                 # 设置 x 轴标签
plt.ylabel('Y - axis: Values')                                  # 设置 y 轴标签
plt.show()
```

在该例中，plt. plot()函数中的参数 color='red'指定了折线的颜色，linestyle='--'指定了虚线样式，marker='o'则在每个数据点上添加了圆形标记。Matplotlib 支持多种颜色(如'blue','green')和样式(如 '-' 表示实线，':' 表示点线)，并可通过 marker 参数选择不同的标记形状(如's' 表示方块，'^'表示三角形等)。plt. title()函数设置了图形的标题，plt. xlabel()函数和 plt. ylabel()函数分别设置了 x 轴和 y 轴的标签。这些信息有助于读者更好地理解图形的含义。

运行结果如图 13-2 所示。

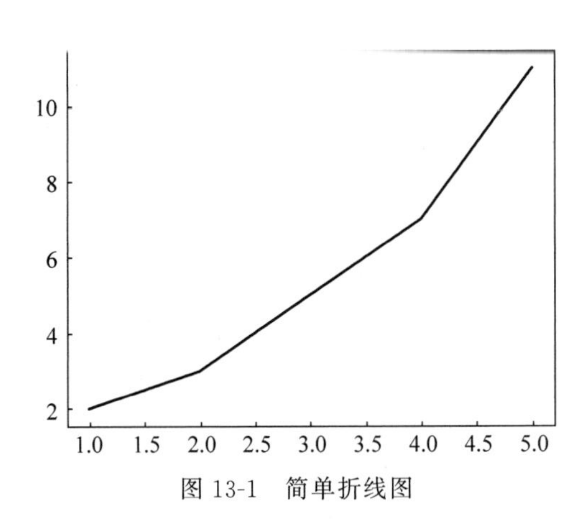

图 13-1 简单折线图

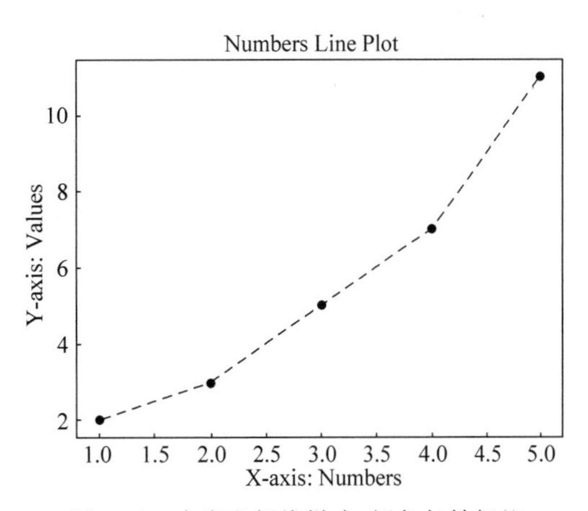

图 13-2 自定义折线样式、颜色与轴标签

13.3.2 散点图

散点图(Scatter Plot)用于展示两组数据之间的关系，尤其适合显示数据的分布和相关性。Matplotlib 提供的 plt.scatter()函数可以快速生成散点图，并支持多种自定义选项。

以下是使用 Matplotlib 绘制简单散点图并添加注释。

```
import matplotlib.pyplot as plt

x = [1, 2, 3, 4, 5]
y = [2, 4, 4, 8, 10]
plt.scatter(x, y, color = 'blue', s = 100, marker = '^')  # 绘制散点图
plt.text(3.1, 4, 'Important Point', fontsize = 12, color = 'red')
plt.show()
```

在该例中，plt.scatter(x,y)函数绘制了一个散点图，每个点表示 x 和 y 之间的对应关系，其中 color='blue'设置了点的颜色，s=100 设置了点的大小，marker='^'将点的形状改为三角形。plt.text(3.1, 4, 'Important Point')在点(3.1,4)附近添加了注释"Important Point"。

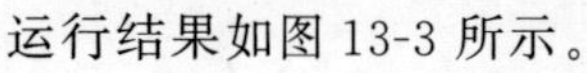
运行结果如图 13-3 所示。

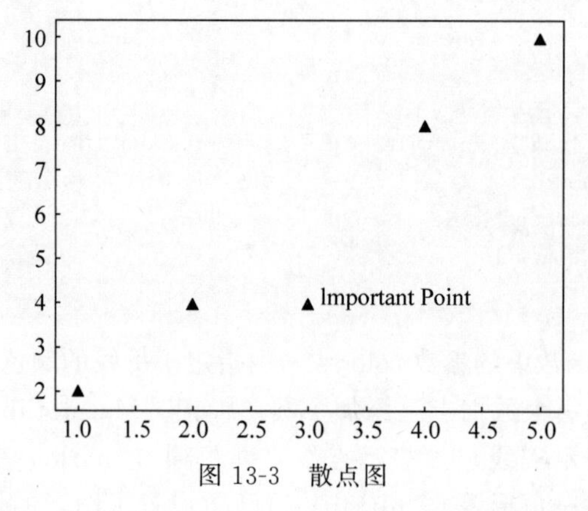

图 13-3 散点图

13.3.3 条形图

条形图(Bar Plot)用于比较不同类别的数据值，是展示分类数据的理想选择。Matplotlib 提供的 plt.bar()和 plt.barh()函数可以分别绘制垂直和水平条形图。此外，还支持绘制多组条形图，用于比较不同类别之间的多组数据。

1. 绘制垂直条形图

以下示例展示了如何使用 Matplotlib 绘制一个简单的垂直条形图。

```
import matplotlib.pyplot as plt

categories = ['A', 'B', 'C', 'D']
values = [5, 7, 3, 8]
plt.bar(categories, values)  # 绘制垂直条形图
plt.show()
```

在该例中，plt.bar(categories,values)函数根据类别 categories 和对应值 values 绘制垂直

条形图，条形的高度表示数据值，横轴表示类别。

运行结果如图 13-4 所示。

2. 绘制水平条形图

水平条形图是条形图的另一种形式，条形水平排列。可以通过 plt. barh()函数绘制。

```
# 绘制水平条形图
plt.barh(categories, values)
plt.show()
```

在该例中，plt. barh(categories, values)函数绘制了一个水平条形图，其中条形的长度表示数据值，纵轴表示类别。

运行结果如图 13-5 所示。

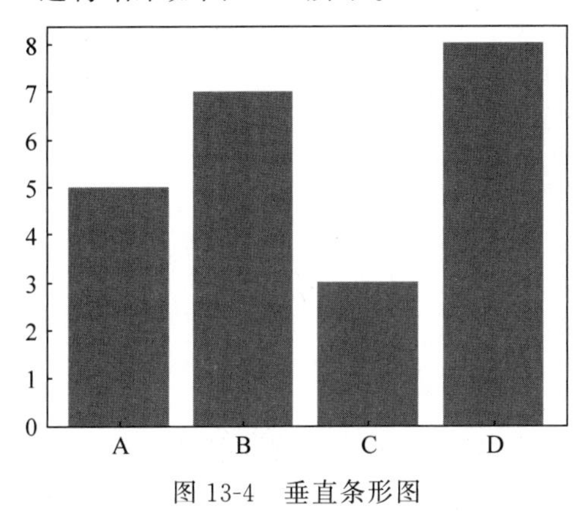

图 13-4　垂直条形图

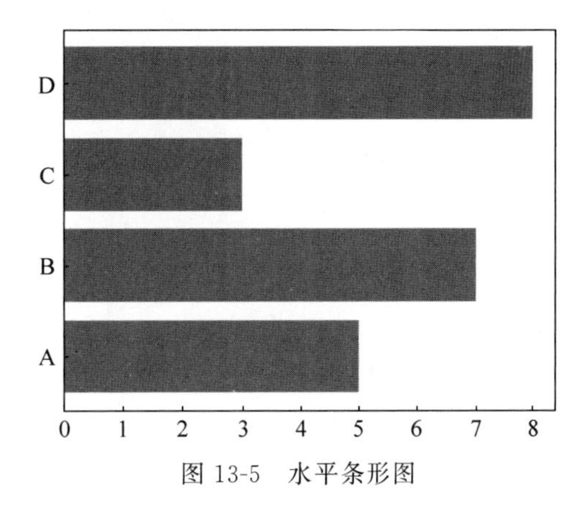

图 13-5　水平条形图

3. 多组条形图的绘制与对比

在需要对比多个类别的不同数据组时，可以使用多组条形图。

```
import numpy as np
import matplotlib.pyplot as plt

categories = ['A', 'B', 'C', 'D']
values1 = [5, 7, 3, 8]
values2 = [6, 4, 7, 9]
bar_width = 0.35                                          # 设置条形宽度
index = np.arange(len(categories))                        # 类别的索引

# 绘制多组条形图
plt.bar(index, values1, bar_width, label = 'Group 1')
plt.bar(index + bar_width, values2, bar_width, label = 'Group 2')

# 添加标签和图例
plt.xlabel('Categories')                                  # x 轴标签
plt.ylabel('Values')                                      # y 轴标签
plt.title('Grouped Bar Plot')                             # 图形标题
plt.xticks(index + bar_width / 2, categories)             # 设置 x 轴刻度标签
plt.legend()                                              # 显示图例
plt.show()                                                # 显示图形
```

在该例中，plt. bar(index, values1, bar_width, label='Group 1') 和 plt. bar(index+bar_width, values2, bar_width, label='Group 2') 在不同的位置绘制了两组条形图，index+bar_width 调整了第二组条形的水平位置，以避免重叠。plt. xticks(index + bar_width/2, categories)设置了 x 轴的刻度标签位置，使每组条形的中心对齐到各类别名称上。plt. legend()函数添加图例，用于区分不同数据组。

运行结果如图 13-6 所示。

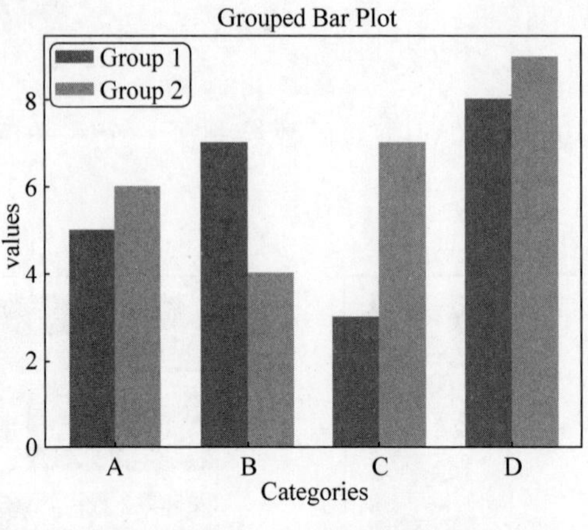

图 13-6 多组条形图

13.3.4 直方图

直方图(Histogram)用于展示数据的分布情况，特别是展示数据的频率分布。通过 Matplotlib 提供的 plt. hist()函数，可以生成直方图并进行自定义设置。

```
import matplotlib.pyplot as plt

data = [1, 2, 2, 3, 3, 3, 4, 4, 4, 4, 5, 5, 5, 5, 5]
plt.hist(data, bins = 5, rwidth = 0.8)  # 绘制直方图
plt.show()
```

在该例中，plt. hist(data, bins=5, rwidth=0.8)使用 5 个柱来表示数据的频率分布，rwidth=0.8 指定了柱的宽度为 80%。

运行结果如图 13-7 所示。

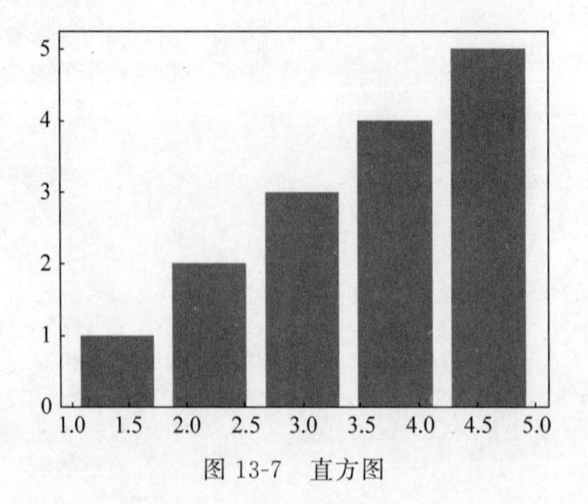

图 13-7 直方图

直方图在数据分析中具有重要作用,常用于以下场景。

(1) 数据分布分析：直观展示数据的分布特征,如是否呈现正态分布、是否有偏斜等。

(2) 频率分析：通过直方图分析数据在特定范围内的频率,有助于发现异常值或极值。

(3) 数据对比：通过绘制多个直方图,可以比较不同数据集的分布差异。

13.3.5　饼图

饼图(Pie Chart)用于展示数据各部分在整体中所占的比例,通常用于构成分析,适合反映比例分布。Matplotlib 提供的 plt.pie()函数可以生成饼图,并支持多种自定义选项。

```
import matplotlib.pyplot as plt

sales = [25000, 15000, 10000, 5000]                # 定义季度销售数据
quarters = ['Q1', 'Q2', 'Q3', 'Q4']                # 季度标签

# 设置颜色和高亮显示特定部分
colors = ['gold', 'yellowgreen', 'lightcoral', 'lightskyblue']
explode = (0.1, 0, 0, 0)                           # 高亮显示 Q1
plt.pie(sales, explode = explode, labels = quarters, colors = colors, autopct = '%1.1f%%',
shadow = True, startangle = 90)                    # 绘制饼图
plt.title("Company Quarterly Sales Distribution") # 公司季度销售分布
plt.show()
```

在该例中,plt.pie()函数的参数 explode 用于突出显示某个部分(第一季度),labels 为每个部分的名称,autopct='%1.1f%%'指定了每个部分的百分比显示格式,startangle=90 指定起始角度,可调整饼图旋转角度。

运行结果如图 13-8 所示。

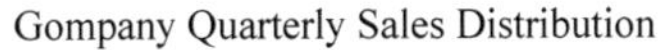

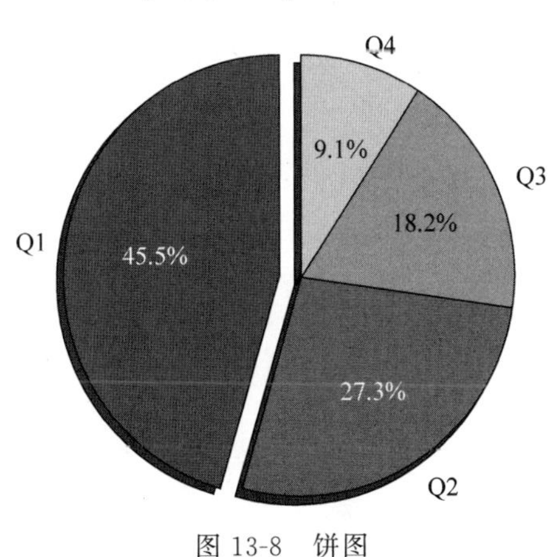

图 13-8　饼图

13.4　子图与布局定制 *

在数据可视化中,为了更好地比较不同的数据集或展示多维度的信息,通常需要在同一图形窗口中创建多个子图(Subplots)。Matplotlib 提供了丰富的功能,如 plt.subplots()函数和 GridSpec 类,帮助用户灵活创建和自定义子图布局。

13.4.1 创建多个子图

使用 plt. subplots()函数是创建多个子图的最简单方式。该函数返回一个 Figure 对象和一个包含 Axes 对象的数组,用户可以通过这些 Axes 对象分别绘制不同的图形。

以下是创建 2 行 2 列,共 4 个子图的示例。

```
import matplotlib.pyplot as plt

# 创建2×2子图
fig, axs = plt.subplots(2, 2)

# 在不同子图中绘制图形
axs[0, 0].plot([1, 2, 3], [1, 4, 9])
axs[0, 0].set_title('Subplot 1')
axs[0, 1].plot([1, 2, 3], [1, 2, 3])
axs[0, 1].set_title('Subplot 2')
axs[1, 0].plot([1, 2, 3], [9, 4, 1])
axs[1, 0].set_title('Subplot 3')
axs[1, 1].plot([1, 2, 3], [1, 2, 1])
axs[1, 1].set_title('Subplot 4')
plt.tight_layout()  # 自动调整子图布局
plt.show()
```

在该例中,plt. subplots(2,2)创建一个 2 行 2 列的网格布局,返回包含子图的二维数组 axs。通过 axs[row,col]访问子图对象,并调用 plot()函数绘制图形,并使用 set_title()方法为每个子图设置标题。最后通过 plt. tight_layout()函数自动调整子图之间的间距,避免标签重叠。

运行结果如图 13-9 所示。

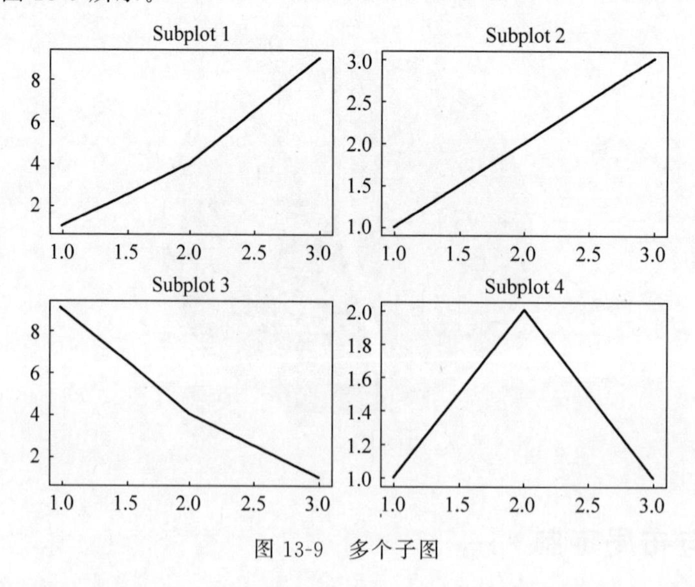

图 13-9 多个子图

13.4.2 自定义子图布局

对于更复杂的布局,可以使用 GridSpec 类精细控制子图的位置和大小。以下示例自定义子图布局。

```
import matplotlib.pyplot as plt
import matplotlib.gridspec as gridspec

fig = plt.figure()
gs = gridspec.GridSpec(3, 3)          # 自定义网格布局

# 创建子图
ax1 = fig.add_subplot(gs[0, :])       # 第 1 行占满所有列
ax2 = fig.add_subplot(gs[1, :-1])     # 第 2 行占前两列
ax3 = fig.add_subplot(gs[1:, -1])     # 第 2 行和第 3 行的最后一列
ax4 = fig.add_subplot(gs[2, 0])       # 第 3 行的第 1 列
ax5 = fig.add_subplot(gs[2, 1])       # 第 3 行的第 2 列

# 在每个子图中绘制图形
ax1.plot([1, 2], [1, 2])
ax2.plot([1, 2], [2, 3])
ax3.plot([1, 2], [3, 4])
ax4.plot([1, 2], [4, 5])
ax5.plot([1, 2], [5, 6])
plt.show()
```

在此例中，使用 GridSpec(3,3)类创建了一个 3 行 3 列的网格，并将不同的子图分配到特定位置。通过索引控制子图的位置和大小，例如：gs[0,:]表示第 1 行的所有列，gs[1:,-1]表示从第 2 行到最后一行的最后一列。

运行结果如图 13-10 所示。

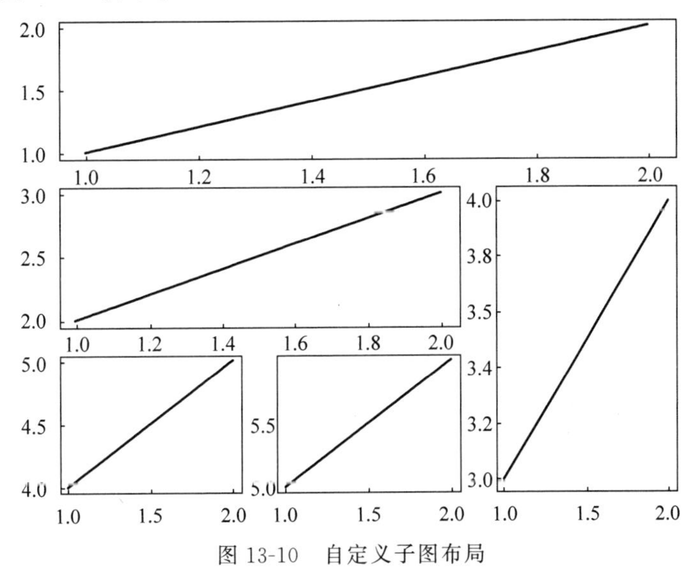

图 13-10 自定义子图布局

13.4.3 子图间的共享轴

在多个子图中，共享相同的 x 轴或 y 轴可更方便地比较数据。共享 x 轴示例如下：

```
import matplotlib.pyplot as plt

fig, axs = plt.subplots(3, 1, sharex=True)          # 创建 3 个共享 x 轴的子图

# 绘制不同的图形
```

```
axs[0].plot([1, 2, 3], [1, 4, 9])
axs[0].set_title('Subplot 1')
axs[1].plot([1, 2, 3], [1, 2, 3])
axs[1].set_title('Subplot 2')
axs[2].plot([1, 2, 3], [9, 4, 1])
axs[2].set_title('Subplot 3')
axs[2].set_xlabel('Shared X - axis')       # 设置共享 x 轴标签
plt.tight_layout()                         # 自动调整布局
plt.show()
```

在该例中，plt.subplots(3，1，sharex=True)创建3行1列的子图，并共享 x 轴。axs[2].set_xlabel()设置共享的 x 轴标签，所有子图共用同一组刻度和标签。

运行结果如图13-11所示。

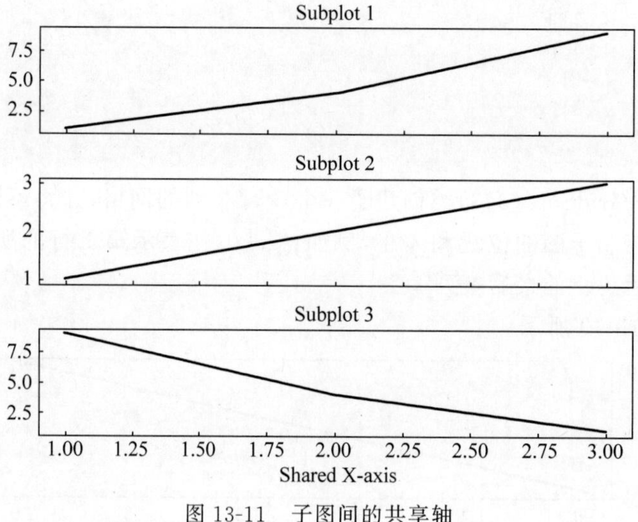

图13-11 子图间的共享轴

13.5 极坐标图 *

极坐标图(Polar Plots)是一种基于极坐标系的图形，用于展示与角度和半径相关的数据。在极坐标图中，数据点的位置由其角度和距原点的距离(半径)共同决定。极坐标图在科学和工程领域应用广泛，尤其适合周期性数据和方向数据的可视化。

13.5.1 绘制基本极坐标图

Matplotlib提供了简单的方法来绘制极坐标图。以下示例展示如何绘制一个以正弦函数为基础的极坐标图。

```
import matplotlib.pyplot as plt
import numpy as np

theta = np.linspace(0, 2 * np.pi, 100)   # 角度，范围为 0～2π
r = np.abs(np.sin(theta))                # 半径，取正弦函数的绝对值
plt.polar(theta, r)                      # 创建极坐标图
plt.show()
```

在该例中，theta 表示角度，范围为 0～2π，r 表示对应角度的半径，取正弦函数的绝对值。plt.polar(theta,r)函数绘制了极坐标图，显示数据在极坐标系中的分布。

运行结果如图 13-12 所示。

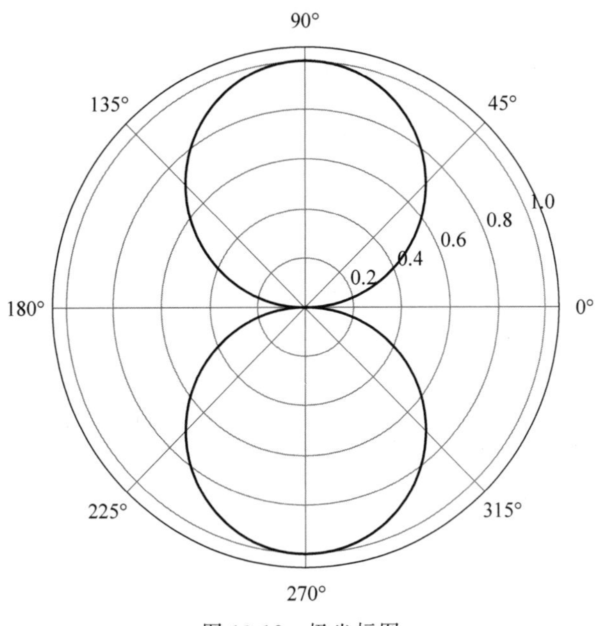

图 13-12　极坐标图

13.5.2　极坐标图的应用

极坐标图特别适用于展示具有周期性或角度相关的数据。常见的应用场景包括如下三类。

(1) 方向数据可视化：极坐标图可直观展示风速、风向、信号强度等与方向相关的数据。

(2) 周期性数据分析：在处理周期性现象时(如日常温度变化、潮汐运动)，极坐标图能够清晰地展示数据的周期性特征。

(3) 复杂数据模式：极坐标图能揭示常规直角坐标系中难以发现的复杂模式和关系。

绘制一个风速与风向的极坐标图，代码如下：

```
import matplotlib.pyplot as plt
import numpy as np

angles = np.linspace(0, 2 * np.pi, 8)        # 风向,角度
speeds = [5, 10, 15, 10, 5, 15, 20, 25]      # 风速,对应的半径
plt.polar(angles, speeds, marker = 'o')      # 创建极坐标图
plt.title('Wind Speed and Direction')
plt.show()
```

在该例中，angles 表示风向，以角度形式定义；speeds 表示对应风向的风速，以半径形式定义。极坐标图清晰地展示了风速与风向之间的关系，每个点的位置由其风向(角度)和风速(半径)决定。通过这个图形，可以快速了解不同方向上的风速分布。

运行结果如图 13-13 所示。

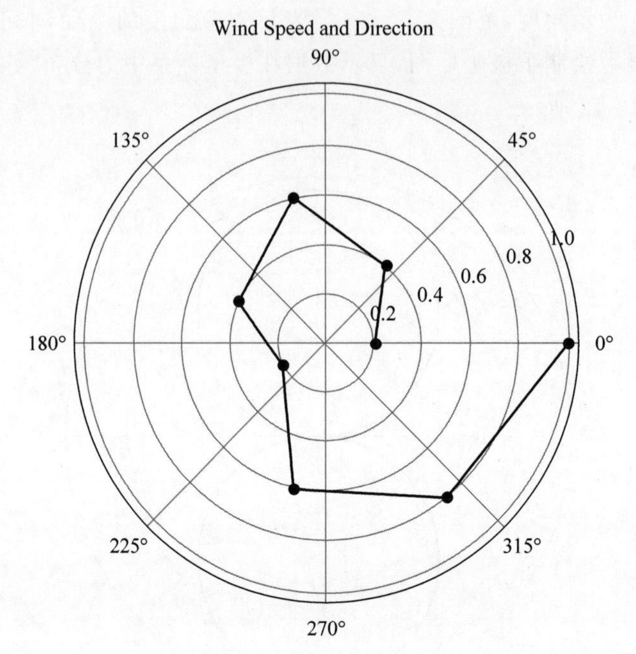

图 13-13 风速和风向的极坐标图

13.6 热图 *

热图(Heatmap)是一种二维数据可视化方式,通过颜色深浅表示数值大小。它以直观的形式揭示数据集中模式和趋势,广泛应用于矩阵数据的分布展示、相关性分析以及统计分析中。热图的直观性使其成为探索和展示大规模数据的理想工具。

13.6.1 绘制热图

在 Matplotlib 中,可以使用 imshow()函数绘制热图。它能够将二维数组直接映射为颜色图。以下是一个基本的热图绘制示例。

```
import matplotlib.pyplot as plt
import numpy as np

data = np.random.rand(10, 10)                                # 创建示例数据
plt.imshow(data, cmap = 'hot', interpolation = 'nearest')  # 绘制热图
plt.colorbar()                                               # 添加颜色条
plt.show()
```

在该例中,data 是一个 10×10 的二维数组,表示热图的输入数据。plt.imshow(data, cmap='hot', interpolation='nearest')绘制热图,其中 cmap='hot'使用"热"颜色映射,从黑色到红色再到黄色,表示数值从低到高的变化。plt.colorbar()函数添加颜色条,用于说明颜色与数据值之间的对应关系。

运行结果如图 13-14 所示。

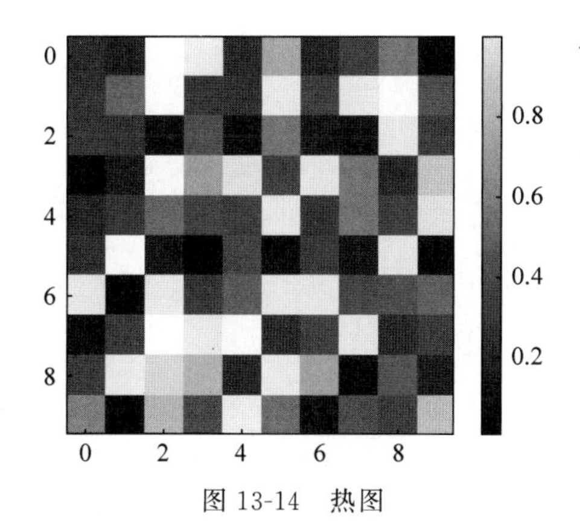

图 13-14 热图

13.6.2 热图的应用

热图在多个领域中都有广泛的应用,其灵活性使得它能够处理各种类型的数据。以下是一些典型的应用场景。

1. 相关性矩阵

在数据分析中,热图常用于展示变量之间的相关性矩阵,帮助快速识别变量之间的强弱相关关系。

```
import seaborn as sns
import pandas as pd
import numpy as np

data = pd.DataFrame(np.random.rand(10, 12), columns = list('ABCDEFGHIJKL'))
corr_matrix = data.corr()                                   # 计算相关性矩阵
sns.heatmap(corr_matrix, annot = True, cmap = 'coolwarm') # 绘制相关性矩阵的热图
plt.show()
```

在该例中,data.corr()函数计算相关性矩阵。sns.heatmap()函数使用 Seaborn 绘制热图,其中参数 annot=True 在热图上显示具体相关性数值,cmap='coolwarm'使用“冷暖”颜色映射方案,更直观地区分正相关和负相关。若运行代码时发现未安装 seaborn 库,请用“pip install seaborn”安装。

运行结果如图 13-15 所示。

2. 图像数据可视化

热图可用于展示图像数据,例如遥感图像中的热成像处理或医学图像中的像素强度分布。

```
import matplotlib.pyplot as plt
from scipy.datasets import face
import numpy as np

image = face(gray = True)              # 载入图像数据
plt.imshow(image, cmap = 'gray')       # 绘制图像的热图

plt.show()
```

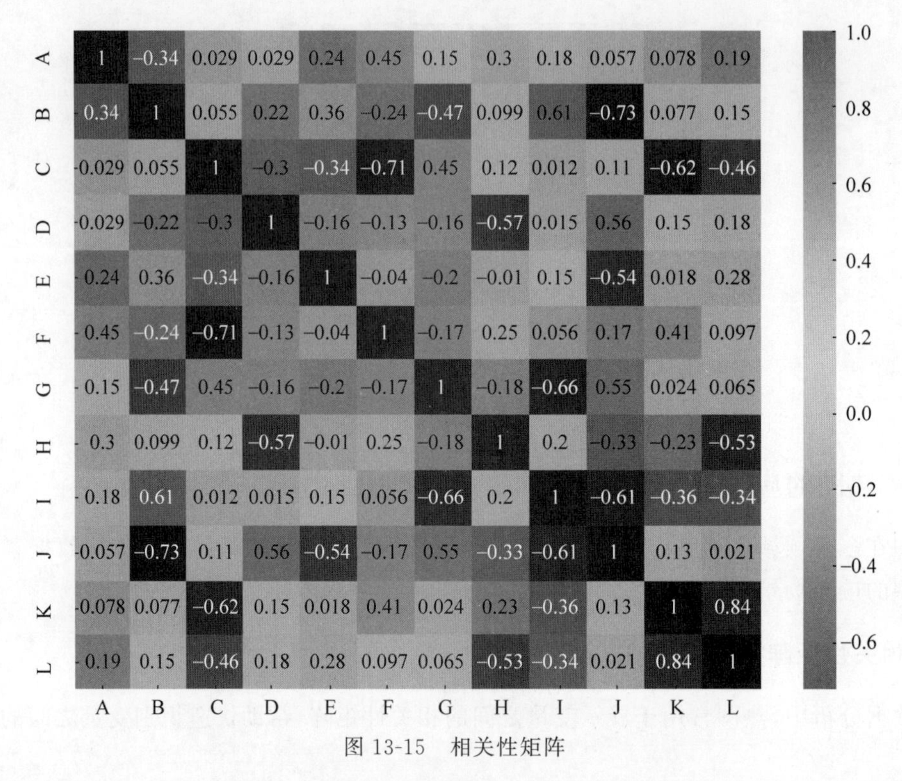

图 13-15 相关性矩阵

在该例中，face(gray=True)加载灰度图像数据。plt.imshow(image, cmap='gray') 使用灰度映射绘制热图，可用于分析图像像素分布或增强特定区域。

运行结果如图 13-16 所示。

图 13-16 图像数据可视化

13.7 三维绘图 *

三维绘图(3D Plotting)是一种展示数据多维特征的可视化技术，它不仅可以直观地展示数据在三个维度上的分布情况，还能够帮助理解复杂数据的内在结构和关系。Matplotlib 提供了强大的三维绘图功能，支持绘制多种三维图形，如三维曲线图和三维表面图。

13.7.1　创建三维坐标轴

在 Matplotlib 中，三维绘图的第一步是创建三维坐标轴。可以通过 mpl_toolkits.mplot3d 模块中的 Axes3D 类实现。以下是创建一个简单的三维坐标轴的示例。

```
import matplotlib.pyplot as plt

fig = plt.figure()
ax = fig.add_subplot(111, projection = '3d')      # 添加三维坐标轴
plt.show()
```

在该例中，fig.add_subplot(111, projection='3d') 指定子图为三维投影。运行代码后，会显示一个空的三维坐标系，准备好用于绘制各种三维图形。

运行结果如图 13-17 所示。

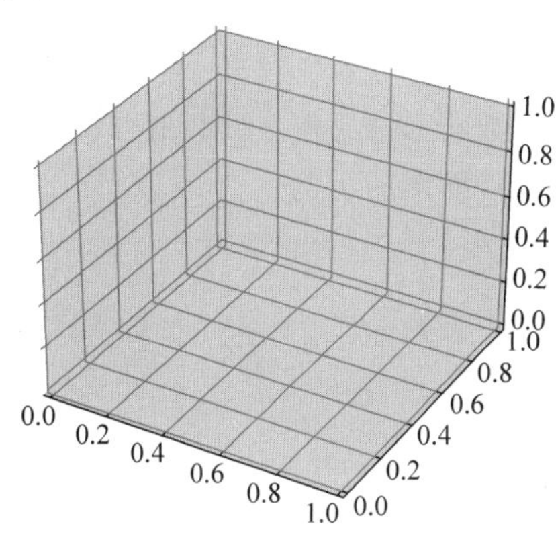

图 13-17　三维坐标图

13.7.2　三维曲线图

三维曲线图用于展示数据点在三维空间中的轨迹，常用于分析时间序列数据或路径规划。以下是一个绘制三维曲线图的示例。

```
import numpy as np
import matplotlib.pyplot as plt

t = np.linspace(0, 10, 100)
x = np.sin(t)
y - np.cos(t)
z = t
fig = plt.figure()
ax = fig.add_subplot(111, projection = '3d') # 添加三维坐标轴
ax.plot(x, y, z)                              # 绘制三维曲线图
ax.set_title('3D Line Plot')
plt.show()
```

在该例中，x、y 和 z 分别代表三维空间中的坐标，ax.plot(x,y,z)绘制三维曲线图，展示了一条随时间变化的螺旋轨迹。

运行结果如图 13-18 所示。

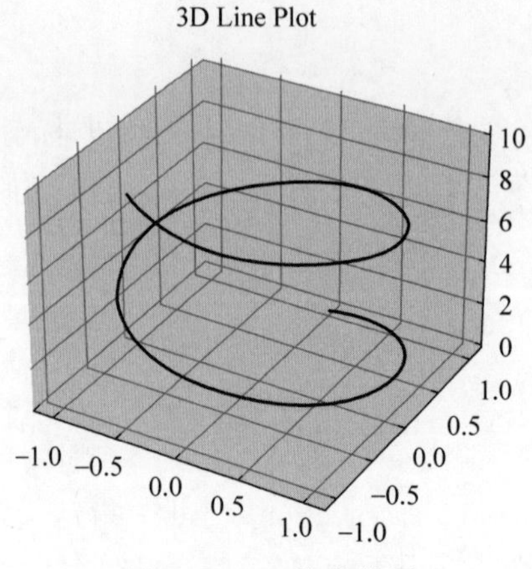

图 13-18　三维曲线图

13.7.3　三维表面图

三维表面图用于展示一个函数在二维平面上的数值分布情况。它通过颜色和高度来表示函数值的变化。以下为绘制三维表面图的示例。

```
import numpy as np
import matplotlib.pyplot as plt

X = np.linspace(-5, 5, 100)
Y = np.linspace(-5, 5, 100)
X, Y = np.meshgrid(X, Y)
Z = np.sin(np.sqrt(X**2 + Y**2))
fig = plt.figure()
ax = fig.add_subplot(111, projection='3d')          # 添加三维坐标轴
surface = ax.plot_surface(X, Y, Z, cmap='viridis')  # 绘制三维表面图
fig.colorbar(surface)                               # 添加颜色条
ax.set_title('3D Surface Plot')
plt.show()
```

在该例中,使用了 np.meshgrid()函数创建二维网格数据 X 和 Y,并计算了对应的 Z 值(高度)。ax.plot_surface(X,Y,Z,cmap='viridis')绘制三维表面图,其中 cmap='viridis'指定了颜色映射方案。通过这个图形,可以清楚地看到数据在三维空间中的变化趋势。

运行结果如图 13-19 所示。

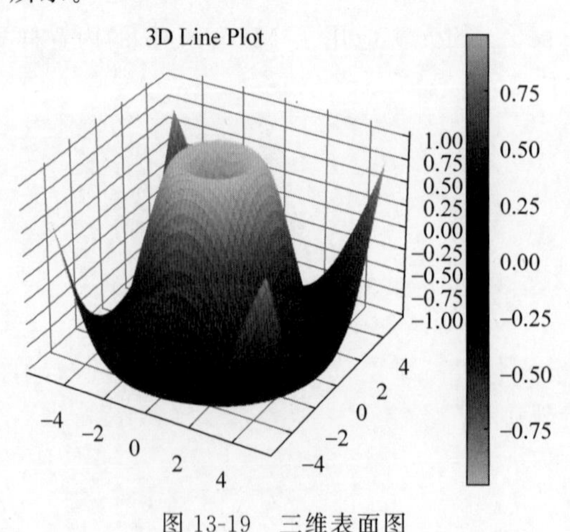

图 13-19　三维表面图

为了更好地观察三维图形中的细节，Matplotlib 允许用户通过旋转和调整视角来改变图形的显示角度。如果在 Jupyter Notebook 环境下，在实现代码的第一行增加代码：%matplotlib notebook，即可开启交互模式。读者可以自行编程实践。

13.8　图形美化与输出 *

13.8.1　自定义图形样式

Matplotlib 内置了多种预设图形样式，用户可以快速应用这些样式，生成具有专业外观的图形。以下是应用预设样式的示例。

```
import matplotlib.pyplot as plt
import numpy as np

plt.style.use('ggplot')    # 设置预设样式
x = np.linspace(0, 10, 100)
y = np.sin(x)
plt.plot(x, y)
plt.show()
```

运行结果如图 13-20 所示。

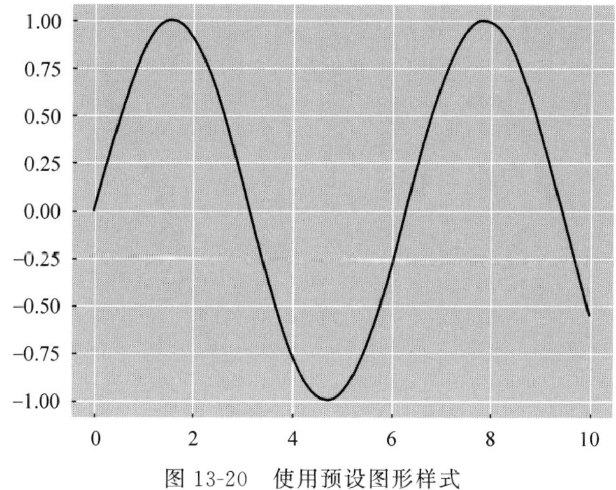

图 13-20　使用预设图形样式

在该例中，plt.style.use('ggplot') 应用了 Matplotlib 的内置样式 ggplot，该样式以柔和的配色和清晰的网格线为特点。

Matplotlib 提供了多种预设样式，常见的有下列四种。

（1）seaborn：模仿 Seaborn 的默认样式，适合科学数据可视化。

（2）bmh：模仿 Bayesian Methods for Hackers 的样式，色彩柔和。

（3）dark_background：使用深色背景，适合在黑暗模式下展示图形。

（4）fivethirtyeight：模仿 FiveThirtyEight 网站的样式，适合展示新闻数据。

13.8.2　自定义主题样式

用户可以通过颜色、线型、标记、字体、网格等选项，自定义主题样式，对图形外观进行详细定制。

1. 颜色、线型和标记

以下示例给出了如何自定义颜色、线型和标记。

```
import matplotlib.pyplot as plt
import numpy as np

x = np.linspace(0, 10, 100)
y = np.sin(x)

plt.figure(figsize = (10, 6))
plt.plot(x, y, color = 'darkblue', linestyle = '--', linewidth = 2, marker = 'o', markersize = 8,
markerfacecolor = 'red', markeredgewidth = 2, markeredgecolor = 'black')
                                                # 绘制带有自定义颜色、线型和标记的图形
plt.title('Custom Color, Line Style, and Marker Example')
plt.xlabel('X-axis')
plt.ylabel('Y-axis')
plt.show()
```

在该例中，plt.plot()函数中的参数 color='darkblue'设置线条颜色为深蓝色，linestyle='--'设置线条样式为虚线，linewidth=2 设置线条宽度为 2，marker='o'设置标记样式为圆形，markersize=8 设置标记大小为 8，markerfacecolor='red'和 markeredgecolor='black'设置标记的填充颜色为红色，边缘颜色为黑色。

运行结果如图 13-21 所示。

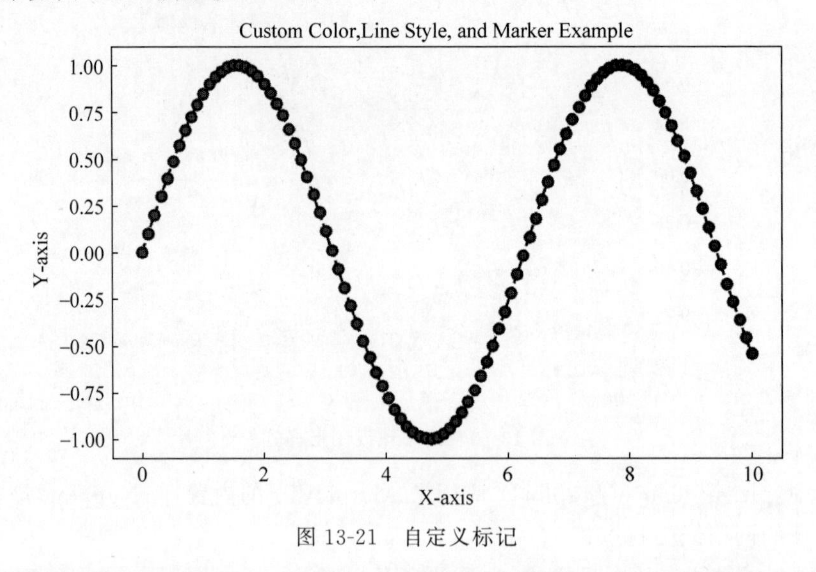

图 13-21　自定义标记

2. 字体、网格和背景

自定义字体和网格可以提高图形的可读性，以下示例展示了中文环境下的设置。

```
import matplotlib.pyplot as plt
import numpy as np

plt.rcParams['font.sans-serif'] = ['SimHei']   # 使用黑体字体显示中文
plt.rcParams['axes.unicode_minus'] = False     # 解决负号显示问题

# 创建示例数据
```

```
x = np.linspace(0, 10, 100)
y = np.cos(x)

# 绘制图形并设置自定义字体、网格和背景
plt.figure(figsize = (10, 6))
plt.plot(x, y)
plt.title('自定义字体、网格和背景示例', fontsize = 16, fontweight = 'bold')
plt.xlabel('X 轴标签', fontsize = 12)
plt.ylabel('Y 轴标签', fontsize = 12)

# 设置网格和背景
plt.grid(True, color = 'gray', linestyle = '--', linewidth = 0.5)
plt.gca().set_facecolor('#f5f5f5')      # 设置背景色为柔和的浅灰色
plt.show()
```

在该例中，plt.rcParams['font.sans-serif'] = ['SimHei']将字体设置为 SimHei(黑体)，以支持中文显示。plt.rcParams['axes.unicode_minus'] = False 解决 Matplotlib 显示负号(如 y 轴的负值)时的乱码问题。plt.title()函数用于设置图形的标题，fontsize=16 设置字体大小，fontweight='bold'设置字体粗细，fontname='Comic Sans MS'指定字体样式。plt.xlabel()函数和 plt.ylabel()函数用于设置 x 轴和 y 轴的标签，并分别指定字体大小。plt.gca().set_facecolor('#f5f5f5')设置图形背景色为柔和的浅灰色，其中#f5f5f5 的 RGB 值为(245，245，245)。在 RGB 颜色模式中，每个颜色通道(红、绿、蓝)都有 0～255 的取值范围，其中十六进制的 f5 转换为十进制即为 245。

运行结果如图 13-22 所示。

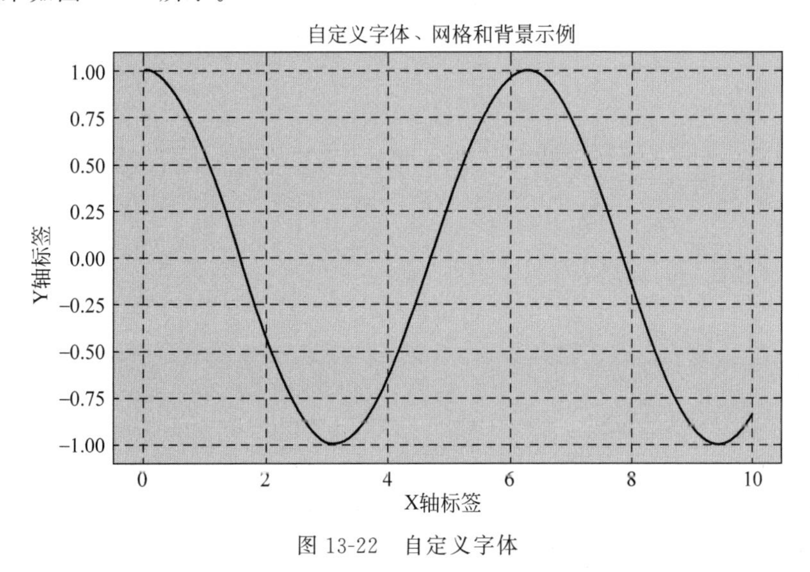

图 13-22 自定义字体

13.8.3 保存和复用自定义样式

用户可以将自定义样式保存为.mplstyle 文件，以便在不同项目中复用。

1. 创建自定义样式文件

以下是一个自定义样式文件 custom_style.mplstyle 的内容示例。

```
# custom_style.mplstyle
axes.titlesize: 20
axes.labelsize: 15
lines.linewidth: 2
lines.markersize: 8
xtick.labelsize: 12
ytick.labelsize: 12
grid.color: lightgray
grid.linestyle: --
grid.linewidth: 0.5
figure.facecolor: #f0f0f0        # 背景颜色设置为淡灰色
axes.facecolor: #e0e0e0          # 子图背景颜色设置为略深的灰色
axes.edgecolor: #333333          # 子图边框颜色设置为深灰色
axes.prop_cycle: cycler('color', ['#FF5733', '#33FF57', '#3357FF', '#FF33A1', '#A133FF', '#33FFF2'])
```

在此文件中，定义了一些常见的图形属性，例如字体大小、线宽、背景色和颜色循环。axes.prop_cycle 使用了多个颜色参数，使不同的线条具有区分度。

2. 调用自定义样式

保存样式文件后，可通过以下代码调用。

```
import matplotlib.pyplot as plt
import numpy as np

plt.style.use('custom_style.mplstyle')    # 调用自定义样式
x = np.linspace(0, 10, 100)
y1 = np.sin(x)
y2 = np.cos(x)
y3 = np.sin(x) + np.cos(x)
plt.plot(x, y1, label='sin(x)')
plt.plot(x, y2, label='cos(x)')
plt.plot(x, y3, label='sin(x) + cos(x)')
plt.legend()
plt.title('Custom Styled Plot')
plt.show()
```

运行结果如图 13-23 所示。

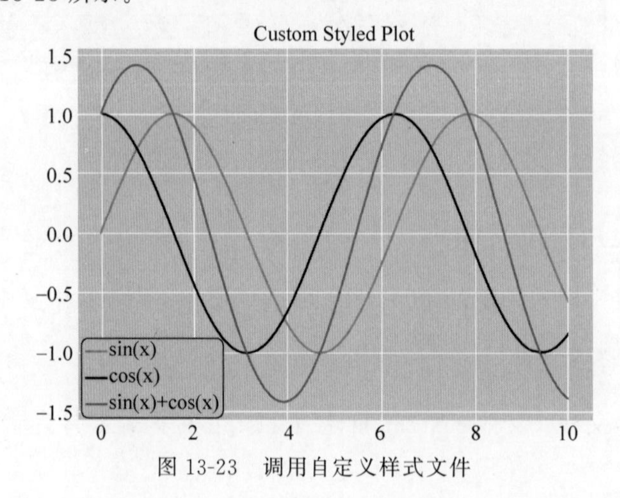

图 13-23 调用自定义样式文件

通过保存和复用自定义样式，用户可以确保图形在不同项目中保持一致的风格，这对于制作报告或展示数据非常有用。

13.9 图例与注释

在数据可视化中，图例和注释是增强图形可读性的重要工具。图例用于解释图形中不同元素的含义，而注释对关键数据点或区域提供额外信息，帮助读者快速理解图形的重点内容。

13.9.1 添加与自定义图例

图例(Legend)是图形中用于解释不同数据系列或元素的说明，通常放置在图形的一个角落。Matplotlib 的 plt.legend()函数为图形添加图例，并支持多种定制选项。以下是一个为折线图添加基本图例的示例。

```
import matplotlib.pyplot as plt
import numpy as np

x = np.linspace(0, 10, 100)
y1 = np.sin(x)
y2 = np.cos(x)
plt.plot(x, y1, label = 'Sine')
plt.plot(x, y2, label = 'Cosine')
# 添加图例
plt.legend(loc = 'upper right', fontsize = 'large', title = 'Trigonometric Functions', shadow = True)
  # 自定义方式
plt.show()
```

在该例中，label 参数用于指定每条曲线的标签，plt.legend()函数会根据这些标签在图形中添加图例，解释每条曲线的含义，其中参数 loc 支持多种位置选项，例如 upper right、upper left、lower left、lower right、center 等，fontsize＝'large'调整图例文本的字体大小，title＝'Trigonometric Functions'为图例添加标题，shadow＝True 则为图例添加了阴影效果。

运行结果如图 13-24 所示。

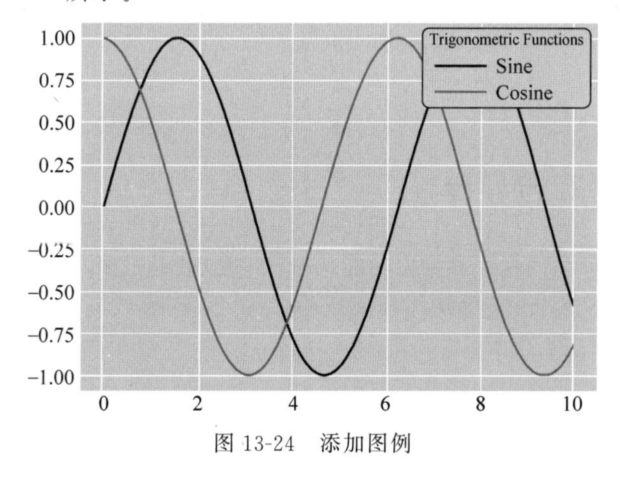

图 13-24 添加图例

13.9.2 图形注释 *

注释(Annotation)可以为图形中的特定数据点或区域添加说明，引导读者关注关键信息。Matplotlib 的 plt.annotate()函数提供了丰富的选项，支持多种注释样式。以下是为特定数据点添加注释的示例：

```
import matplotlib.pyplot as plt
import numpy as np

x = np.linspace(0, 10, 100)
y1 = np.sin(x)
y2 = np.cos(x)
plt.plot(x, y1, label = 'Sine')
plt.plot(x, y2, label = 'Cosine')
plt.annotate(
    'Max Value',                                         # 注释文本
    xy = (np.pi/2, 1),                                   # 被标记数据点的位置 (x, y)
    xytext = (np.pi/2 + 1, 1.5),                         # 注释文本的位置 (x, y)
    arrowprops = dict(facecolor = 'black', shrink = 0.05) # 箭头样式
)                                                        # 添加注释
plt.legend()
plt.show()
```

在该例中，plt.annotate()函数用于在(np.pi/2,1)位置添加注释'Max Value'，xytext参数指定了注释文本的位置，而arrowprops参数则定义了指向注释位置的箭头样式。

运行结果如图13-25所示。

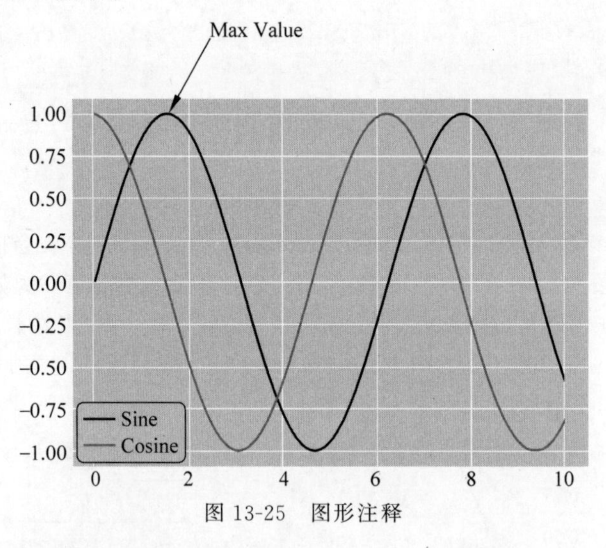

图13-25 图形注释

13.10 图形的保存与导出 *

Matplotlib提供了灵活的保存和导出功能，支持多种文件格式和自定义选项。用户可以将图形保存为PNG、JPEG、SVG、PDF等格式，适用于网页展示、打印或嵌入文档。通过plt.savefig()函数，可以保存当前绘制的图形。

13.10.1 保存图形的基本用法

以下是一个保存图形为PNG文件的基本示例。

```
import matplotlib.pyplot as plt
import numpy as np

x = np.linspace(0, 10, 100)
```

```
y = np.sin(x)
plt.plot(x, y)
plt.savefig('plot.png')      # 保存图形为 PNG 格式
plt.show()
```

在该例中,plt.savefig('plot.png')将当前绘制的图形保存为 PNG 格式的文件 plot.png。默认情况下,保存的图形包含白色背景,适合普通展示和网页用途。当然,也可以将图形保存为其他格式,如 JPEG、SVG 或 PDF 等。

13.10.2 保存透明背景图形

在某些情况下,用户可能需要保存带透明背景的图形,便于叠加到其他背景上,代码如下:

```
plt.savefig('plot_transparent.png', transparent = True)    # 保存为透明背景
```

在该例中,transparent=True 选项使图形的背景变为透明。

13.10.3 自定义保存选项

plt.savefig()函数提供了多种自定义选项,可以根据需求调整保存的图形属性。

示例:保存高分辨率图形。

```
plt.savefig('plot_highres.png', dpi = 300)    # 保存图形为高分辨率 PNG 文件
```

在该例中,plt.savefig()函数的参数 dpi=300 设置图形分辨率为 300DPI(每英寸像素点数),适合高质量打印或插入报告。

示例:指定图形大小。

```
fig = plt.figure(figsize = (8, 6))          # 保存图形时指定尺寸,单位为英寸
plt.plot(x, y)
plt.savefig('plot_custom_size.png')
```

在该例中,figsize=(8,6)设置图形尺寸为 8 英寸×6 英寸(约 20 厘米×15 厘米)。

13.11 Pandas 的可视化

Pandas 不仅用于数据处理,还提供了基本的可视化功能。Pandas 的数据结构(如 DataFrame 和 Series)可以直接调用绘图方法,利用 Matplotlib 的底层支持,实现基本的可视化需求。这些绘图方法提供了简洁的接口,能够快速生成折线图、柱状图、直方图等常见图形,方便数据分析的快速展示与探索。

示例:使用 Pandas 的 plot()函数生成柱状图,并对销售额和支出数据进行可视化。

```
import pandas as pd
import numpy as np
import matplotlib.pyplot as plt

data = {
    'Month': ['Jan', 'Feb', 'Mar', 'Apr', 'May', 'Jun', 'Jul', 'Aug', 'Sep', 'Oct', 'Nov', 'Dec'],
    'Sales': np.random.randint(200, 500, 12),              # 销售额
    'Expenses': np.random.randint(150, 400, 12)            # 支出
}
```

```
df = pd.DataFrame(data)
df.set_index('Month', inplace = True)          # 设置索引
ax = df.plot(kind = 'bar', figsize = (10, 6), title = "Monthly Sales and Expenses", rot = 0)
                                               # 使用 Pandas 的 plot 方法绘制柱状图
ax.set_xlabel("Month")                         # 设置 x 轴标签
ax.set_ylabel("Amount")                        # 设置 y 轴标签
plt.show()
```

在上述代码中,首先创建包含月份、销售额和支出数据的 DataFrame 对象,并将月份设为索引,使其成为图形的 x 轴。然后使用 df.plot(kind='bar')直接调用柱状图,通过 kind 参数指定图表类型为 bar,figsize 参数设置图表尺寸,title 添加图表标题,rot 参数调整 x 轴标签的旋转角度。最后通过 ax.set_xlabel()和 ax.set_ylabel()函数分别设置 x 轴和 y 轴的标签。

运行结果如图 13-26 所示。

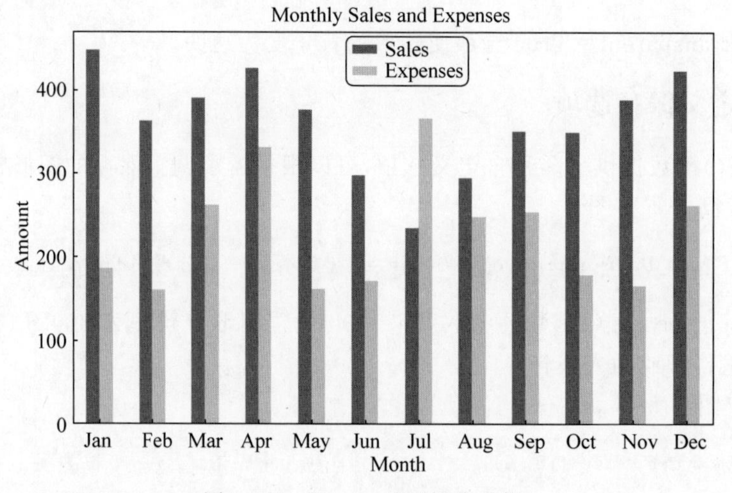

图 13-26　Pandas 的可视化示例

13.12　应用案例

13.12.1　分布分析

理解数据的分布特征是数据分析的关键环节,能够帮助识别数据的集中趋势、分布形态以及离群值。直方图和箱线图是常用的可视化工具,分别适用于连续数据的分布分析和多组数据的比较分析。

例 13.1　收入分布的直方图。

假设需要分析某城市居民的收入分布情况,可以使用直方图来展示数据的分布特征。

```
import matplotlib.pyplot as plt
import numpy as np

# 假设收入服从正态分布,平均收入 50000,标准差 15000,样本量 1000
incomes = np.random.normal(50000, 15000, 1000)
plt.figure(figsize = (10, 6))
plt.hist(incomes, bins = 30, color = 'skyblue', edgecolor = 'black') # 绘制直方图
plt.title('Income Distribution')
plt.xlabel('Income')
```

```
plt.ylabel('Frequency')
plt.grid(True)
plt.show()
```

在该例中，np.random.normal(50000,15000,1000)生成了一组服从正态分布的模拟收入数据，平均值为50000，标准差为15000，共1000个样本。plt.hist(incomes,bins=30,color='skyblue', edgecolor='black')使用30个分组绘制直方图，设置柱体颜色为浅蓝色(color='skyblue')，边缘颜色为黑色(edgecolor='black')，便于清晰地观察柱体间的分隔。

运行结果如图13-27所示。

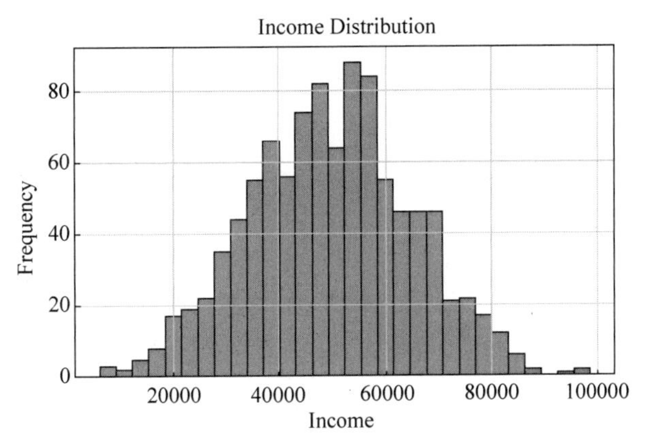

图13-27 收入分布的直方图

通过观察直方图，可以分析收入的集中程度、数据是否存在偏态，以及是否有异常的高收入或低收入群体。

例13.2 部门工资分布箱线图。

箱线图(Box Plot)通过统计学的五数概括直观展示数据分布，适合比较多组数据。使用plt.boxplot()函数绘制员工月工资的分布情况，帮助人力资源部门分析不同部门的薪资分布，进而识别各部门是否有明显的薪资差距或潜在的异常值。

假设有三个部门：研发、销售和行政，分别记录了100位员工的月薪数据。绘制各部门的薪资分布箱线图。

```
import matplotlib.pyplot as plt
import numpy as np

# 生成三组模拟数据：不同部门的月薪
np.random.seed(42)
rd_salary = np.random.normal(15000, 3000, 100)        # 研发部月薪
sales_salary = np.random.normal(10000, 2000, 100)     # 销售部月薪
admin_salary = np.random.normal(8000, 1000, 100)      # 行政部月薪
salaries = [rd_salary, sales_salary, admin_salary]
plt.rcParams['font.sans-serif'] = ['SimHei']          # 使用黑体显示中文
plt.rcParams['axes.unicode_minus'] = False            # 解决负号显示问题
# 绘制箱线图
plt.boxplot(salaries, tick_labels=['研发部', '销售部', '行政部'])
plt.title("不同部门的月薪分布")
plt.xlabel("部门")
plt.ylabel("月薪(元)")
plt.show()
```

在该例中，三组模拟数据分别表示不同部门的月薪分布，使用 np. random. normal()生成。使用 plt. boxplot()函数绘制箱线图，其中参数 labels=['研发部', '销售部', '行政部'] 设置箱线图的标签为部门名称。

运行结果如图 13-28 所示。

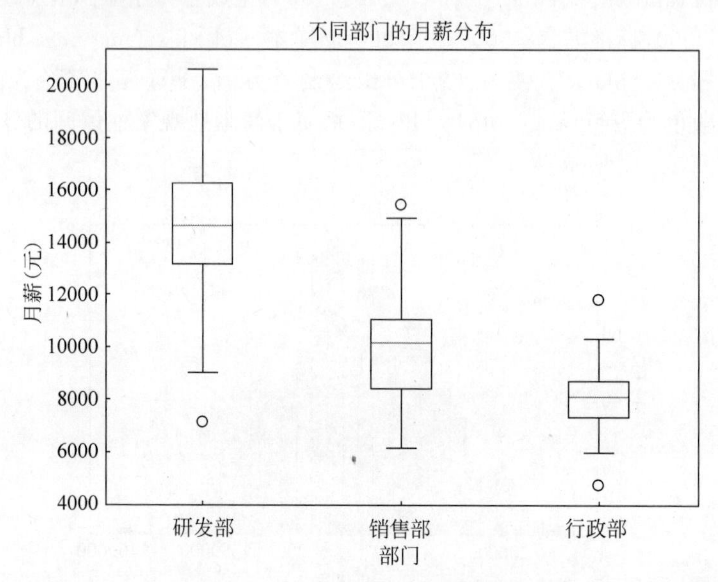

图 13-28　部门工资分布箱线图

从图 13-28 可看出，箱线图的中位数是用每个箱体的中线表示，该部门月薪的中位数表征工资的集中水平，四分位范围是用箱体上下边缘代表第 1 四分位数(Q1)和第 3 四分位数(Q3)表示，说明薪资的集中区间。异常值用图中的小圆点代表超出正常范围的异常值(如特别高或特别低的薪资)，可能是绩效奖励、薪酬偏高的高管，或潜在的录入错误。

13.12.2　分类数据的可视化

在分析分类数据时，条形图和饼图是常用的可视化工具，适合展示不同类别的频率分布或占比情况。这种可视化方式可有效传达类别间的比较结果，以识别出在某些分类下的数据差异。

例 13.3　不同产品类别的销售额比较。

假设需要分析某家零售店中不同产品类别的销售额情况，可以使用条形图来展示各类别的销售额分布，从而直观地比较不同类别的销售业绩。

```
import matplotlib.pyplot as plt
import matplotlib.font_manager as fm

plt.rcParams['font.sans-serif'] = ['SimHei']        # 使用 SimHei 字体显示中文
plt.rcParams['axes.unicode_minus'] = False          # 解决负号显示问题
categories = ['电子产品', '服装', '食品杂货', '图书', '玩具']
sales = [40000, 35000, 30000, 20000, 15000]
plt.figure(figsize=(10, 6))
plt.bar(categories, sales, color='coral')           # 绘制条形图
plt.title('不同产品类别的销售额')
plt.xlabel('产品类别')
plt.ylabel('销售额')
plt.grid(True, axis='y')
plt.show()
```

在该例中，plt. bar(categories, sales, color = 'coral') 使用 coral 色绘制条形图，其中 categories 表示各产品类别，sales 表示对应类别的销售额。plt. grid(True, axis = 'y') 添加了 y 轴方向的网格线，方便比较条形高度差异，便于定位每个类别的销售额。

运行结果如图 13-29 所示。

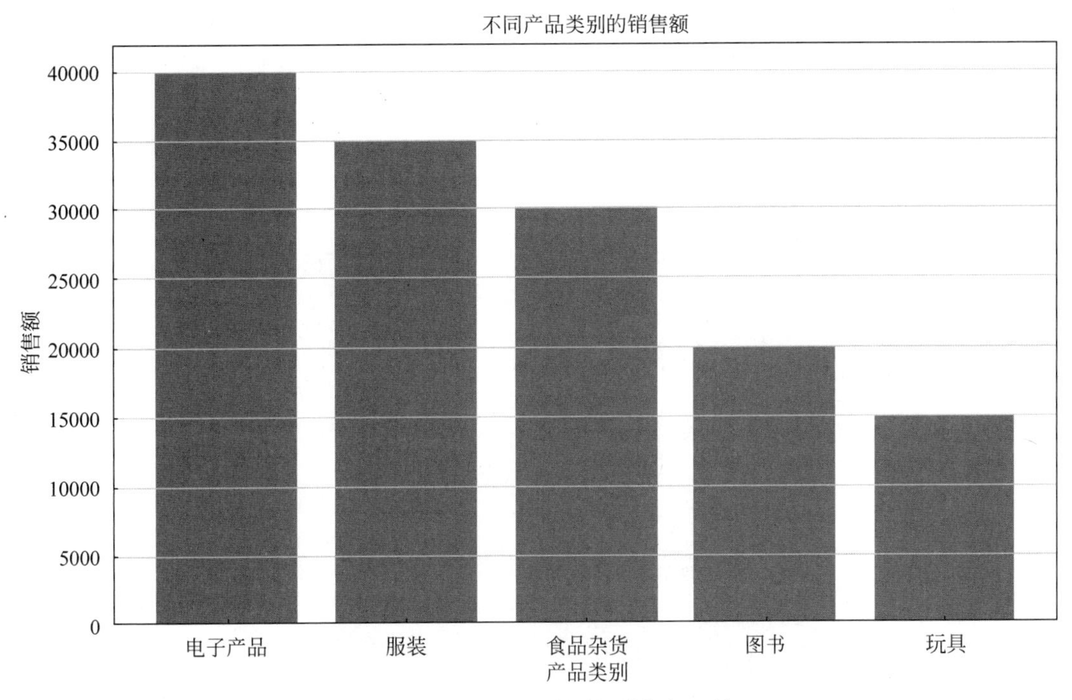

图 13-29　不同产品类别的销售额比较

13.12.3　相关性分析 *

在探索性数据分析中，分析一个或多个变量之间的关系是十分重要的环节。通过相关性分析，可以识别变量间的依赖关系，并深入了解各指标之间的相互影响。常见的可视化工具包括相关性矩阵和散点图矩阵。

例 13.4　变量间的相关性矩阵。

使用相关性矩阵分析多组经济指标之间的相关性。

```
import seaborn as sns
import pandas as pd
import numpy as np
import matplotlib.pyplot as plt

plt.rcParams['font.sans-serif'] = ['SimHei']
plt.rcParams['axes.unicode_minus'] = False
data = pd.DataFrame({
    'GDP 增长率': np.random.rand(100),
    '失业率': np.random.rand(100),
    '通胀率': np.random.rand(100),
    '利率': np.random.rand(100)
})
corr_matrix = data.corr()  # 计算相关性矩阵
plt.figure(figsize = (8, 6))
```

```
# 绘制相关性矩阵的热图
sns.heatmap(corr_matrix, annot = True, cmap = 'coolwarm', linewidths = 0.5)
plt.title('相关性矩阵')
plt.show()
```

在此例中，创建一个包含多个经济指标（如 GDP 增长率、失业率、通货膨胀率和利率）的 DataFrame。然后使用 data.corr()函数计算这些指标之间的相关性矩阵。通过 seaborn 库中的 heatmap()函数绘制相关性矩阵的热图，其中参数 cmap='coolwarm' 设置颜色映射，从冷色到暖色，展示相关性强度变化，annot=True 用于在每个格子中显示具体的相关系数数值。

运行结果如图 13-30 所示。

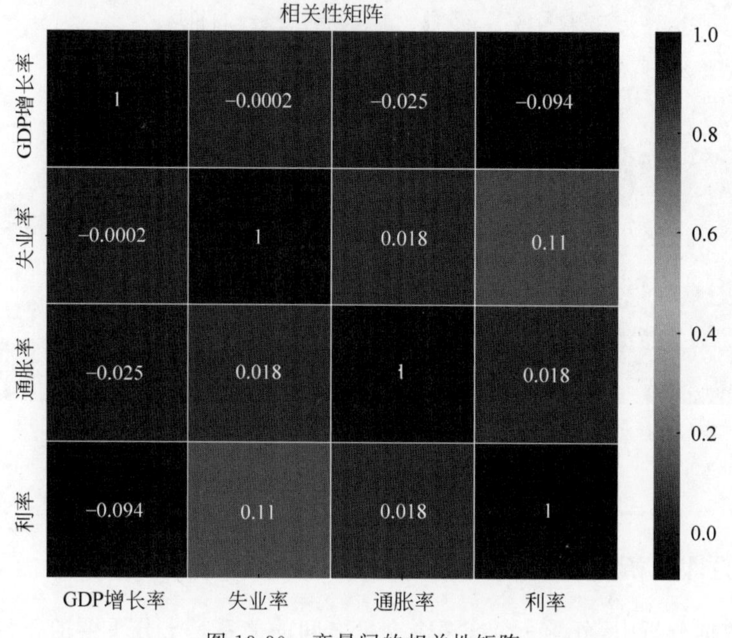

图 13-30 变量间的相关性矩阵

13.12.4 动态图 *

动态图是一种能够随时间动态更新的数据可视化方式，可以直观地展示数据在不同时刻的变化过程。这种可视化在金融市场分析、气象数据变化、实验实时监测等领域具有广泛应用。Matplotlib 提供的 animation 模块支持创建动态图，使得数据的动态变化能够通过动画直观展现。

例 13.5 使用 Matplotlib 模拟股票的动态走势。

以下代码模拟了股票价格的动态变化，并生成一个随时间更新的动态图。

```
import matplotlib.pyplot as plt
import numpy as np
import matplotlib.animation as animation

plt.rcParams['font.sans-serif'] = ['SimHei']              # 使用黑体显示中文
plt.rcParams['axes.unicode_minus'] = False                # 解决负号显示问题

np.random.seed(42)
stock_price = 100                                         # 初始股票价格
```

② 图形对象的创建：fig,ax = plt.subplots()创建了图形窗口和坐标轴对象。line, = ax.plot(price_data, color='green') 初始化了股票价格曲线的绘制。

③ 动态更新函数 update()：这是动画的核心函数。在每一帧中，该函数更新股票的价格，并将其添加到 price_data 列表中。然后使用 line.set_data()更新图形的 y 数据。为了使图形自适应股票价格的变化，需要动态调整 x 轴和 y 轴的显示范围。

④ 动画的创建：animation.FuncAnimation()函数用于创建动画对象，其中 frames=100 指定动画的总帧数，interval=100 指定每帧之间的时间间隔为 100ms，blit=True 则用于提高动画的渲染效率。

本章小结

Matplotlib 数据可视化的内容如表 13-1 所示。

表 13-1 Matplotlib 数据可视化

类别	方法/属性	说明
Matplotlib 概念与对象	plt.figure()	创建一个新的图形对象(Figure)，用于管理和包含所有绘图内容
	plt.subplots()	创建一个包含多个子图的图形对象，返回 Figure 和 Axes 对象，适合多图布局
	fig.add_subplot()	向已有图形中添加子图，支持指定位置
	Axes	Matplotlib 的主要绘图区域，用于绘制具体的图形
	Figure	表示整个图形，是容纳多个 Axes 的容器
基本绘图	plt.plot()	绘制折线图，支持多个参数控制线型、颜色、标记样式等
	plt.scatter()	绘制散点图，用于展示二维数据的分布
	plt.bar()	绘制垂直条形图，用于显示分类数据
	plt.barh()	绘制水平条形图
	plt.hist()	绘制直方图，用于展示数据的频率分布
	plt.pie()	绘制饼图，适合分类数据的可视化
高级绘图技巧	plt.subplots_adjust()	调整子图间的间距和布局
	fig.add_gridspec()	自定义子图布局，允许更复杂的布局设置
	ax.twinx()	创建共享 X 轴的第二 Y 轴，用于双 Y 轴图
	ax.secondary_yaxis()	添加次坐标 Y 轴，支持不同刻度的双轴图
极坐标图	plt.subplot(projection='polar')	创建极坐标轴，适合极坐标图的绘制
	ax.plot()	在极坐标轴上绘制折线图
	ax.bar()	在极坐标轴上绘制柱状图
热图	plt.imshow()	绘制二维热图(矩阵图像)，支持颜色映射和插值
	plt.pcolor()	绘制带有不规则网格的二维颜色图
	plt.colorbar()	添加颜色条，显示颜色映射的范围
三维绘图	fig.add_subplot(projection='3d')	创建三维坐标轴，适用于三维图形的绘制
	ax.plot_surface()	绘制三维曲面图
	ax.scatter()	绘制三维散点图
	ax.plot_wireframe()	绘制三维线框图

续表

类　　别	方法/属性	说　　明
图形美化	plt. style. use()	应用预设样式(如'ggplot'、'seaborn'等)为图形美化
	plt. colormaps()	显示或设置当前的颜色映射方案(colormap)
	ax. set_facecolor()	设置图形的背景颜色
	plt. grid()	添加网格线,便于参考数据位置
	ax. set_title()	设置子图标题
	ax. set_xlabel()	设置 X 轴标签
	ax. set_ylabel()	设置 Y 轴标签
	ax. set_xlim()	设置 X 轴的范围
	ax. set_ylim()	设置 Y 轴的范围
图例与注释	plt. legend()	添加图例,支持自动配置图例内容或手动指定
	ax. annotate()	添加带箭头的注释,支持自定义位置和样式
	ax. text()	在指定位置添加文本注释,用于标记数据点或说明信息
图形保存与导出	plt. savefig()	保存当前图形到文件中,支持设置文件格式、分辨率和透明度等参数
	fig. savefig()	使用 Figure 对象保存图形,便于自定义文件保存路径和格式
Pandas 数据直接可视化	df. plot()	使用默认的绘图类型生成数据的图表
	df. hist()	生成直方图
	df. boxplot()	生成箱线图
	df. plot. scatter()	生成散点图
应用与分析	plt. boxplot()	绘制箱线图,适用于分布分析
	plt. corrplot()	绘制相关性分析图(Matplotlib 本身不直接支持,需要结合 seaborn 等)
	FuncAnimation (from matplotlib. animation)	用于创建动态和交互式图表

第三部分　项目开发实践

第14章

Python项目开发实践*

通过实践项目将所学的编程知识与技能融会贯通，是提升编程实战能力的重要途径。本章以 Python 项目开发为主题，带领读者完成一个完整的信用卡异常交易检测项目，从项目环境的搭建到数据生成与预处理，从模型训练与评估到用户界面设计与项目打包，涵盖了 Python 项目开发的核心环节。通过这一系统实践，读者不仅能巩固前面章节的理论知识，还能掌握实际开发中解决复杂问题的思路与方法，为今后参与更大规模的项目打下坚实基础。

14.1 Python 项目开发基础

14.1.1 Python 项目的基本概念

在 Python 项目开发中，理解项目的基本概念对于构建高质量的软件至关重要。Python 项目通常由多个文件和模块组成，每个模块实现一个独立的功能或任务。项目的设计应模块化且结构清晰，以便于代码的复用和团队协作。

一个典型的 Python 项目通常包含以下部分。

(1) 源代码文件：存储在专用的目录中(如 src/)，用于实现核心功能。

(2) 依赖描述文件：如 requirements.txt，记录项目所需的第三方库。

(3) 测试代码：用于验证项目功能的正确性。

在实际项目中，代码应尽可能模块化，确保每个模块的功能单一。这样不仅有利于团队协作，还可方便代码调试和更新。同时，采用良好的命名约定和代码风格(如 PEP 8)，使项目代码更加规范和易读。

14.1.2 虚拟环境与依赖管理

虚拟环境是 Python 开发中的重要工具，可以帮助开发者创建一个独立的 Python 环境，用于管理项目的依赖，避免与系统的 Python 版本或其他项目的依赖冲突。可以使用 venv 或 virtualenv 创建虚拟环境。创建虚拟环境后，可以使用 pip 工具来安装和管理项目所需的第三方库，这些依赖通常会被记录在 requirements.txt 文件中，便于项目在不同环境中重现。

在大型项目中，依赖管理尤为重要。通过虚拟环境，开发者可以确保在不同的机器上运行相同的代码而不会出现兼容性问题。建议使用命令 pip freeze > requirements.txt 来生成依赖文件，以便团队成员能够快速搭建开发环境。此外，使用 pipenv 等工具可以进一步简化虚拟环境和依赖管理，使得项目的环境更加一致和可靠。

14.1.3　项目结构的最佳实践

一个良好的项目结构能够提高代码的可维护性和可读性。通常，Python 项目的推荐目录结构如下：

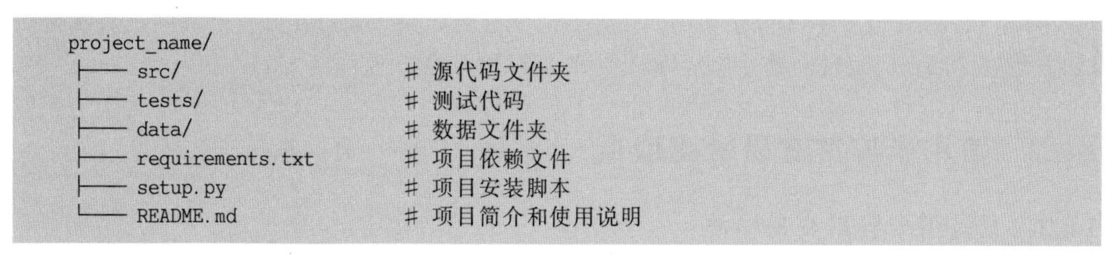

```
project_name/
├── src/                    # 源代码文件夹
├── tests/                  # 测试代码
├── data/                   # 数据文件夹
├── requirements.txt        # 项目依赖文件
├── setup.py                # 项目安装脚本
└── README.md               # 项目简介和使用说明
```

在设计项目结构时，应遵循“关注点分离”的原则，将不同功能的代码放在不同模块中，以提高代码的复用性和维护性。模块的划分应符合逻辑功能，例如将数据处理代码放在一个模块中，模型训练代码放在另一个模块中，确保各模块之间的职责明确。

在大型项目中，可能还会包含诸如 docs/（文档）和 scripts/（脚本工具）等目录，以帮助更好地组织项目。此外，遵循 DRY(Don't Repeat Yourself)原则，尽量避免重复代码，通过封装和复用提高代码的质量和效率。

14.1.4　版本控制与协作开发

在团队项目中，版本控制工具（如 Git）是不可或缺的。它可以帮助团队成员高效管理代码变更，追踪修改历史，协调多个开发者的工作，并在必要时回滚到之前的版本。

(1) Git 的基础功能：Git 是一个分布式版本控制系统，它可以记录代码的每一次修改，包括修改人和时间；支持创建、合并分支，使并行开发更加便捷；以及允许恢复到之前的版本，减少因误操作导致的风险。

(2) Git 分支策略：使用分支策略可以有效地管理团队开发过程。通常，主分支（main/master）用于存放稳定的代码，开发分支（develop）用于集成各成员的功能，而新功能分支（feature）用于开发具体的新特性。每个开发者应在自己的功能分支上工作，完成后合并到开发分支。

(3) 代码审查：在合并代码之前，团队应进行代码审查（Code Review），以确保代码质量、风格一致性以及功能的正确性。

14.1.5　编码规范与文档

编码规范是保证团队代码风格一致的基础，Python 项目通常遵循 PEP 8 编码规范。规范化的代码不仅可以提高可读性，还便于其他开发者理解和维护。

(1) 注释与文档：好的注释可以帮助开发者理解代码的目的和实现细节。函数和类应包含文档字符串（docstring），描述其功能、参数和返回值。使用工具如 Sphinx 生成项目文档，这样可以让整个项目的文档更加系统化和易于维护。

(2) 类型注解：在代码中使用类型注解（Type Hinting）有助于提高代码的可读性和健壮性。类型检查工具如 mypy 可以识别潜在的类型错误，从而减少运行时错误。

14.1.6　测试驱动开发

测试驱动开发（TDD）是一种开发实践，鼓励开发者在编写功能代码之前先编写测试代码。这种方法有助于确保代码的正确性，并帮助开发者明确实现的目标。

(1) 单元测试：单元测试用于测试代码中的最小功能单元（如函数或类）。在编写单元测试时，应考虑各种输入情况，包括正常输入和异常输入。

(2) 集成测试：集成测试用于测试不同模块之间的交互，以确保它们能够正确协同工作。在项目开发过程中，单元测试和集成测试相辅相成，共同保障代码的质量。

使用 unittest 或 pytest 等框架可以快速编写和运行测试。通过在开发过程中不断执行测试，开发者可以及时发现问题并修复，减少后期调试的成本。

14.2 信用卡异常交易检测项目

14.2.1 信用卡异常交易检测

信用卡异常交易检测是金融行业中的重要应用，目的是识别潜在的欺诈行为，保护持卡人的资金安全。随着信用卡支付的广泛使用，欺诈手段愈发复杂多样，利用机器学习技术进行异常交易检测已成为一种重要方法。

异常检测中数据分布的特点是异常交易数量较少，而正常交易数量庞大。这种数据不平衡性对异常检测方法提出了挑战。在异常交易检测中，常见的异常检测方法包括如下几种。

(1) 统计方法：基于历史数据的统计特征，定义正常行为和异常行为。例如，可以通过均值和标准差来确定交易金额的异常阈值。

(2) 基于规则的检测：依赖于预定义规则，例如短时间内的连续大额交易可被视为异常行为。尽管基于规则的方法直观易懂，但面对复杂的欺诈手段时，效果有限。

(3) 机器学习方法：包括监督学习和无监督学习。监督学习需要标记数据，可用于分类正常和异常交易；无监督学习则通过数据分布检测异常点，不需要标记数据。

14.2.2 信用卡异常交易检测项目概述

为了便于读者学习，本章在信用卡异常交易检测项目中避免使用复杂异常检测算法，而是采用一种经典机器学习算法——随机森林（Random Forest），它是一种基于决策树的集成学习方法，通过构建多个决策树并综合其结果来提升模型性能和鲁棒性。随机森林在异常检测中表现优良且实现简单，适合初学者学习和实践。

本项目的目标是开发一个信用卡异常交易检测系统，该系统基于数据科学项目的标准流程，涵盖了从数据获取、清洗、特征提取到模型训练和用户界面实现的完整过程。因此，本项目的主要功能划分如下。

(1) 数据生成：模拟生成交易数据，用于模型训练和测试。

(2) 数据预处理：对原始数据进行清洗、转换和标准化，为模型提供高质量输入。

(3) 特征工程：提取与构造特征，提升模型对异常交易的识别能力。

(4) 模型训练与评估：采用随机森林算法训练模型，并评估其检测异常交易的效果。

(5) 用户交互界面：设计图形用户界面（GUI），允许用户输入交易信息并获得检测结果。

14.3 项目环境与项目文件结构

在开发一个完整的信用卡交易异常检测项目时，良好的项目环境配置与清晰的目录结构是确保代码易于维护和扩展的关键。对于 Python 项目来说，合理配置开发环境并确保所有依赖库的安装，是项目顺利运行的基础。

14.3.1 Python 环境配置与库安装

为了确保项目可以在不同的系统和环境中正常运行，需要创建并管理一个依赖库的列表。常用的方式是通过 requirements.txt 文件记录项目所需的依赖库，并利用该文件来快速配置开发环境。

(1) 创建虚拟环境。

在开发过程中，推荐使用 Python 的虚拟环境来隔离项目的依赖，避免与系统其他 Python 项目的依赖冲突。以下是在 PyCharm 或终端中创建虚拟环境的步骤。

① 创建虚拟环境(在终端或 PyCharm 中)。

```
python -m venv venv
```

② 激活虚拟环境。

在 Windows 上：

```
venv\Scripts\activate
```

在 macOS/Linux 上：

```
source venv/bin/activate
```

③ 验证虚拟环境是否激活。

激活虚拟环境后，终端的提示符应显示虚拟环境的名称，如(venv)。

(2) 安装依赖库。

本项目依赖了多个外部库，如 NumPy、Pandas、Matplotlib 等。在虚拟环境中，通过 requirements.txt 文件可批量安装所有依赖。首先，创建 requirements.txt 文件，并将以下库列入其中：

```
numpy
pandas
matplotlib
seaborn
scikit-learn
tkinter
unittest
scipy
```

接下来，运行以下命令来安装依赖库，代码如下：

```
pip install -r requirements.txt
```

该命令将根据 requirements.txt 中的内容，自动安装所有列出的库。如果在后续开发过程中添加了新的依赖库，可以通过 pip freeze > requirements.txt 更新该文件，保持依赖的最新状态。

(3) 验证安装是否成功。

在安装完成后，可以通过以下命令检查依赖库是否安装成功，代码如下：

```
pip list
```

输出的库列表应包含 requirements.txt 中列出的所有依赖库，确保项目所需的环境配置正确。

14.3.2 项目文件结构

在项目开发中，保持清晰合理的目录结构有助于代码的维护和扩展。本项目采用了模块化的设计，将各功能模块划分到不同的文件夹中。

(1) 项目目录结构。

本项目的目录结构如下：

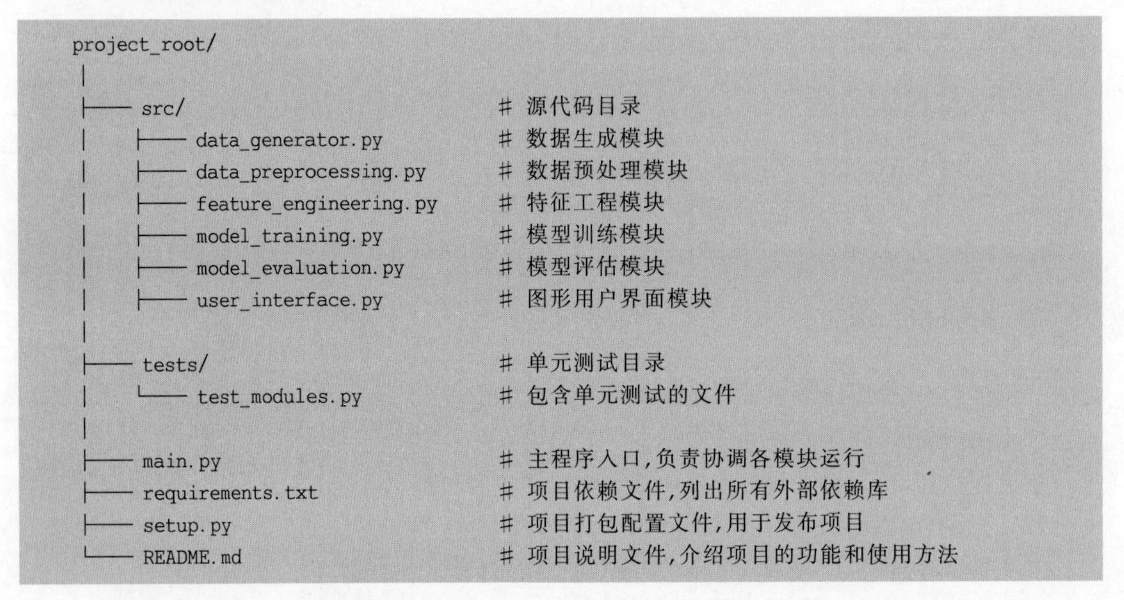

```
project_root/
│
├── src/                          # 源代码目录
│   ├── data_generator.py         # 数据生成模块
│   ├── data_preprocessing.py     # 数据预处理模块
│   ├── feature_engineering.py    # 特征工程模块
│   ├── model_training.py         # 模型训练模块
│   ├── model_evaluation.py       # 模型评估模块
│   ├── user_interface.py         # 图形用户界面模块
│
├── tests/                        # 单元测试目录
│   └── test_modules.py           # 包含单元测试的文件
│
├── main.py                       # 主程序入口,负责协调各模块运行
├── requirements.txt              # 项目依赖文件,列出所有外部依赖库
├── setup.py                      # 项目打包配置文件,用于发布项目
└── README.md                     # 项目说明文件,介绍项目的功能和使用方法
```

(2) 项目文件目录的功能说明。

① src/：该目录存放项目的源代码，按模块划分为多个文件。

- data_generator.py：负责生成模拟的交易数据，包括正常交易和异常交易。
- data_preprocessing.py：实现数据预处理的功能，如数据清洗和特征提取。
- feature_engineering.py：特征工程模块，从原始数据中提取模型训练的特征。
- model_training.py：实现模型的训练功能，使用随机森林模型对交易数据进行训练。
- model_evaluation.py：评估模型的性能，输出查准率、召回率、F1 分数等指标。
- user_interface.py：提供图形用户界面，允许用户通过 GUI 交互方式检测交易数据的异常。

② tests/：该目录包含项目的单元测试文件，使用 unittest 框架对项目的各个模块进行测试。

- test_modules.py：测试项目中各模块的功能是否正确，包括数据生成、预处理、特征提取和模型训练等测试用例。

③ main.py：项目的主入口，负责协调各模块的运行顺序。该文件中集成了数据生成、预处理、特征工程、模型训练、模型评估等步骤，执行时通过调用不同的模块完成信用卡交易异常检测的整体流程。

④ requirements.txt：列出项目运行所需的外部依赖库。

⑤ setup.py：该文件用于打包和发布项目，配置项目的名称、版本、依赖等信息，并定义了程序的入口点，方便用户安装和运行项目。

⑥ README. md：项目的说明文件，提供项目简介、安装指南和使用说明等内容，帮助用户了解项目的功能和使用方法。

14.4　数据生成与理解

信用卡的交易数据一般保存于金融机构的数据库中，出于隐私性考虑，金融机构一般不会发布原始的信用卡交易数据集。因此，本项目将根据信用卡交易特点，实现一个交易数据生成器，模拟生成一批包含大量正常交易数据和极少量的异常交易数据的信用卡交易数据集。

14.4.1　交易数据生成类的初始化

首先，定义一个名为 DataGenerator 的类，用于生成信用卡交易数据。为简化起见，本项目重点考虑两个主要因素判断交易是否异常：交易金额和交易时间。假设两个简单的异常交易判断规则：第一，交易金额越大，越有可能被判定为异常；第二，夜间发生异常交易的概率大于白天。尽管这两个规则与真实场景存在较大差异，但已足以满足本项目的学习目的。

在该类的初始化方法中，设置一些基本参数，如交易样本数量、异常交易占比以及数据文件名等。实现代码如下：

```
class DataGenerator:
    """ 生成交易数据和相关风险分数的类 """
    def __init__(self, num_samples = 5000, anomaly_ratio = 0.02, file_name = '../data/transaction_
data.csv'):
        self.num_samples = num_samples
        self.anomaly_ratio = anomaly_ratio
        self.transaction_data = None
        self.times = None
        self.amounts = None
        self.labels = None
        self.mean_amount = 100
        self.std_dev_amount = 100
        self.mean_hour = 12
        self.std_dev_hour = 6
        self.file_name = file_name
```

在__init__方法中，设置了几个关键参数，用于控制生成的信用卡交易数据的特性，具体说明如下：

num_samples：表示生成交易数据的总数量，默认为 5000 条。该参数决定了整个数据集的规模。

anomaly_ratio：表示异常交易在数据集中所占的比例，默认为 2%。用于控制生成的交易中有多少被标记为异常。

file_name：指定生成的数据保存的文件路径和文件名，默认为 '../data/transaction_data.csv'，用于在执行过程中将生成的交易数据保存为 CSV 文件。

mean_amount 和 std_dev_amount：分别表示交易金额的均值和标准差，默认为 100。这两个参数用于生成符合正态分布的交易金额数据，交易金额会集中在均值附近，但会根据标准差有所波动。

mean_hour 和 std_dev_hour：分别表示交易时间的均值(以 24 小时制表示)和标准差，默认为 12(即中午 12 点)。这些参数用于模拟一天中的交易时间分布,生成的数据会围绕均值时间进行波动。

此外,transaction_data、times、amounts 和 labels 是生成数据后的属性,用于存储交易记录、交易时间、交易金额以及是否为异常的标签。

14.4.2 生成交易数据

接下来实现了一个生成交易数据的方法 generate_transaction_data(),该方法生成的每笔交易包括三个字段:交易标识 TransactionID、交易金额 Amount 和交易时间 Time。

```
def generate_transaction_data(self):
    """ 生成交易数据并计算风险分数 """
    np.random.seed(42)

    # 生成交易数据 - 使用正态分布表示交易金额
    transaction_data = {
        'TransactionID': np.arange(1, self.num_samples + 1),
        'Amount': np.round(np.random.normal(self.mean_amount, self.std_dev_amount, self.num_
samples).clip(min=0), 2),
        'Time': [
            (datetime.datetime(2025, 1, 1) + datetime.timedelta(seconds=int(x))).strftime("%Y-
%m-%d %H:%M:%S")
            for x in np.random.randint(0, 86400, self.num_samples)
        ],
    }
```

上述代码中,使用 numpy.random.normal()生成服从正态分布的交易金额数据。mean_amount 和 std_dev_amount 用于控制交易金额的分布范围,而 clip()方法确保交易金额不为负数。交易时间则是从一天(86400 秒)中随机生成的时间点,并将其格式化为日期时间字符串。

14.4.3 标记异常交易

1. 计算交易分数

从交易数据中提取与异常交易判断相关的两个关键变量:交易金额和交易时间(按小时计算)。基于这些变量,分别计算交易金额和时间的风险分数,并将二者相乘得到每笔交易的最终风险分数。通过这样的处理,能够更好地量化交易的异常风险,实现代码如下:

```
# 提取交易金额和交易时间(以小时为单位)
self.amounts = transaction_data['Amount']
self.times = [datetime.datetime.strptime(t, "%Y-%m-%d %H:%M:%S").hour + datetime.
datetime.strptime(t, "%Y-%m-%d %H:%M:%S").minute / 60 for t in transaction_data['Time']]

# 计算交易金额风险分数和时间风险分数
amount_risk_scores = self.calculate_amount_risk_scores(self.amounts)
time_risk_scores = self.calculate_time_risk_scores(self.times)

# 计算最终的风险分数,将时间风险分数和金额风险分数相乘
final_risk_scores_normalized = [
    amount_risk * time_risk for amount_risk, time_risk in zip(amount_risk_scores, time_risk_scores)
]
```

上述代码首先从 transaction_data 中提取每笔交易的金额,并将交易时间转换为小时和分钟的浮点数表示,方便后续的时间分数计算。接着,通过调用 calculate_amount_risk_scores()和 calculate_time_risk_scores()方法,分别计算每笔交易的金额和时间的风险分数。最后,将每笔交易的金额风险分数和时间风险分数相乘,生成最终的综合风险分数。这个最终风险分数结合了交易金额和交易时间两个关键因素,用于评估每笔交易的异常风险。

2. 标记高风险交易

根据这些交易样本的最终风险分数对其进行标签标注。具体来说,选择风险最高的前 num_samples * anomaly_ratio 个交易标记为异常交易(即 label=1),其余交易标记为正常交易(即 label=0)。实现代码如下:

```
# 标记异常样本 - 风险分数最高的那部分交易(按 anomaly_ratio 计算)视为异常
num_anomalies_target = int(self.num_samples * self.anomaly_ratio)
anomaly_indices = np.argsort(final_risk_scores_normalized)[ - num_anomalies_target:]
                                                            # 得分最高的样本索引

# 添加标签,初始化为正常 (0)
self.labels = [0] * self.num_samples
for idx in anomaly_indices:
    self.labels[idx] = 1                                    # 标记异常
transaction_data['Label'] = self.labels
```

在上述代码中,首先根据 num_samples 和 anomaly_ratio 计算出需要标记为异常的交易数量 num_anomalies_target。然后,通过 np.argsort 对所有交易的风险分数进行排序,并选取风险分数最高的交易索引 anomaly_indices,这些交易将被标记为异常。接着,初始化所有交易的标签为正常(0),并将高风险交易对应的标签改为异常(1)。最后,将这些标签添加到 transaction_data 数据集中,为每个交易样本打上相应的标签,用于区分正常交易和异常交易。

3. 保存标记后的数据

在生成并标记了交易数据的异常与正常状态后,需要将这些数据保存到指定的文件中,以便后续的模型训练使用。

```
# 将生成的交易数据写入文件
self.transaction_data = pd.DataFrame(transaction_data)
try:
    self.transaction_data.to_csv(self.file_name, index = False)
except FileNotFoundError:
    print(f"文件 {self.file_name} 未找到。")
    return pd.DataFrame()
return self.transaction_data
```

上述代码首先将生成的交易数据转换为一个 Pandas DataFrame 对象。于是使用 to_csv 方法将 DataFrame 写入指定的文件中,文件路径由 file_name 参数确定。如果在保存过程中出现文件路径不存在的情况,会捕获 FileNotFoundError 异常,并输出一条错误信息,提醒用户文件路径未找到。同时,程序返回一个空的 DataFrame 作为错误处理的一部分。若文件保存成功,则返回包含生成交易数据的 DataFrame,用于后续处理或验证。

14.4.4 计算金额和时间的风险分数

在 14.4.3 节中，通过调用方法 calculate_amount_risk_scores()和 calculate_time_risk_scores()分别计算交易金额和交易时间的风险分数，本节将重点讨论这两个方法的实现。

1. 计算金额的风险分数

计算金额的风险分数时，需要遵循第一原则，即交易金额越大，异常风险的分数越高。可以使用正态分布的概率密度函数(PDF)来评估每笔交易金额的风险分数。交易金额越偏离均值，风险分数就越高，实现代码如下：

```
def calculate_amount_risk_scores(self, amounts):
    """ 计算交易金额的风险分数 """
    pdf_values = norm.pdf(amounts, self.mean_amount, self.std_dev_amount)
    amount_risk_scores = 1 / (pdf_values + 1e-5)
    scaler_amount = MinMaxScaler()
    amount_risk_scores_normalized = scaler_amount.fit_transform(
        np.array(amount_risk_scores).reshape(-1, 1)).flatten()
    return amount_risk_scores_normalized
```

在上述代码中，为了避免极端值，加上了一个很小的数值 1e-5，以防止分数过大。然后使用 MinMaxScaler 对风险分数进行归一化处理，将其值控制在 0～1。

2. 计算时间的风险分数

计算交易时间的风险分数时，需要遵从第二原则，即夜间的交易更有可能是异常交易。因此，假设交易时间服从一个以中午 12 点为中心的正态分布。交易时间越远离中午 12 点，风险分数越高。这是因为异常交易通常发生在非典型的时间段，如深夜。

在具体实现中，使用了高斯函数(即正态分布的概率密度函数)来评估每个交易时间的风险分数。与金额风险分数的计算类似，交易时间越偏离均值，风险分数越高。实现代码如下：

```
def calculate_time_risk_scores(self, times):
    """ 计算交易时间的风险分数 """
    time_risk_scores = [1 / (np.exp(-((hour - self.mean_hour) ** 2) / (2 * (self.std_dev_
hour ** 2))) + 1e-5) for hour in times]
    scaler_time = MinMaxScaler()
    time_risk_scores_normalized = scaler_time.fit_transform(np.array(time_risk_scores).
reshape(-1, 1)).flatten()
    return time_risk_scores_normalized
```

在这个函数中，每个交易时间的风险分数是根据时间离均值(中午 12 点)的距离计算。离均值越远的交易时间被认为越异常，因此风险分数越高。为了避免分母为 0，在公式中加入了一个很小的值 1e-5，防止分数变得过大。同时，对生成的风险分数使用 MinMaxScaler 进行归一化处理，将分数范围限定在 0～1。

14.4.5 数据的可视化

为了评估交易金额和交易时间风险分数计算的合理性，一个简单且直观的方法是对这些风险分数进行可视化，通过图表观察来检验这些计算方法的有效性。因此，需要绘制关于这两类风险的图形。基于此，最终还可以通过可视化展示生成的交易数据集中正常和异常样本的分布情况，以进一步验证结果的合理性。

1. 交易金额与其风险分关系图

通过可视化方式展示交易金额与其对应的风险分数之间的关系，可直观地观察交易金额对风险评估的影响，理解交易金额在异常交易判断中的重要性。

```
def plot_amount_risk(self):
    """ 绘制交易金额与其对应的风险分数图 """
    amount_risk_scores = self.calculate_amount_risk_scores(self.amounts)
    plt.figure(figsize=(10, 6))
    plt.scatter(self.amounts, amount_risk_scores, color='orange', alpha=0.5)
    plt.xlabel('交易金额')
    plt.ylabel('金额风险分数')
    plt.title('交易金额与风险分数的关系')
    plt.grid(True)
    plt.show()
```

该方法首先通过 calculate_amount_risk_scores()方法计算每笔交易金额的风险分数。然后使用 Matplotlib 绘制一个散点图，将交易金额与对应的风险分数进行可视化。plt.scatter()函数用于生成散点图，xlabel 和 ylabel 分别设置 x 轴和 y 轴的标签为"交易金额"和"金额风险分数"。图的标题设置为"交易金额与风险分数的关系"，为提高可读性，为图形设置了网格线，最后通过 plt.show()函数显示绘制的图形。

运行结果如图 14-1 所示。

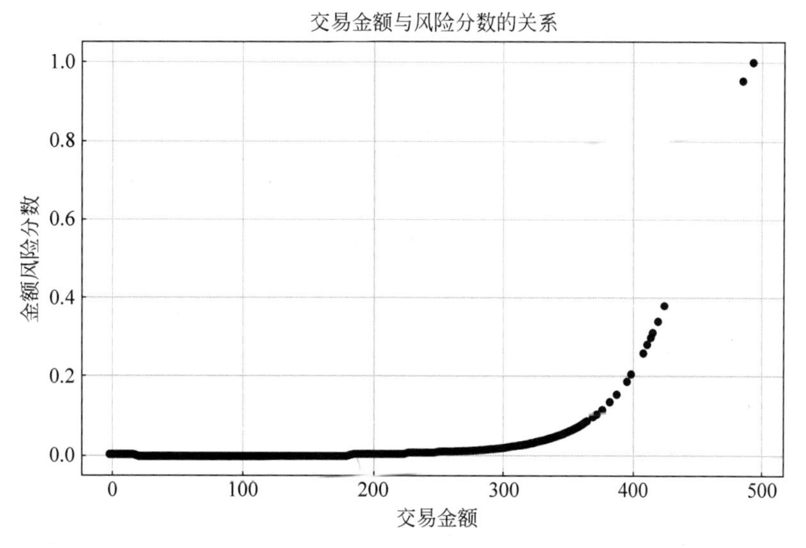

图 14-1　交易金额与风险分数的关系

从图 14-1 可以看出，当交易金额在 300 元以下时，其风险很小，之后随着金额的增加，金额风险分数呈指数型增长，直观上满足前文假设的交易金额风险规则。

2. 交易时间与其风险分关系图

通过可视化展示交易时间与其对应的风险分数之间的关系，可以直观地了解交易发生的时间如何影响其被判断为异常的可能性，特别是夜间交易与风险的关联性，实现代码如下：

```
def plot_time_risk(self):
    """ 绘制交易时间与其对应的风险分数图 """
    time_risk_scores = self.calculate_time_risk_scores(self.times)
    plt.figure(figsize=(10, 6))
    plt.scatter(self.times, time_risk_scores, color='green', alpha=0.5)
    plt.xlabel('交易时间 (小时)')
    plt.ylabel('时间风险分数')
    plt.title('交易时间与风险分数的关系')
    plt.grid(True)
    plt.show()
```

上述方法首先通过 calculate_time_risk_scores()方法计算每个交易时间的风险分数。接着，使用 Matplotlib 中的 plt.scatter()方法绘制散点图，显示交易时间与其风险分数的对应关系。times 列表表示交易发生的时间(以小时为单位)，time_risk_scores 则是计算得到的时间风险分数。

运行结果如图 14-2 所示。

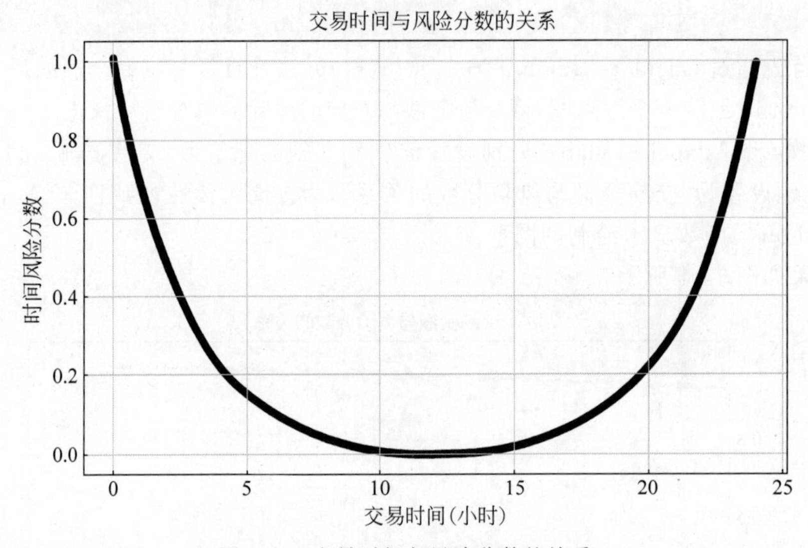

图 14-2　交易时间与风险分数的关系

从图 14-2 可以看出，白天的交易风险很小，夜间的交易风险急剧增大，特别是在凌晨交易风险最大，直观上满足前文假设的交易时间风险规则。

3. 交易数据集中正常与异常样本分布图

通过绘制交易金额与时间的散点图，并用不同颜色区分正常交易与异常交易。这样的可视化可以更直观地理解交易数据中正常与异常交易的分布情况，尤其是在时间和金额两个维度上如何区分出异常交易。实现代码如下：

```
def plot_normal_anomaly_transactions(self):
    """ 绘制交易金额与时间的散点图，标识正常和异常样本 """
    plt.figure(figsize=(10, 6))
    normal_samples = [i for i, label in enumerate(self.labels) if label == 0]
    anomaly_samples = [i for i, label in enumerate(self.labels) if label == 1]
    plt.scatter(np.array(self.times)[normal_samples], np.array(self.amounts)[normal_samples],
color='blue', alpha=0.5, label='正常样本(蓝色)')
```

```
    plt.scatter(np.array(self.times)[anomaly_samples], np.array(self.amounts)[anomaly_samples], color='red', alpha=0.5, label='异常样本(红色)')
    plt.xlabel('交易时间 (小时)')
    plt.ylabel('交易金额')
    plt.title('交易金额与时间的散点图(标识异常)')
    plt.legend()
    plt.show()
```

上述方法首先生成一个空白的图表,并通过列表推导式将所有标签为正常(label==0)的样本和异常(label==1)的样本索引提取出来。接着,使用 plt.scatter()方法绘制两组散点图,分别代表正常交易(用蓝色标记)和异常交易(用红色标记)。x 轴表示交易时间(小时),y 轴表示交易金额。函数最后通过添加图例和标题标识正常与异常样本的区分,并调用 plt.show()函数显示图形。

运行程序,显示界面如图 14-3 所示。

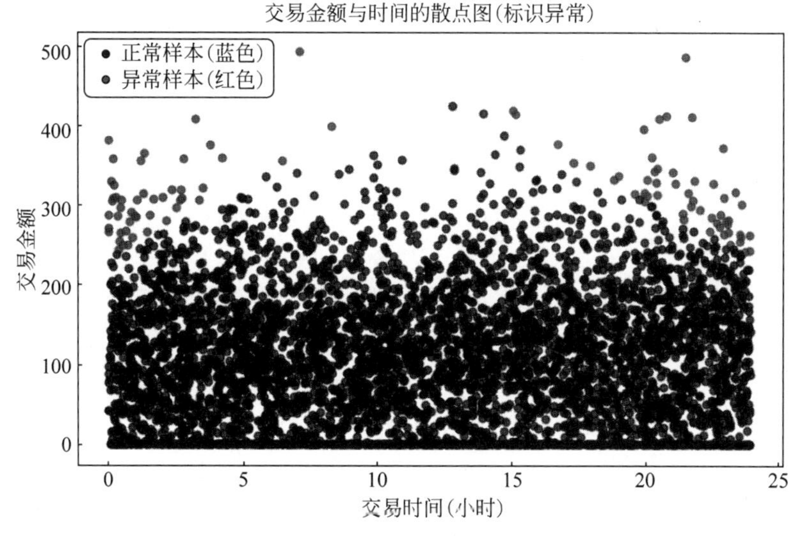

图 14-3 正常样本和异常样本在交易数据集中的分布

从图 14-3 可以看出,交易时间与交易金额的分布特点十分明显。蓝色散点代表正常交易,红色散点代表异常交易。正常交易(蓝色)大多分布在全天各个时间段,且金额较为分散,集中在 0~200 的范围内。相较之下,异常交易(红色)主要集中在夜间时段(尤其是接近 20 时之后),且交易金额相对较大,通常高于 200。这与之前设定的规则相符:金额越大,风险越高,夜间交易发生异常的可能性大于白天。

4. 执行可视化部分的示例

为了生成上述数据集并绘制图形,需要在 DataGenerator 类外部调用相关代码,执行 DataGenerator 类中的方法并进行测试,实现代码如下:

```
generator = DataGenerator()
df = generator.generate_transaction_data()

# 绘制图形
generator.plot_amount_risk()
generator.plot_time_risk()
generator.plot_normal_anomaly_transactions()
```

14.5 数据预处理

数据预处理是机器学习模型开发中重要的一步，它直接影响模型的表现与精度。原始数据通常包含各种噪声、缺失值或格式不一致的问题，因此，进行数据预处理的目标是尽可能解决这些问题，确保模型能够从数据中有效地学习并做出准确的预测。本节将详细介绍数据预处理的基本原则、具体实现步骤，以及数据标准化与编码。

14.5.1 数据清洗的基本原则

数据清洗是数据预处理中的重要步骤，主要目的是修正或删除数据中的噪声和不正确的记录。清洗过程有以下五个基本原则。

(1) 一致性：确保数据格式一致。例如，时间数据可能需要统一格式，分类数据应当确保统一命名。

(2) 完整性：处理缺失值是数据清洗的核心步骤。常见的处理方法包括删除缺失数据、用均值或中位数填补缺失值等。

(3) 准确性：数据清洗时应检测异常数据。例如，交易金额不应该为负值，时间戳应该在合理范围内。

(4) 冗余性：有时数据集中可能存在重复记录，需要清理这些重复项以避免模型训练时的偏差。

(5) 相关性：只保留与目标任务密切相关的特征，删除冗余的、无用的特征可以减少噪声和训练时间。

在本项目的交易数据集中，数据清洗的重点包括时间特征的提取和无用列的删除。时间数据被转化为小时，并删除原始时间列，以便在模型训练中使用。

14.5.2 实现数据预处理

数据预处理的具体实现往往结合项目的具体需求。在本项目中，信用卡交易数据需要通过加载、时间特征的提取以及数据集的划分等步骤进行处理。下面将结合 data_preprocessing.py 文件的代码，详细介绍数据预处理的每个步骤。

1. 数据加载与类初始化

在数据处理流程中，首先需要从存储介质中加载数据集。在这个过程中，除了要正确读取文件外，还需要处理文件路径不存在的异常情况。为此，通过 DataPreprocessor 类进行文件的加载和预处理，实现代码如下：

```
import pandas as pd
from sklearn.model_selection import train_test_split

class DataPreprocessor:
    """加载并预处理交易数据的类"""
    def __init__(self, file_name = '../data/transaction_data.csv'):
        self.file_name = file_name
```

在上述代码段中，定义了一个 DataPreprocessor 类。__init__()方法中的 file_name 参数指定了默认的数据文件路径，与数据生成类 DataGenerator 保存数据集的文件路径相同。

2. 数据清洗与预处理

加载完数据后,对原始数据进行清洗和处理。在本项目中,原始交易数据的时间特征存储了完整的时间戳格式,为了后续训练模型,将其转换为以小时为单位的特征,并删除原始的时间列。实现代码如下:

```
def load_and_preprocess_data(self):
    """加载并预处理数据"""
    try:
        df = pd.read_csv(self.file_name)
    except FileNotFoundError:
        print(f"文件 {self.file_name} 未找到。")
        return pd.DataFrame()
    # 提取时间特征,转换为小时为单位
    df['Hour'] = pd.to_datetime(df['Time']).dt.hour + pd.to_datetime(df['Time']).dt.minute / 60
    df = df.drop(columns = ['Time'])
    return df
```

上述代码段首先加载指定的 CSV 文件。如果文件不存在,程序捕获 FileNotFoundError 异常并返回一个空的 DataFrame。如果文件成功加载,提取时间特征,将交易时间转换为小时并删除 Time 列,以减少数据的冗余性。该步骤确保了时间特征的标准化。

3. 数据集拆分

在机器学习任务中,一般将数据集划分为训练集和测试集。使用训练集训练模型,使用测试集评估模型性能。通过 train_test_split()函数将数据划分为训练集和测试集,实现代码如下:

```
@staticmethod
def split_data(df, test_size = 0.2):
    """拆分数据为训练集和测试集"""
    features = df.drop(columns = ['Label'])
    labels = df['Label']
    X_train, X_test, y_train, y_test = train_test_split(features, labels, test_size = test_size,
random_state = 42)
    return X_train, X_test, y_train, y_test
```

在上述方法中,首先将数据集划分为特征部分(即所有除 Label 列以外的列)和标签部分(Label 列)。Label 列用于标记交易是否异常。然后通过 train_test_split()函数将数据集按 8∶2 的比例划分为训练集和测试集,random_state 设定一个特定数值(例如 42),确保了数据划分的可重复性,以便在多次运行时能够获得一致的结果。

此外值得注意的是,这个方法被定义为@staticmethod,这意味着该方法与类的实例无关,直接通过类本身调用即可。也就是说,在调用 split_data()方法时,不需要实例化 DataPreprocessor 类,而是可以直接通过类名调用,例如 DataPreprocessor. split_data(df)。这种方式适用于那些不依赖于类的实例变量的方法,使代码更加简洁和高效。

14.5.3　数据标准化与编码

1. 数据标准化

在实际的数据集中,不同特征往往有不同的量级。例如,交易金额可能是几百元,而时间是以小时为单位。这种差异在模型训练过程中会导致某些特征对模型的影响过大,因此需要对数据进行标准化。标准化是将不同特征缩放到相同范围,使模型能够均衡地处理各个特征。

标准化的常见方法有如下两种。

(1) Min-Max 标准化:将数据缩放到[0,1]上,适用于数据范围已知且没有极端值的情况。这类方法在本项目的数据生成类 DataGenerator 中使用。

(2) Z-Score 标准化:将数据按其均值中心化,并按标准差缩放,使数据呈标准正态分布。这类方法在本项目的特征提取类 FeatureEngineer 中使用。

2. 数据编码

在交易数据中,可能存在一些分类变量(如用户类型、交易类别等)。为了让机器学习模型能够处理这些非数值特征,需要将它们转换为数值型编码。常见的编码方法包括如下两种。

(1) One-Hot 编码:将分类特征转换为独热向量,每个分类值对应一个二进制列。

(2) Label 编码:将分类特征转换为整数编码,适用于有序分类的情况。

通过标准化和编码,可提升模型学习效率,平衡不同特征的权重,提高模型的预测性能。

14.6 特征工程

14.6.1 特征工程的概念

特征工程是指从原始数据中提取出对机器学习模型有用特征的过程。原始数据通常包含噪声、冗余特征或不直接反映目标任务的特征,而通过特征工程,可以构造出可能更加有效的特征,使得模型在训练时能够更快收敛并提升预测性能。

异常检测的目标是识别出那些与大多数数据不符的少数异常点,因此,构造出能够放大异常行为的特征非常关键。例如,交易金额的异常行为可能通过构造与交易时间相关的特征或交易金额的标准化特征来更清晰地反映。

14.6.2 特征提取与构造

特征提取是从已有数据中提取出具有代表性的信息,而特征构造则是通过转换或组合已有特征生成新的、更有意义的特征。在异常检测中,特征提取与构造能够帮助识别出数据中的潜在模式或异常。

设计 FeatureEngineer 类来完成交易数据的特征工程。实现代码如下:

```
class FeatureEngineer:
    """特征工程的类"""
    def __init__(self, df):
        self.df = df

    def feature_engineering(self):
        """进行特征工程"""
        # 提取交易金额的 Z - score
        self.df['Amount_zscore'] = (self.df['Amount'] - self.df['Amount'].mean()) / self.df['Amount'].std()
        return self.df
```

在 FeatureEngineer 类的初始化方法__init__()中,将交易数据 df 加载到类的实例中。在 feature_engineering 方法中,通过计算 Z-score 来对交易金额进行标准化处理。

Z-score是标准化常用的技术之一，它将原始数据转换为基于标准差的无量纲数据。Z-score的计算公式如下：

$$Z\text{-score}=\frac{\text{Amount}-\mu}{\sigma}$$

其中，μ 为交易金额的均值，σ 为交易金额的标准差。通过 Z-score，可以将不同量级的交易金额统一到一个标准范围内，方便模型处理交易金额较大的异常点。该方法返回一个带有新特征 Amount_zscore 的 DataFrame，供模型后续训练使用。

14.6.3 常见的特征选择方法

特征选择的目的是从众多特征中选出对模型预测有明显帮助的特征，同时减少冗余特征和噪声特征，以提高模型的泛化能力和训练速度。

常见的特征选择方法包括如下几种。

(1) 过滤法(Filter Method)：过滤法是一种基于统计指标的特征选择方法。它在特征与目标变量之间计算某些统计量(如方差、互信息等)，并根据得分进行排序，选择得分最高的特征。常用的过滤法包括以下两种。

① 方差阈值：移除方差低于设定阈值的特征，通常这些特征包含的有用信息较少。

② 皮尔逊相关系数：通过计算特征与目标变量的线性相关性，选择与目标最相关的特征。

(2) 包裹法(Wrapper Method)：包裹法是通过训练模型并使用模型性能作为特征选择标准的一种方法。它尝试不同的特征组合，选择能让模型性能最优的特征集。常用的方法包括递归特征消除(RFE)，通过迭代地移除最不重要的特征，最终得到最佳特征组合。

(3) 嵌入法(Embedded Method)：嵌入法是将特征选择与模型训练结合起来的技术。常见的嵌入法有基于正则化的模型，如 LASSO 回归和决策树模型。在这些模型中，特征选择是通过惩罚项或模型权重自动完成的。例如，LASSO 回归会自动将不重要的特征权重缩减为零，从而完成特征选择。

14.7 模型选择与训练

选择合适的模型并对其进行有效的训练，能够显著提升模型的性能。本节将介绍监督学习与无监督学习模型，探讨如何选择合适的模型用于异常检测，并详细说明模型训练的具体实现过程。

14.7.1 监督学习与无监督学习模型

在机器学习中，模型的选择通常依据任务的性质进行。异常检测任务可以通过监督学习和无监督学习两种方式实现。

1. 监督学习

监督学习模型是在有标签的数据集上训练的，数据集中每条样本都包含特征与对应的目标标签。对于异常检测来说，监督学习需要预先标注异常和正常样本。常见的监督学习模型包括如下三种。

(1) 随机森林：基于决策树的集成方法，通过构建多个树并综合其结果来进行分类，具有很强的抗过拟合能力。

(2) 支持向量机(SVM)：通过寻找最大化分类边界的超平面来区分正常与异常样本。

(3) 神经网络：通过多层非线性映射处理复杂数据，适用于具有复杂特征的异常检测任务。

2. 无监督学习

无监督学习模型则适用于没有标注数据的场景。在异常检测中，无监督模型通过找出数据中的模式或聚类来识别异常。常见的无监督学习模型包括：

(1) K-means 聚类：通过将数据聚类到多个簇中，检测那些远离簇中心的样本作为异常。

(2) 孤立森林：专门用于异常检测的模型，通过构建随机树，检测被孤立的样本。

(3) 主成分分析(PCA)：通过降低数据维度，识别那些在降维过程中表现异常的样本。

14.7.2 模型选择

选择合适的模型进行异常检测时，需根据数据的性质和任务需求进行判断。如果有足够的标注数据，监督学习模型通常有较好的性能和准确性；但在标注数据有限甚至不存在时，无监督学习模型则更为适用。针对于本项目的交易数据集，本可以选择多种监督式学习算法和非监督式学习算法，进行训练和评测。为了易于初学者理解，这里仅采用一种经典的随机森林模型。

决策树是机器学习中的一种模型，模拟人类决策过程。决策树根据特征的不同值来构建一棵树，树中的每个节点表示一个特征的判断条件，每个叶子节点表示分类结果。在训练过程中，决策树通过不断分裂数据，最终达到将数据分割成不同类别的目标。虽然决策树的解释性非常好，但单棵决策树容易过拟合训练数据，导致在测试数据上的泛化能力不足。为此，随机森林通过结合多棵决策树的结果来解决单棵决策树的不足。其基本思想是“集成多个弱分类器，构建一个强分类器”。在随机森林中，模型会生成大量的决策树，每棵树独立进行训练，并通过投票或平均的方法来综合各个树的预测结果。

14.7.3 模型训练

在机器学习中，模型训练是一个核心步骤，通过输入特征数据及其对应的标签数据，让模型学习到特征与目标值之间的映射关系。训练过程是让模型根据已知的训练数据，调整内部参数，以便能够对未知的数据做出准确的预测。

为了进行模型训练，在 model_training.py 文件中定义了 ModelTrainer 类，用于实现模型的训练过程，实现代码如下：

```
from sklearn.ensemble import RandomForestClassifier

class ModelTrainer:
    """用于培训模型的类"""
    def __init__(self, features, labels):
        self.features = features
        self.labels = labels

    def train_random_forest_model(self, n_estimators = 100):
        """训练随机森林模型"""
        # 创建随机森林分类器并训练模型
        model = RandomForestClassifier(n_estimators = n_estimators, random_state = 42)
        model.fit(self.features, self.labels)
        return model
```

上述代码中，ModelTrainer 类的主要任务是将特征和标签数据传入并训练随机森林模型。在初始化方法__init__()中，传入了 features(特征)和 labels(标签)，这些数据将用于模型的训练。features 是交易数据中的各个特征，而 labels 则标记了每笔交易是正常还是异常。train_random_forest_model()方法是实现模型训练的核心。这里使用了随机森林模型 RandomForestClassifier，并设置了 n_estimators=100，即构建 100 棵决策树，random_state=42 保证了随机过程的可重复性。调用 fit()方法将特征和标签数据输入模型，进行模型的训练。该方法返回训练好的随机森林模型，可用于后续的预测或评估。

14.8　模型评估

模型评估是判断模型的性能，了解模型在实际数据上的表现。本节将介绍模型评估中常用的性能指标，并展示实现这些评估以及可视化评估结果。

14.8.1　混淆矩阵

混淆矩阵(Confusion Matrix)是分类模型评估中常用的工具，它以矩阵形式展示模型的预测结果与实际标签的对应关系，适合于分类问题。在异常检测任务中，混淆矩阵能够清晰地展示模型在检测正常样本与异常样本时的表现。

混淆矩阵通常是一个 2×2 的表格，其中每个格子代表不同的预测与实际的结果组合。对于二分类问题(如正常与异常检测)，混淆矩阵的各部分定义如表 14-1 所示。

表 14-1　混淆矩阵

	实际为正例(异常)	实际为负例(正常)
预测为正例(异常)	真正例(TP)	假正例(FP)
预测为负例(正常)	假负例(FN)	真负例(TN)

(1) 真正例(True Positive，TP)：模型正确地将实际为异常的样本预测为异常。

(2) 假正例(False Positive，FP)：模型错误地将实际为正常的样本预测为异常，即"误报"。

(3) 假负例(False Negative，FN)：模型错误地将实际为异常的样本预测为正常，即"漏检"。

(4) 真负例(True Negative，TN)：模型正确地将实际为正常的样本预测为正常。

通过混淆矩阵，可以很直观地看到模型的四种不同预测结果，并以此计算其他性能指标，例如准确率、查准率、召回率等。

14.8.2　评估模型性能的指标

在评估分类模型时，通常会使用一系列标准的评估指标来衡量模型的性能。下面介绍几种常见的指标，这些指标可以有效衡量模型在处理不同类别时的表现。

1. 准确率

准确率(Accuracy)是最常用的指标之一，它衡量模型预测正确的样本所占的比例。计算公式如下：

$$\text{Accuracy}=\frac{\text{TP}+\text{TN}}{\text{TP}+\text{TN}+\text{FP}+\text{FN}}$$

2. 召回率

召回率(Recall，又称查全率)衡量的是模型对实际异常样本的识别能力，反映了有多少异常样本被正确分类为异常。计算公式为：

$$\text{Recall}=\frac{\text{TP}}{\text{TP}+\text{FN}}$$

召回率越高，说明模型对异常样本的漏检率越低。

3. 查准率

查准率(Precision)则衡量模型预测为异常的样本中，有多少是真正的异常样本。计算公式为：

$$\text{Precision}=\frac{\text{TP}}{\text{TP}+\text{FP}}$$

查准率越高，说明模型对异常样本的误报率越低。

4. F1 分数

F1 分数(F1 Score)是查准率和召回率的调和平均数，综合了两者的表现。当希望平衡模型对查准率和召回率的关注时，F1 分数是一个良好的指标。计算公式为：

$$\text{F1}=2\times\frac{\text{Precision}\times\text{Recall}}{\text{Precision}+\text{Recall}}$$

F1 分数能够综合考虑模型对正负样本的识别能力，特别适合用于不平衡数据集的评估。

14.8.3 实现模型评估

在实际操作中，模型评估可以通过多种方式实现，常见的方法包括计算混淆矩阵和生成分类报告。在本项目中，使用 ModelEvaluator 类对模型进行评估，并输出混淆矩阵和分类报告，实现代码如下：

```
import matplotlib.pyplot as plt
from sklearn.metrics import classification_report, confusion_matrix

class ModelEvaluator:
    """模型评估的类"""
    def __init__(self, model, features, labels):
        self.model = model
        self.features = features
        self.labels = labels
        self.predictions = None

    def evaluate_model(self):
        """评估模型"""
        # 使用训练好的模型预测
        self.predictions = self.model.predict(self.features)

        # 输出混淆矩阵和分类报告
        print("Confusion Matrix:")
        print(confusion_matrix(self.labels, self.predictions))
        print("Classification Report:")
        print(classification_report(self.labels, self.predictions, zero_division=1))
```

上述代码中，evaluate_model 方法用于评估模型的性能。它通过调用训练好的模型的

predict()方法，根据输入的特征数据生成预测结果。然后使用 confusion_matrix 生成混淆矩阵，并通过 classification_report 输出包括查准率、召回率、F1 分数等在内的分类报告。这些指标全面反映了模型在检测异常和正常样本时的表现。

运行结果如下：

```
Confusion Matrix:
[[982   0]
 [  4  14]]
Classification Report:
              precision    recall  f1-score   support

           0       1.00      1.00      1.00       982
           1       1.00      0.78      0.88        18

    accuracy                           1.00      1000
   macro avg       1.00      0.89      0.94      1000
weighted avg       1.00      1.00      1.00      1000
```

对输出结果解读如下。

(1) 混淆矩阵。

① 左上角(982)：表示模型正确地将 982 个实际正常的交易样本(即负例)预测为正常。

② 右上角(0)：表示没有将任何实际正常的交易样本误报为异常，假正例(FP)为 0。

③ 左下角(4)：表示有 4 个实际异常的交易样本被错误分类为正常，即假负例(FN)。

④ 右下角(14)：表示有 14 个实际异常的交易样本被正确识别为异常，真正例(TP)为 14。

从异常检测的角度，假负例(FN=4)是一个值得关注的问题，因为这表示有 4 个异常交易未能被检测到，可能会带来潜在风险。

(2) 分析报告。

① 正常交易(类别 0)的性能如下所述。

查准率(Precision)：1.00，表示所有被预测为正常交易的样本中，实际都是正常的，即没有误报正常交易为异常的情况。

召回率(Recall)：1.00，表示所有实际正常的交易都被模型正确预测为正常。

F1 分数：1.00，查准率和召回率的调和平均值。

② 异常交易(类别 1)的性能：在异常检测任务中，该类别的查准率和召回率是关注的重点：

查准率(Precision)：1.00，表示所有被预测为异常交易的样本中，全部都是实际异常的样本，即没有误报。

召回率(Recall)：0.78，这是一个关键指标，表示在所有实际异常交易中，模型正确识别了 78%的异常样本，有 22%的异常交易没有被检测出来。

F1 分数：0.88，查准率和召回率的综合评分，表明在异常检测方面，模型表现较好，但还存在漏报问题。

14.8.4 模型评估的可视化

通过可视化，可以更加直观地了解模型对不同类别样本的预测结果。可以通过散点图展示交易时间与金额的分布，分别标记了真实正常样本、真实异常样本以及模型预测的异常样本。

```
    def plot_evaluation_results(self):
        """绘制模型评估结果"""
        try:
            if self.predictions is None:
                raise ValueError("模型尚未评估,请先运行 evaluate_model() 方法。")

            # 设置字体为支持中文的字体,例如 SimHei
            rcParams['font.sans-serif'] = ['SimHei']
            rcParams['axes.unicode_minus'] = False

            # 绘制验证结果
            plt.figure(figsize=(12, 8))
            # 用蓝色小点表示真正正常的样本
            true_normal_indices = [i for i, label in enumerate(self.labels) if label == 0]
            plt.scatter(self.features['Hour'].iloc[true_normal_indices],
                        self.features['Amount'].iloc[true_normal_indices], c='blue', label='真正正常样本')
            # 用红色小点表示真正异常的样本
            true_anomaly_indices = [i for i, label in enumerate(self.labels) if label == 1]
            plt.scatter(self.features['Hour'].iloc[true_anomaly_indices],
    self.features['Amount'].iloc[true_anomaly_indices], c='red', label='真正异常样本')
            # 用红色方形表示预测为异常的样本
            predicted_anomaly_indices = [i for i, pred in enumerate(self.predictions) if pred == 1]
            plt.scatter(self.features['Hour'].iloc[predicted_anomaly_indices],
    self.features['Amount'].iloc[predicted_anomaly_indices], edgecolor='red', facecolor='none',
    marker='s', s=100, label='预测异常样本')

            plt.xlabel('交易时间 (小时)')
            plt.ylabel('交易金额')
            plt.legend()
            plt.title('模型评估结果')
            plt.show()
        except Exception as e:
            print(f"绘制评估结果图时出错: {e}")
```

在上述代码中,首先检查模型是否已经完成预测,确保调用了 evaluate_model()方法。如果未生成预测结果,则抛出错误提醒用户先评估模型。然后代码使用 Matplotlib 进行可视化,绘制散点图以展示不同类型的交易样本。

(1) 真正正常的样本(蓝色点):表示模型正确预测为正常的交易。

(2) 真正异常的样本(红色点):表示模型正确预测为异常的交易。

(3) 模型预测为异常的样本(红色方形):表示被模型预测为异常的交易,不论实际是否为异常。

通过将交易时间和交易金额作为坐标,图形能够直观地显示出模型对正常和异常交易的识别效果。

运行结果如图 14-4 所示。

图 14-4 的散点图展示了模型在正常和异常交易样本上的预测结果。图中的异常交易主要集中在较高金额和晚间时段,表明模型能够有效地识别高风险交易。大部分红色方形与红色点的位置重合,说明模型对异常交易的检测较为准确,但仍然有若干个红色点表示的异常交易未被识别出来,说明模型效果还有待进一步提升。

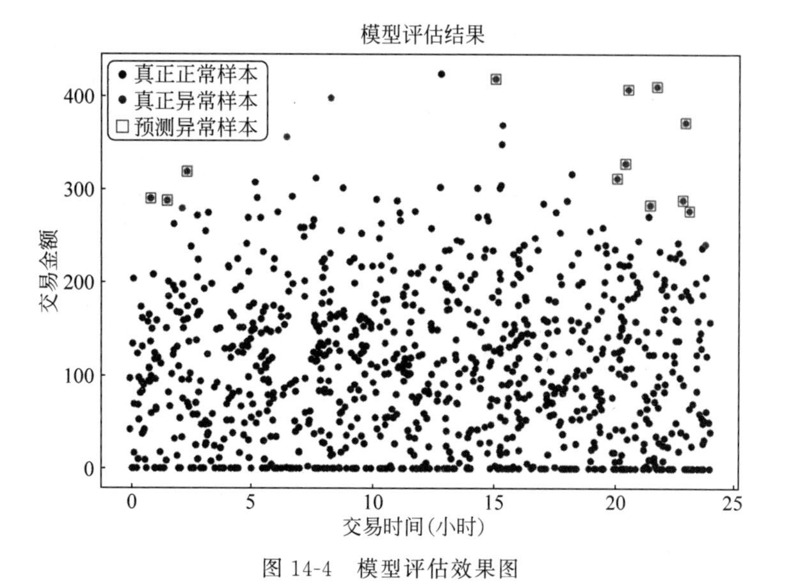

图 14-4 模型评估效果图

14.9 图形用户界面

图形用户界面(Graphical User Interface,GUI)通过直观、交互式的界面,让用户能够轻松使用复杂的系统或模型。在异常检测任务中,GUI 可以为用户提供一个简单易用的平台,输入交易数据并获得模型的检测结果。

14.9.1 图像用户界面的设计理念

设计用户界面时,目标是提供一个简洁、易于使用的交互平台,快速输入数据并获得检测结果。具体来说,设计理念如下。

(1) 用户友好性:用户界面应便于操作,输入交易数据应当简单明确,错误提示应当清晰易懂。用户无须了解模型细节,只需通过界面输入必要信息,即可完成异常检测。

(2) 实时反馈:用户在输入交易金额和交易时间后,界面应快速响应,实时显示模型检测的结果,包括是否为异常交易,并为用户提供必要的提示信息。

(3) 简化交互:界面应提供最简化的交互元素,如文本输入框、按钮等,减少用户认知负担。所有必要的输入(如金额和交易时间)应显而易见,且操作步骤应当尽量少。

(4) 错误处理:界面应能处理用户可能输入的错误数据(如不合法的时间或金额),并提供友好的错误提示,引导用户输入正确数据。

14.9.2 图形用户界面的实现

为了实现用户与模型的交互,使用 Python 的 tkinter 库来构建图形用户界面。tkinter 是 Python 的标准库之一,提供了创建 GUI 界面的基础框架。设计 UserInterface 类来实现信用卡交易异常检测的界面功能。以下分步解释 UserInterface 类的代码。

(1) 类的定义与初始化。

```
import tkinter as tk
import pandas as pd
```

```
from tkinter import messagebox

class UserInterface:
    """用户界面类,用于检测信用卡交易是否为异常的图形用户界面(GUI)程序"""
    def __init__(self, model, df):
        self.model = model
        self.df = df
```

在 UserInterface 类中,通过初始化函数__init__()传入训练好的模型 model 和数据 df,为后续的交易检测做准备。self.model 保存模型,self.df 保存用于计算 Z-score(交易金额标准化特征)的数据。

(2) 创建图形用户界面。

```
def create_user_interface(self):
    """创建信用卡交易异常检测程序界面"""
```

create_user_interface()方法是图形用户界面创建的核心部分,负责设计界面、接收用户输入并调用模型进行预测。

(3) 检测交易的函数。

```
def check_transaction():
    # 获取用户输入
    try:
        amount = float(amount_entry.get())
        hour = float(hour_entry.get())

        # 验证时间是否合法
        if hour < 0 or hour > 23:
            raise ValueError("时间必须在 0 和 23 之间。")

        # 计算交易金额的 Z - score
        amount_zscore = (amount - self.df['Amount'].mean()) / self.df['Amount'].std()
        input_data = {'TransactionID': [0], 'Amount': [amount], 'Hour': [hour], 'Amount_zscore':
[amount_zscore]}
        features = pd.DataFrame(input_data)

        # 使用模型进行预测
        prediction = self.model.predict(features)[0]
        if prediction == 0:
            messagebox.showwarning("结果", "该交易被分类为: 正常。")
        else:
            messagebox.showinfo("结果", "该交易被分类为: 异常!")
    except ValueError as ve:
        messagebox.showerror("Input Error", f"请输入有效的金额和时间。\n 详情: {ve}")
```

在 UserInterface 类的 create_user_interface()方法中,check_transaction()函数被定义为一个内部函数,也称为嵌套函数。这种设计在图形用户界面中经常使用。该函数实现了以下功能。

① 获取用户输入:从输入框中获取用户输入的交易金额 amount 和交易时间 hour,并转

换为浮点数。

② 数据验证：确保输入的交易时间在合法范围(0～23小时)，否则抛出错误，提示用户输入正确值。

③ 特征标准化：通过Z-score对交易金额进行标准化处理，确保输入的金额符合模型的输入要求。

④ 构造特征数据：将交易金额、时间和标准化后的金额组成一个特征数据框features，用来作为模型输入。

⑤ 调用模型预测：使用训练好的模型self.model.predict(features)对输入数据进行预测。根据模型输出的结果，判断交易是正常(输出0)还是异常(输出1)，并通过弹窗告知用户结果。

⑥ 错误处理：如果用户输入无效值(如非数值的交易金额或非法时间)，则弹出错误提示框。

(4) 创建主窗口。

```
# 创建主窗口
root = tk.Tk()
root.title("信用卡交易异常检测程序")
root.geometry("300x150")  # 设置窗口大小
```

这段代码使用tk.Tk()函数创建主窗口root，为图形用户界面提供一个容器。root.title()函数设置窗口的标题为“信用卡交易异常检测程序”，root.geometry("300x150")设置窗口的大小为300×150像素。

(5) 添加输入框与标签。

```
# 设置界面标签和输入框
tk.Label(root, text = "交易金额: ").grid(row = 0, column = 0, padx = 10, pady = 10)
amount_entry = tk.Entry(root)
amount_entry.grid(row = 0, column = 1, padx = 10, pady = 10)

tk.Label(root, text = "交易时间 (0～23): ").grid(row = 1, column = 0, padx = 10, pady = 10)
hour_entry = tk.Entry(root)
hour_entry.grid(row = 1, column = 1, padx = 10, pady = 10)
```

上述代码用于设置图形用户界面的标签和输入框。首先创建了两个标签，分别用于提示用户输入“交易金额”和“交易时间(0～23)”，然后在对应的位置(第0行和第1行)创建了输入框amount_entry和hour_entry，用于接收用户输入的金额和时间。grid()方法用来设置这些组件在窗口中的布局，并通过padx和pady参数设置内边距，使界面布局更美观。

(6) 添加检测按钮。

```
# 检查按钮
check_button = tk.Button(root, text = "检测交易", command = check_transaction)
check_button.grid(row = 2, column = 0, columnspan = 2, pady = 10)
```

上述代码用于在界面中创建一个按钮check_button，按钮上显示文字“检测交易”，当用户单击按钮时，将执行check_transaction函数。grid()方法将按钮放置在界面的第2行，跨两列显示，并设置垂直间距 pady＝10 以确保按钮与其他组件之间有适当的空间。

（7）启动主循环。

```
root.mainloop()
```

root.mainloop()函数启动 tkinter 的主事件循环，使得用户界面保持响应状态，等待用户输入和操作。

图形界面运行结果如图 14-5 所示。

当运行主程序后，显示出信用卡交易异常检测程序主界面。于是，用户输入交易金额（如 800）和交易时间（如 2）。单击"检测交易"按钮，弹出一个结果消息框并显示"该交易被分类为：异常！"。

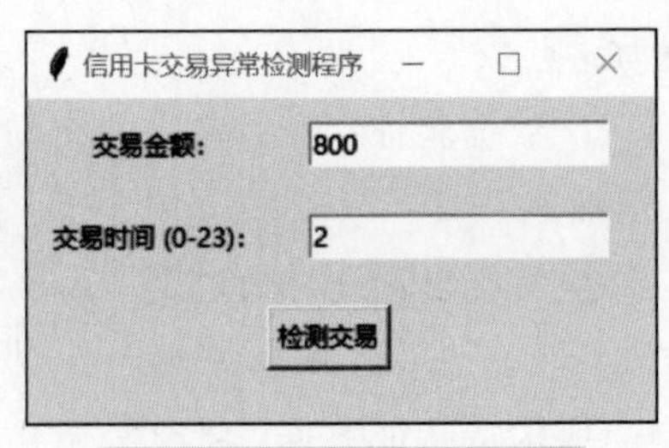

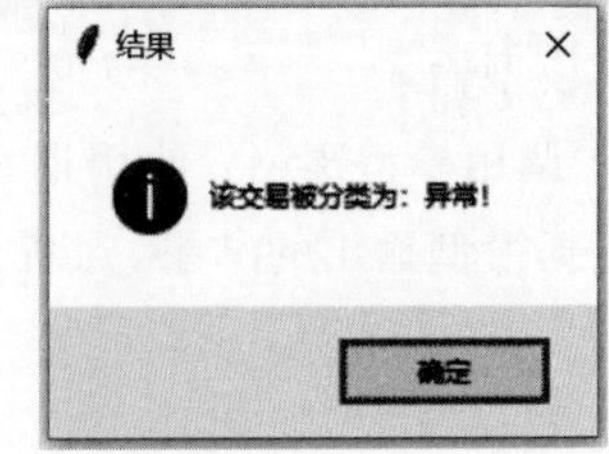

图 14-5　信用卡交易异常检测程序界面

14.10　主程序

主程序是应用程序的入口，负责协调各个模块的执行顺序。它将数据生成、预处理、特征工程、模型训练、模型评估以及用户界面的各个步骤有机结合在一起，形成完整的工作流程。在本项目中，主程序通过 main()函数启动整个异常检测系统，并实现了从数据生成到用户交互的全流程。

14.10.1　主程序结构

主程序通过调用各个模块的功能来完成信用卡交易异常检测任务。整个流程大致分为以下六个步骤。

（1）生成并加载数据：使用 DataGenerator 类生成交易数据。

（2）数据预处理：通过 DataPreprocessor 类对生成的数据进行清洗和处理。

（3）特征工程：利用 FeatureEngineer 类对交易数据进行特征提取和构造。

（4）训练模型：通过 ModelTrainer 类对数据进行模型训练。

（5）评估模型：使用 ModelEvaluator 类对模型的性能进行评估并可视化评估结果。

（6）用户界面：使用 UserInterface 类构建图形用户界面，允许用户与模型进行交互。

14.10.2　主程序的模块化实现

在主程序 main()函数中，通过调用不同模块的功能，完成了整个信用卡交易异常检测系统的实现。该流程包括数据生成、预处理、特征工程、模型训练、模型评估以及用户交互界面等功能。

（1）数据生成与可视化。

异常检测的第一步是生成模拟的交易数据。这些数据包含正常交易和异常交易，通过 DataGenerator 类生成并可视化。

```
def main():
    """运行应用的主函数入口"""
    # 生成并加载数据
    generator = DataGenerator(num_samples = 5000, anomaly_ratio = 0.02)
    df = generator.generate_transaction_data()
```

```
    generator.plot_amount_risk()                    # 调用金额风险绘图
    generator.plot_time_risk()                      # 调用时间风险绘图
    generator.plot_normal_anomaly_transactions()  # 调用最终异常值绘图
```

在上述代码中，通过 generator.generate_transaction_data()方法生成 5000 笔交易数据，其中 2%为异常交易。然后通过调用 plot_amount_risk()和 plot_time_risk()方法展示交易金额和时间的风险分布，plot_normal_anomaly_transactions()方法进一步展示正常和异常交易的分布情况。

(2) 数据预处理。

生成数据后，然后通过 DataPreprocessor 类对数据进行预处理。

```
# 数据预处理
preprocessor = DataPreprocessor()
df = preprocessor.load_and_preprocess_data()
if df.empty:
    print("没有可用数据。结束运行...")
    return
```

在上述代码中，preprocessor.load_and_preprocess_data()方法负责处理交易数据，包括将交易时间转换为小时格式。如果预处理后数据为空，程序将停止运行，避免后续错误。

(3) 特征工程。

在数据预处理完成后，进行特征工程。通过 FeatureEngineer 类提取有助于模型训练的特征，以提升模型的识别能力。

```
# 特征工程
engineer = FeatureEngineer(df)
features = engineer.feature_engineering()
if features.empty:
    print("没有可用特征。结束运行...")
    return
```

上述代码中的 engineer.feature_engineering()方法提取了交易数据中的重要特征，如 Z-score，用于模型训练。如果特征提取失败，系统将提示错误并终止运行。

(4) 模型训练。

在完成特征提取后，系统进入模型训练阶段。

```
# 数据集拆分与模型训练
X_train, X_test, y_train, y_test = preprocessor.split_data(features)

trainer = ModelTrainer(X_train, y_train)
random_forest_model = trainer.train_random_forest_model()
```

在上述代码中，首先利用 preprocessor.split_data()方法将数据集分为训练集和测试集，然后利用 trainer.train_random_forest_model()方法训练随机森林模型，通过多棵决策树的集成，提升模型的鲁棒性和检测性能。

(5) 模型评估。

模型训练完成后，系统通过 ModelEvaluator 类对模型的性能进行评估。

```
# 评估模型
```

```
evaluator = ModelEvaluator(random_forest_model, X_test, y_test)
print("评估模型效果:")
evaluator.evaluate_model()            # 调用模型评估
evaluator.plot_evaluation_results()  # 绘制评估结果图
```

在上述代码中,利用 evaluator.evaluate_model()方法输出混淆矩阵、查准率、召回率和F1分数等性能指标,然后利用 plot_evaluation_results()方法生成可视化图表,帮助用户了解模型的检测效果。

(6) 创建用户界面。

在模型评估完成后,系统生成了一个用户交互界面,用户可以通过输入交易金额和交易时间,实时获取模型对该交易的检测结果。

```
# 创建用户界面
ui = UserInterface(random_forest_model, df)
ui.create_user_interface()
```

在上述代码中,利用 ui.create_user_interface()方法创建了一个简洁的图形用户界面,用户可以通过输入交易信息,获取模型的实时预测结果。

(7) 程序入口。

为了保证代码的独立运行,if__name__=="__main__"检查脚本是否作为主程序运行。如果脚本是主程序,调用 main()函数启动整个异常检测流程。

```
if __name__ == "__main__":
    main()
```

14.11 单元测试

14.11.1 单元测试概述

在软件开发过程中,单元测试是通过对系统中每个模块的独立功能进行验证,确保各个模块能够按照预期执行任务,并有效捕捉潜在的错误。

单元测试的主要优势有如下三项。

(1) 早期捕捉错误:通过测试每个模块的功能,可以在开发阶段及时发现潜在的问题。

(2) 提高代码质量:单元测试促使开发者编写更加模块化、可测试的代码,提高代码的健壮性。

(3) 简化维护和升级:在对代码进行重构或扩展时,单元测试保障了新功能的实现不会引发旧功能的错误。

14.11.2 实现单元测试

在 Python 中,unittest 是标准库中用于实现单元测试的模块。它提供了强大的测试框架,可以通过编写测试类和测试方法来验证代码模块的功能。在本项目中,通过使用 unittest 框架,测试数据生成、预处理、特征提取、模型训练等核心功能模块。通过逐一对模块进行测试,确保它们在独立运行时能够按照预期工作。

单元测试 Python 文件 test_modules.py 包含了四个主要测试方法,分别针对系统中不同模块进行测试。

(1) 数据生成模块的测试。

该测试方法验证 DataGenerator 模块是否能够生成指定数量的交易数据。测试生成 100 条交易数据,并检查返回的 DataFrame 是否包含预期的记录数。

```
class TestModules(unittest.TestCase):
    def test_generate_transaction_data(self):
        generator = DataGenerator(100)
        df = generator.generate_transaction_data()
        self.assertEqual(len(df), 100)
```

在该测试中,调用 DataGenerator 的 generate_transaction_data()方法生成 100 条交易数据。assertEqual()方法用于验证生成的数据长度是否为 100,确保数据生成模块能够按要求生成正确数量的数据。

(2) 数据预处理模块的测试。

数据预处理模块的任务是提取并转换原始数据中的特征,特别是从时间信息中提取小时特征。该测试方法验证预处理后的数据框中是否包含 Hour 列。

```
def test_load_and_preprocess_data(self):
    preprocessor = DataPreprocessor()
    df = preprocessor.load_and_preprocess_data()
    self.assertIn('Hour', df.columns)
```

该测试通过调用 DataPreprocessor 模块的 load_and_preprocess_data()方法处理数据,随后通过 assertIn()方法检查处理后的 DataFrame 中是否包含 Hour 列,验证时间特征提取是否正确完成。

(3) 特征工程模块的测试。

特征工程模块负责生成新的特征,为模型提供更有效的输入数据。在本测试中,验证特征工程是否成功生成了标准化交易金额的特征。

```
def test_feature_engineering(self):
    generator = DataGenerator(100)
    generator.generate_transaction_data()
    preprocessor = DataPreprocessor()
    df = preprocessor.load_and_preprocess_data()
    engineer = FeatureEngineer(df)
    features = engineer.feature_engineering()
    self.assertIn('Amount_zscore', features.columns)
```

通过调用 DataGenerator 生成数据、调用 DataPreprocessor 进行预处理后,使用 FeatureEngineer 进行特征提取。assertIn()方法验证 feature_engineering()方法是否生成了包含 Amount_zscore 列的特征数据框,确保特征工程模块功能正常。

(4) 模型训练模块的测试。

该测试方法覆盖了从数据生成到模型训练的完整流程。测试生成交易数据、进行数据预处理和特征提取,最后调用 ModelTrainer 训练模型,并验证模型是否成功创建。

```
def test_train_anomaly_detection_model(self):
    generator = DataGenerator(100)
```

```
    generator.generate_transaction_data()
    preprocessor = DataPreprocessor()
    df = preprocessor.load_and_preprocess_data()
    engineer = FeatureEngineer(df)
    features = engineer.feature_engineering()
    trainer = ModelTrainer(features, df['Label'])
    model = trainer.train_random_forest_model()
    self.assertIsNotNone(model)
```

该测试通过生成数据、预处理和特征提取，最终将特征输入 ModelTrainer 模块中进行模型训练。assertIsNotNone()方法用于验证是否成功返回了模型对象，确保模型训练流程顺利进行。

(5) 测试入口。

为了执行上述所有测试方法，文件末尾添加了测试入口代码。通过运行 unittest.main()，可以自动执行所有定义的测试方法。

```
if __name__ == '__main__':
    unittest.main()
```

该部分代码确保该 Python 文件作为主程序运行时，所有单元测试都会被自动执行，并输出测试结果。

14.12 项目的打包与发布

在软件开发的最后阶段，将项目打包为可执行文件并发布，使应用程序可以在不同环境下顺利运行。打包将项目的所有代码、依赖库和配置文件打包为一个可移植的格式，允许用户无须烦琐的配置步骤即可运行项目。本节将介绍如何在 PyCharm 中打包本项目，并讨论项目发布与分享的常用方式。

14.12.1 打包项目：将代码部署为可执行应用程序

在打包之前，确保项目结构规范且清晰，如 14.3.2 节中的项目文件结构所示。

(1) 创建或更新 requirements.txt 文件。

首先，确保项目中的所有依赖库都被正确记录在 requirements.txt 文件中。可以通过以下命令在 PyCharm 的终端中自动生成该文件：

```
pip freeze > requirements.txt
```

生成的 requirements.txt 文件将包含项目运行所需的所有外部库及其版本，该文件内容如下：

```
contourpy==1.3.0
cycler==0.12.1
fonttools==4.54.1
joblib==1.4.2
kiwisolver==1.4.7
matplotlib==3.9.2
numpy==2.1.2
```

```
packaging == 24.1
pandas == 2.2.3
pillow == 10.4.0
pyparsing == 3.1.4
python - dateutil == 2.9.0.post0
pytz == 2024.2
scikit - learn == 1.5.2
scipy == 1.14.1
seaborn == 0.13.2
setuptools == 75.1.0
six == 1.16.0
threadpoolctl == 3.5.0
tzdata == 2024.2
```

(2) 创建 setup.py。

setup.py 文件是 Python 项目打包与发布的核心配置文件。它定义了项目的基本信息、依赖库、入口点以及如何进行打包。下面对 setup.py 文件中的各个部分进行详细解释。

```
from setuptools import setup, find_packages
```

setuptools 是用于构建和分发 Python 包的工具库，setup 函数是项目配置的核心，而 find_packages 用于自动发现项目中的包。

① 项目信息。

```
setup(
    name = 'credit_card_anomaly_detection',
    version = '0.1',
```

- name：项目的名称，这里定义为 'credit_card_anomaly_detection'，即信用卡交易异常检测项目。
- version：项目的版本号，当前版本为 0.1，表示项目的初始版本。后续更新时，可以增加版本号。

② 包与模块。

```
packages = find_packages(where = 'src'),
package_dir = {'': 'src'},
```

- packages=find_packages(where='src')：通过 find_packages()函数，自动发现并列出 src 目录下的所有 Python 包。这种方式有助于自动管理多个子包。
- package_dir={'': 'src'}：指明包所在的根目录，即 src/。所有代码都存放在 src/目录下，因此项目的包和模块将在这个目录中查找。

③ 依赖库。

```
install_requires = [
    'numpy',
    'pandas',
    'matplotlib',
    'seaborn',
```

```
    'scikit-learn',
    'tkinter',
],
```

- install_requires：列出了项目的外部依赖库。这些库将在项目安装时自动下载并安装，这里包括 NumPy、Pandas、Matplotlib、Seaborn、Scikit-Learn 和 Tkinter 等。

④ 入口点。

```
entry_points={
    'console_scripts': [
        'credit_card_anomaly_detection = main:main'
    ]
},
```

- entry_points：定义了项目的入口点。通过 console_scripts，可以将 Python 脚本注册为命令行命令。
- 'credit_card_anomaly_detection = main:main'：表示在命令行中输入 credit_card_anomaly_detection 命令时，将调用 main.py 文件中的 main()函数来运行项目。

⑤ 包含的数据和资源。

```
include_package_data=True,
```

include_package_data=True 使得 setup.py 能够包括包中指定的非代码文件（如配置文件、数据文件等），以便在项目打包时一起打包并分发。

⑥ 分类信息。

```
classifiers=[
    'Programming Language :: Python :: 3',
    'License :: OSI Approved :: MIT License',
    'Operating System :: OS Independent',
],
```

- classifiers：提供了项目的元数据，便于搜索引擎、打包工具或其他开发者理解项目的属性。
- 'Programming Language:: Python :: 3'：项目使用 Python 3 版本。
- 'License:: OSI Approved :: MIT License'：项目使用 MIT 开源许可协议。
- 'Operating System:: OS Independent'：项目可以在任何操作系统上运行。

⑦ Python 版本要求。

```
python_requires='>=3.6',
```

python_requires='>=3.6'指定了项目要求 Python 的最低版本为 3.6。这可以确保用户的环境符合项目的运行要求。

setup.py 文件为项目的打包和发布提供了完整的配置信息。通过配置该文件，开发者可以将项目打包为可分发的格式（如.tar.gz 或.whl），并将其发布到 Python Package Index (PyPI)或共享给其他用户。

14.12.2 在 PyCharm 中打包项目

在 PyCharm 中，可以通过以下步骤打包项目。

(1) 打开终端：在 PyCharm 底部工具栏中，单击"Terminal"。

(2) 运行打包命令：在项目根目录下运行以下命令来打包项目：

```
python setup.py sdist bdist_wheel
```

该命令将生成以下两个文件。

- sdist：源代码分发包(通常为.tar.gz 格式)。
- bdist_wheel：二进制分发包(通常为.whl 格式)。

(3) 检查生成的文件：打包完成后，将在项目的 dist/目录下看到打包生成的文件，类似如下：

```
dist/
├── transaction_anomaly_detection-0.1.tar.gz
└── transaction_anomaly_detection-0.1-py3-none-any.whl
```

这些文件可以发布或分发给其他用户，用户可以使用这些包来安装并运行项目。

14.12.3 生成可执行文件

如果希望将项目打包为可执行文件，使其可以在没有 Python 环境的计算机上运行，可以使用 PyInstaller 进行打包。以下是在 PyCharm 中打包为可执行文件的步骤。

(1) 安装 PyInstaller。

```
pip install pyinstaller
```

(2) 打包项目。

在项目根目录下运行以下命令，根据操作系统将项目打包为可执行文件。

① 在 Windows 上，使用反斜杠作为路径分隔符，运行以下命令：

```
pyinstaller --onefile src\main.py
```

打包完成后，可执行文件会保存在 dist/目录下，生成的.exe 文件可以直接在没有 Python 环境的 Windows 计算机上运行。

② 在 macOS 上，使用正斜杠作为路径分隔符，运行以下命令：

```
pyinstaller --onefile src/main.py
```

打包完成后，可执行文件会保存在 dist/目录下，生成的文件可以直接在没有 Python 环境的 macOS 系统上运行。

14.12.4 发布与分享项目

打包完成后，可以通过多种方式发布和分享项目。常见的方式包括发布到 PyPI、使用 GitHub 进行版本控制和分享，或直接分发打包的文件。

(1) 发布到 PyPI。

Python Package Index(PyPI)是 Python 软件包的官方发布平台，开发者可以将自己的项目发布到 PyPI 上，用户可以通过 pip install 直接安装。

① 安装 Twine：用于上传包到 PyPI。

```
pip install twine
```

② 上传包到 PyPI：运行以下命令将打包的文件上传到 PyPI。

```
twine upload dist/*
```

③ 安装发布的包：用户可以通过以下命令安装自己的项目。

```
pip install transaction_anomaly_detection
```

(2) 使用 GitHub 发布项目。

GitHub 是开发者常用的代码托管平台，项目发布到 GitHub 上，用户可以下载项目的源代码。

① 创建 GitHub 仓库：在 GitHub 上创建新的仓库。

② 推送代码到 GitHub：在本地项目目录中，使用以下命令将代码推送到 GitHub 仓库。

```
git init
git add .
git commit -m "Initial commit"
git remote add origin https://github.com/yourusername/your-repo-name.git
git push -u origin master
```

③ 发布版本：在 GitHub 仓库中创建 Release，将打包文件作为发布的附件，方便用户下载。

(3) 直接分发打包文件。

如果不希望将项目发布到公开平台，可以直接将打包生成的文件(.tar.gz 或.whl)发送给用户。用户可以通过以下方式安装。

```
pip install transaction_anomaly_detection-1.0.0-py3-none-any.whl
```

14.13 项目总结与扩展思考

本项目为信用卡交易异常检测的一个简化的演示项目，涵盖了从数据生成、预处理、特征工程、模型训练、评估到用户交互的全流程。然而，项目在功能性和扩展性上仍存在许多可以改进和深化的空间。

14.13.1 项目改进方向

为了开发一个功能更强大的异常检测系统，本项目存在以下几个改进和探索方向。

1. 增加更多信用卡交易数据维度

本项目仅使用了交易金额和交易时间两个原始数据维度来进行异常检测。然而，在实际的信用卡交易监控中，通常会涉及更多的维度和特征，如下所示。

(1) 用户行为特征：用户的消费频率、地理位置、交易设备、支付方式等，这些特征可以更好地描述用户的正常行为模式。

(2) 账户信息特征：如账户余额、信用额度、交易历史、账户的活跃度等，能够提供更加全面的视角来判断某一交易是否异常。

通过引入更多的特征，异常检测模型将能够捕捉到更复杂的模式，从而提高检测的精度和准确性。

2. 改进数据生成算法

本项目中模拟数据生成是基于简单的随机分布，这对于演示项目是足够的，但在实际应用中，可以通过更复杂的算法生成更逼真的模拟数据。以下是一些改进思路。

(1) 基于历史数据生成：通过分析真实的信用卡交易数据，提取规律后构建更加真实的生成模型。可以使用生成对抗网络(GANs)或基于概率的模型生成高维数据，逼真地模拟正常与异常交易。

(2) 异常注入：通过将各种类型的异常(如随机错误、逻辑冲突等)有针对性地注入生成的数据中，模拟现实场景下的异常交易行为，使得数据更具代表性。

3. 使用更多异常检测算法

本项目使用了随机森林进行异常检测，但它并非最佳的异常检测算法。在实际应用中，特别是在异常样本较为稀少的场景中，可以考虑使用以下几类算法。

(1) 孤立森林(Isolation Forest)：专门用于异常检测的无监督算法，能够有效识别孤立点。

(2) XGBoost 及其变体 XGBOD：XGBoost 是一种广泛应用的梯度提升决策树算法，具有较高的计算效率和灵活性。XGBOD 是其专为异常检测任务设计的变体，能够利用无监督异常检测器与 XGBoost 的组合来提高检测精度，适合处理大规模数据。

(3) 支持向量机及其变体 OCSVM：支持向量机(SVM)擅长在高维空间中构建复杂的分离边界，用于小样本集中的分类问题。OCSVM(One-Class SVM)是一种专门为异常检测设计的 SVM 变体，能够有效识别稀少的异常样本。

(4) 深度学习方法：如自动编码器(Autoencoder)等，可以用于高维度数据的异常检测，尤其在复杂的数据模式下展现出较好的性能。

通过尝试不同的算法，用户可以选择最适合当前数据场景的检测模型。

4. 使用更适合异常检测的度量指标

本项目主要使用传统的分类评估指标(如准确率、查准率和召回率)来评估模型的性能。然而，在异常检测任务中，由于异常样本通常稀少，传统指标可能不能准确反映模型的表现。更合适的度量指标包括如下几项。

(1) ROCAUC：受试者工作特性曲线下的面积(ROCAUC)，能够在不同阈值下比较模型的性能，尤其适合处理不平衡数据。

(2) PRAUC：精确率-召回率曲线下的面积(PRAUC)，更加关注异常检测的召回性能，在异常样本较少的情况下尤其适用。

5. 更丰富的图形用户界面

当前的图形用户界面(GUI)功能相对简单，只支持输入交易金额和交易时间进行异常检测。在实际应用中，可以扩展 GUI 的功能，使其更加用户友好和功能强大。

(1) 交易数据的实时展示：在界面中实时显示多维度的交易数据，并能够交互式选择某些维度进行可视化。

(2) 异常结果的分类与解释：在检测结果中，不仅指出哪些交易异常，还能给出异常的原因解释。

(3) 批量数据检测：允许用户一次性上传多条交易记录文件(如 CSV 文件)，系统批量检测异常交易，提供检测报告。

14.13.2 项目的扩展性思考

本项目的功能虽然聚焦于信用卡交易异常检测，但通过合理扩展和调整，可以将其应用到更广泛的场景中，甚至可以发展为一个通用的异常检测平台。

1. 通用的异常检测平台

异常检测的需求不仅限于信用卡交易，许多领域都需要有效的异常检测系统，如下几类所示。

(1) 金融安全：识别洗钱、欺诈贷款或股票市场操纵等异常行为，通过分析交易模式和频率，发现潜在的可疑活动。

(2) 网络安全：检测网络流量中的异常行为，识别潜在的网络攻击。

(3) 工业设备监控：通过监控设备的运行参数，检测设备故障或异常。

(4) 医疗健康数据：分析病人健康数据，提前发现异常情况，从而提供早期预警。

项目可以扩展为一个通用的异常检测平台，允许用户上传任意类型的数据集，并自动生成检测结果。这方面可以参考本书作者团队参与研发的 ADBench 项目，ADBench 是一个专注于异常检测算法的综合平台，提供了多种异常检测算法及其在多个数据集上的性能比较，为扩展和开发异常检测平台提供了很好的借鉴。

2. 自适应算法选择与调优

在扩展项目功能时，另一个值得探索的方向是引入自适应的算法选择与调优功能。通过系统分析不同的数据分布和特征，自动推荐或选择最适合的异常检测算法，甚至自动进行模型参数调优。这可以通过引入 AutoML(自动化机器学习)框架来实现，帮助用户减少手动选择算法的复杂度，提高异常检测的效率和精度。

本章小结

Python 项目开发实践的内容如表 14-2 所示。

表 14-2 Python 项目开发实践

类 别	原理/方法/属性	说 明
项目开发基础	项目应模块化、清晰结构化，以便代码复用、协作开发	项目通常包含源代码、依赖文件和测试代码，采用 PEP 8 风格
虚拟环境与依赖管理	使用虚拟环境隔离依赖，避免冲突	venv 或 virtualenv 用于创建独立环境，pip 管理依赖
项目结构的最佳实践	模块化结构分离关注点，以提升代码可维护性	推荐的结构包括 src 目录、测试目录、依赖文件 requirements.txt 等
版本控制与协作开发	Git 管理版本、分支策略，代码审查	主分支保存稳定代码，开发和功能分支分别整合和实现具体功能
编码规范与文档	遵循 PEP 8 编码规范，注释与文档字符串	使用 pylint、flake8 检查代码，Sphinx 生成项目文档

续表

类　　别	原理/方法/属性	说　　明
测试驱动开发	在功能代码编写前先编写测试代码	unittest 或 pytest 框架用于单元测试，通过测试保证代码正确性
项目环境配置	使用虚拟环境和 requirements.txt 文件	通过 pip freeze > requirements.txt 生成依赖文件，便于快速配置开发环境
项目文件结构	模块化设计，各功能代码存放于不同文件夹	src 存放源代码，tests 存放测试代码，README 提供项目简介和使用说明
数据生成	生成模拟交易数据，并标注异常	数据生成过程模拟交易金额和时间，生成并标记高风险交易
数据预处理	数据加载和特征提取	数据清洗和时间特征提取后，确保数据一致性，准备模型训练数据
特征工程	提取和构造对模型训练有用的特征	Z-score 标准化交易金额，为模型提供高质量特征
模型选择与训练	选择合适的监督学习或无监督学习模型训练	随机森林为主要检测算法，利用多个决策树提升模型性能
模型评估	混淆矩阵和分类报告评估模型性能	通过混淆矩阵分析 TP、FP 等指标，生成分类报告，计算查准率、召回率和 F1 分数
可视化	直观展示正常和异常交易分布，验证风险计算的合理性	交易金额与风险分数、时间与风险分数的散点图，标识正常与异常样本
图形用户界面(GUI)	使用 tkinter 构建交互式界面，方便用户操作	提供简单输入框和按钮，用户输入交易信息后获得检测结果
主程序	main()函数统筹各模块，整合数据生成、预处理、特征工程、模型训练、评估及用户界面	数据从生成、清洗到检测流程闭环，确保项目有序运行
单元测试	unittest 模块测试数据生成、预处理、特征工程、模型训练等功能	单元测试覆盖每个主要模块，确保代码质量和正确性，捕捉潜在错误
项目打包与发布	setup.py 文件配置项目的基本信息和依赖，打包为可执行文件，或发布到 PyPI	setup.py 提供包信息、依赖和入口点，PyInstaller 将项目打包为可执行文件
项目改进与扩展	增加数据维度、改进数据生成算法、尝试不同算法、使用更适合异常检测的指标	通过特征丰富和算法改进，提高检测精度和适用范围，扩展到通用异常检测平台

参 考 文 献

[1] 马克·卢茨. Python 学习手册[M]. 秦鹤,林明,译. 北京：机械工业出版社,2018.

[2] 大卫·比斯利,布莱恩·K.,琼斯. Python Cookbook[M]. 陈舸,译. 北京：人民邮电出版社,2015.

[3] Wesley Chun. Python 核心编程[M]. 孙波翔,李斌,李晗,译. 北京：人民邮电出版社,2016.

[4] 艾伦·B. 唐尼. 像计算机科学家一样思考 Python[M]. 赵普明 译. 北京：人民邮电出版社,2016.

[5] 卢西亚诺·拉马略. 流畅的 Python[M]. 安道,译. 北京：人民邮电出版社,2023.

[6] 斯科特·佩奇. 模型思维[M]. 贾拥民,译. 杭州：浙江科学技术出版社,2023.

[7] 周志华. 机器学习[M]. 北京：清华大学出版社,2016.

[8] 汤子瀛,汤小丹,梁红兵. 计算机操作系统[M]. 西安：西安电子科技大学出版社,2018.

[9] Han,Hu,Huang,Jiang,Zhao. Adbench：Anomaly detection benchmark. Advances in Neural Information Processing Systems (NeurIPS),2022,35：32142-32159.